Claudia Kloihofer

Die Intelligenz der Zellen

CLAUDIA KLOIHOFER

Die INTELLIGENZ *der* ZELLEN

Wie unser *Denken* und *Fühlen* das *Zellgedächtnis* steuert

GOLDEGG VERLAG

Bildrechte Autorenfoto: Manuela Melichar
Bildrechte Umschlag: Alexandra Schepelmann | schepelmann.at
Bildrechte Abbildungen Text: © Claudia Kloihofer

Der Verlag und seine Autorin sind für Reaktionen, Hinweise oder Meinungen dankbar. Bitte wenden Sie sich diesbezüglich an verlag@goldegg-verlag.com.

Der Goldegg Verlag achtet bei seinen Büchern und Magazinen auf nachhaltiges Produzieren. Goldegg Bücher sind umweltfreundlich produziert und orientieren sich in Materialien, Herstellungsorten, Arbeitsbedingungen und Produktionsformen an den Bedürfnissen von Gesellschaft und Umwelt.

ISBN: 978-3-99060-082-5

Friedrichstraße 191 • D-10117 Berlin
Telefon: +49 800 505 43 76-0

Goldegg Verlag GmbH, Österreich
Mommsengasse 4/2 • A-1040 Wien
Telefon: +43 1 505 43 76-0

E-Mail: office@goldegg-verlag.com
www.goldegg-verlag.com

Layout, Satz und Herstellung: Goldegg Verlag GmbH, Wien
Druck und Bindung: FiniDR, CZ

Inhaltsverzeichnis

Vorwort

Was wäre, wenn du in deinem Alltag ständig sagen könntest: Mir geht es richtig gut? Wenn du dich immer wieder gesund, leicht und frei fühlen würdest? Wenn du mit einem anhaltenden tiefen Glücksgefühl dein Leben lebst?

Klingt unrealistisch? Ist es aber nicht. Denn »Die Intelligenz der Zellen« bietet dir einen neu entwickelten und vielfach erprobten Weg zu diesem Lebensgefühl, die *Körper-Resonanz-Methode*, den hoch wirksamen *»Self-Walk«* und die *Remove-Cell-Memory-Technik (RCM)*. Im Zusammenspiel sind diese drei Werkzeuge besonders wirkungsvoll: Sie ermöglichen dir das ungehinderte Fließen und Strömen der Energie unseres einmaligen und wunderbaren Selbst, das der Ursprung unseres Wesens ist.

Ich verdanke die Entwicklung der *Körper-Resonanz-Methode* und des *»Self-Walks«* meinen zahlreichen Klientinnen und Klienten. Sie haben mir in unserer gemeinsamen Arbeit den Weg gewiesen. Sie haben mir gezeigt, was für sie hilfreich und nützlich ist, damit sie ihre wahre Natur wiederfinden konnten. Dieses heilsame Erspüren und Erfühlen ihres ursprünglichen Wesens ließ sie leicht und kraftvoll werden. So habe ich im Laufe der Zeit viele Techniken verwoben und die wirkungsvollsten neu kombiniert. Sie stammen aus der Psychologie, Persönlichkeitsentwicklung, systemischen Familientherapie, lösungsorientierten Kurzzeit-Therapie, aus dem Schamanismus, der Gehirnforschung, Neuropsychologie, Epigenetik, Quantenphysik, Neurolinguistik und aus meiner persönlichen spirituellen Entwicklung.

Diese drei Bausteine, *Körper-Resonanz-Methode*, *»Self-Walk«* und *Remove-Cell-Memory-Technik*, eignen sich für alle Menschen, die glücklicher, leichter und mit mehr Energie leben wollen. Sie sind perfekt für Menschen, die in ihrem Leben immer wieder an den gleichen Klippen scheitern; die immer wieder krank werden, die immer wieder in ähnliche

Krisen geraten und das auf unterschiedlichen Ebenen. Für Menschen zum Beispiel, die sich laufend mit Beziehungskonflikten plagen und immer an die »falschen« Partner geraten. Für Menschen, die feststecken in ihren Lebenssituationen und nicht weiterwissen. Die ausgebrannt sind und einen Weg zurück ins Leben suchen. Und für jene, die unter kaum verständlichen Ängsten leiden.

Dieses Buch richtet sich aber auch an Therapeuten, Coaches, Ärztinnen und Ärzte, an Beraterinnen und Begleiter, die therapeutisch arbeiten und bereits verschiedene Techniken anwenden. Hier erfahren sie, wie sie ihr Wissen mit meinen Erkenntnissen auf eine tiefgehende Art kombinieren und damit auf eine neue Wirkungsebene heben können.

Ich sehe mich als Brückenbauerin zwischen den Disziplinen und darüber hinaus. Vielleicht bin ich auch Grenzgängerin. Ich möchte dich anregen, dich am reichhaltigen Buffet meiner Gedanken zu bedienen und dein bisheriges Wissen eigenständig zu reflektieren. So öffnet sich für dich ein Raum, der dir ermöglicht, über den Tellerrand zu schauen. Und so das Leben in seiner ganzen Fülle zu begreifen. Denn wer sind wir wirklich ohne zerstörerische oder hindernde Glaubenssätze, ohne einschränkende Prägungen und selbst auferlegte Verbote? Ich biete dir hier dieses Buffet und lade dich sehr herzlich ein: Greif zu, bediene dich, wachse und werde zur besten Version deines Selbst!

Ein Buch über intelligente Zellen, über Denken, Fühlen und das ursprüngliche Wesen ist eine Art Seelendialog. Unser ursprüngliches Wesen ist der Kern unserer Existenz und lehrt uns in allem, was wir erleben, den Sinn wahrzunehmen. Es führt uns dazu, im Schlechten das Gute, den Sinn im Unsinn, den Neubeginn in der Zerstörung oder die Geschenke während einer Krankheit zu erkennen. Dadurch ersteht eine tiefe Erkenntnis.

Claudia Kloihofer-Haupt

Wir haben unglaubliches Potenzial! Du auch!

Wir sind Wesen mit unglaublichem Potenzial, völlig frei. Wir können Entscheidungen treffen und jederzeit selbst wählen, welchen Weg wir einschlagen, welchen wir toll finden und welchen nicht. Das klingt für viele vielleicht ein wenig fremd, weil sie es in ihrer täglichen Routine anders wahrnehmen, ist es aber nicht!

Viele von uns können sich des Eindrucks nicht erwehren, dass sich die Zeit immer mehr beschleunigt. Tatsächlich bleibt aber ein Tag ein Tag, eine Stunde eine Stunde. Trotzdem scheint alles schneller zu werden. Zahlreiche Menschen haben das Gefühl, ständig etwas hinterherzulaufen, kaum Luft zu bekommen. Dieses Buch will dich darin ermutigen, dich der Energie deines ursprünglichen Wesens zuzuwenden und jene Erinnerungen zu befreien, die dich unterstützen, dein Leben besser zu bestehen.

Ich heiße dich willkommen zu einem neuen Blick auf dich selbst. Aktiviere dein Bewusstsein für deine ursprüngliche Kraft und reaktiviere deine Fähigkeiten! Damit kannst du das Zellgedächtnis deines Körpers umprogrammieren und wieder aktiver Schöpfer deines Lebens und deiner Wirklichkeit werden. Denn ursprünglich waren wir vollkommen. Es ist alles da, wir müssen nur wie an einem Kaleidoskop drehen. Das Wissen ist eine Zutat, die dem Gehirn hilft, die Art und Weise, wie wir Informationen verarbeiten, neu zu organisieren. Das Gehirn braucht Wiederholungen, um zu lernen und besser zu verstehen. Deshalb habe ich mich auch bewusst dazu entschieden, das eine oder andere zu wiederholen. Damit unterstreiche ich die Wichtigkeit jener Bereiche, von denen ich zutiefst überzeugt bin. Erinnere dich daran, denn der Wissende ist der König des Daseins und bestimmt sein Leben selbst. Er ist frei!

Ich erzähle dir viele Geschichten aus dem realen Leben. Konkrete Daten, Namen, Inhalte wurden von mir aus persönlichkeitsrechtlichen Gründen bewusst geändert, sodass keine Rückschlüsse auf die Personen möglich sind. Viele meiner Klientinnen und Klienten haben mithilfe meiner Methode, über die ich in diesem Buch erzähle, unglaublich große, befreiende Schritte in ihre selbstverantwortliche Zukunft gemacht. Den Kern und die Essenz der Erfahrungen und Aussagen ließ ich unverfälscht. Ich hoffe, dass dir jede einzelne Geschichte Mut macht. Mögen sie dich darin bestärken, dein wahres, ursprüngliches Wesen zu befreien!

1. Bon courage! Oder: Am Anfang eine Geschichte

Als Paul zum ersten Mal ein Buch über systemische Familientherapie in Händen hielt, ahnte er nicht, welch tiefgreifende Veränderung ihm dessen Inhalt bescheren sollte. Seite um Seite tauchte er tiefer in den Inhalt des Fachbuches ein und mit jedem Kapitel wurden seine Gedanken klarer, dagegen sein Herz schwerer. Je mehr er in der für ihn völlig neuen Welt der Zusammenhänge versank, umso mehr steigerte sich sein Gefühl, dass sein Leben eine Wiederholung zu sein schien.

Seit drei Generationen, so erweckte es für ihn den Anschein, kreierten dieselben Mechanismen immer wieder ähnlich schmerzvolle Schicksalsschläge. Die Leben seiner Familien und Ahnen schienen sich für ihn auf die gleiche Art und Weise ständig zu wiederholen. Leider fehlte ihm das Wissen über seinen gesamten Stammbaum, denn vermutlich reichten diese sich wiederholenden Lebensmuster sogar in viele Ahnenreihen zurück.

Er erkannte, wie sehr er in seinem momentanen Leben Stabilität suchte. Nicht nur Beständigkeit fehlte, er spürte, wie sehr es ihm auch an anderen Dingen mangelte. Er selbst versuchte zwanghaft, ein inneres Gleichgewicht herzustellen, ein Hochgefühl zu erhaschen oder ein problemloses Verhältnis mit seiner Ursprungsfamilie zu entwickeln, wo keines war. Und nach all den jahrelangen vergeblichen Versuchen fühlte er sich, als würde er völlig den Boden unter den Füßen verlieren. Mit einem Mal wurde ihm dieser rote Faden, der sich durch sein Leben und das seiner Kinder zog, bewusst.

Als einziger Sohn wuchs Paul zwischen den wichtigen ersten und achten Lebensjahren in Asien auf. Zurück in Europa wechselten die Eltern fünfmal ihren Wohnsitz. So prägte sich bei ihm ein Gefühl ein, sich nie heimisch zu fühlen und angekommen zu sein. Neben dem beinahe nomadenhaften Leben und der Erziehung durch eine sehr vorsichtige Mutter fand Paul wenige Möglichkeiten, kindgerechte Freundschaften und Zuneigung zu anderen Menschen zu entwickeln. Er fühlte sich tief in seinem Inneren im Stich gelassen und erlebte das Gefühl des Nicht-angenommen-Werdens als tiefen Mangel. Etwas zu Ende bringen können, fiel ihm seit früher Kindheit schwer. Daher drängte ihn ein inneres Gefühl, immer wieder aus seinen Beziehungen auszubrechen. Wie ein hungriger Wolf suchte er nach neuen Möglichkeiten der Begegnung. Frauen, Freunde, Bekanntschaften gab es viele, doch sich tiefer auf sie einzulassen, gelang ihm nicht. Das Gefühl mangelnder innerer Instabilität wurde nie richtig getilgt. Ständig neue Beziehungen und Freundschaften zu suchen, wurde zu Pauls Zwang.

Erst die Beschäftigung mit seinem Familiensystem eröffnete ihm Zusammenhänge. Schon sein Vater und sein Großvater schienen ähnliche ungelöste Gefühle verspürt zu haben. Sie lebten dies, mehr oder weniger dramatisch, in Form von »Doppelleben« aus, zeugten mehrere uneheliche Kinder, waren »Weltenbummler«. Die »Geheimnisse« wurden in der Familie nie angesprochen. Er, Paul, Sohn in dritter Generation, folgte diesen verborgenen, verschwiegenen und unausgesprochenen »Mustern« und vermochte sich sein Verhalten selbst nicht zu erklären. In ihm brannte die Frage, worauf und auf wen er sich verlassen konnte. Er spürte seine innere Zerrissenheit, war aber selbst nicht in der Lage, sich zu stabilisieren.

Erst die Erläuterung der auch in diesem Buch beschriebenen Zusammenhänge erhellten sein Bewusstsein. Er erkannte dadurch außerdem, welches Leid seit Generationen den Frauen immer wieder zugeführt wurde. Verstärkter Ausdruck des tiefsitzenden familiären Lebensthemas und seines Lebensschmerzes war die Erkrankung seiner 14-jährigen Tochter an Anorexie. Erst die Sorge um sie und die Notwendigkeit nach Ursachenforschung öffnete ihn für fremde Themen und Möglichkeiten. So fand er den Weg in meine Praxis und schon nach kurzer Zeit Erleichterung.

Wie sehr das Leben oft schonende Umwege ergreift, um etwas auszugleichen, erzählt die Wiener Psychotherapeutin Christl Lieben in ihrem Buch »Die Liebe kommt aus dem Nichts«. Ein Mann suchte ihre Praxis nach einem Schlaganfall auf: »Er hatte das Versterben seines Vaters noch tief in Erinnerung. Er, damals ein Kind, wurde vom sterbenden Vater der Verabschiedung und von dem Begräbnis ferngehalten. Leider konnte er sich daher nie wirklich von seinem geliebten Vater verabschieden. Durch diese im Unbewussten gespeicherte Erfahrung wollte das innere Kind das Sterben seines Vaters respektvoll wachhalten. Er entwickelte nach seinem Schlaganfall kaum Kraft zur Heilung, obwohl die physischen Parameter durchaus auf ›Positiv‹ standen. Zusammengefasst hielt sein inneres, ratloses Kind das Sterben seines Vaters in sich selbst wach.« Das systemische Prinzip lautet: »Aus Liebe zu dir halte ich dein Sterben in mir wach!«

Im Laufe meiner intensiven Arbeit mit Menschen, mit ihren teilweise sehr schwierigen Lebenssituationen und Erkrankungen, erkannte ich, dass wir alle tief in unserem Körper Geschichten, Erfahrungen und Informationen aus vergangenen oder bereits gelebten Zeiten tragen. Wir alle haben einen emotionalen Rucksack, und wir alle erleben Momente, in denen diese Last sich bemerkbar macht. Solche Erfahrungen haben ihre Wurzel in einem vor langer Zeit erlebten Geschehen, das unsere Zellen als energetische Information speichern. Wir tragen die Dunkelheit, die Taubheit vergangener Zeiten als Gefühlsbelastungen tief in uns. So führten mich meine Seelengespräche mit Klientinnen und Klienten zur Entwicklung intuitiver Methoden und zum Thema »Zellerinnerung«.

Ich beobachtete bei meiner Arbeit mit den Menschen, wie ich aus unterschiedlichen Ebenen des Körpers und aus dem Bereich, aus dem sich jede Zelle immer wieder von Neuem auftankt, der *Matrix,* eine Art Schleier entfernte. Durch dieses Lösen schaltete sich ein innerer Wesenszug frei, den meine Klienten so vorher an sich selbst nicht kannten, maximal vielleicht erahnten. Die tiefen Empfindungen, beglückenden Gefühle und die Tränen der Freude waren für mich Anlass und Auftrag zugleich, mehr von dieser neu entdeckten »Methode«, wie ich es in den Kapiteln 9 und 10 beschreibe, zu nutzen.

Die Wissenschaft lieferte mir zudem nützliche Erklärungen für die Phänomene, die ich gemeinsam mit meinen Klientinnen erlebte. Anerkannte Wissenschafter, wie der Zellbiologe Bruce Lipton, der indisch-amerikanische Arzt Deepak Chopra, der Physiker Gregg Braden, der Neurobiologe Joe Dispenza und viele andere erforschten die Fakten, die ich gemeinsam mit meinen Klientinnen während meiner praktischen Arbeit entdeckte und die so Unglaubliches bewirkten. Ihre wissenschaftlichen Studien und Dokumentationen festigten meine eigenen Vermutungen. Seit vielen Jahren weiß ich, wie alles mit allem verbunden ist, weil es aus Energie besteht. Ich weiß, wie wir mit unserem vergangenen Leben und unseren ehemaligen Erfahrungen verknüpft sind.

Wir alle wählen ständig aus! Alles, wirklich alles, liebe Leser und Leserinnen, was wir für unser Leben, für unsere Gesundheit und unser Glück benötigen, liegt in uns und wir haben unendliche Möglichkeiten, auch wenn wir sie noch nicht kennen. Was heißt, dass wir nach unseren unbewussten Prägungen entscheiden. Das wiederum bestimmt den Verlauf einer Situation. Manchmal scheint es mir, dass wir nicht darüber nachdenken wollen, vielleicht auch nicht den Mut dazu haben, so einem Gedanken intensiv nachzugehen.

Es würde nämlich bedeuten, uns selbst zu ermächtigen und zu verstehen, wie viele unendliche Möglichkeiten in uns liegen. Eine Freiheit, die viele gar nicht annehmen oder glauben können.

Unsere Zeit ist eine der komplexesten in der Geschichte der Menschheit. In meiner Erfahrungswelt erlebe ich, wie viele Menschen sich eine Veränderung wünschen, sie sehnen sich danach, sich selbst auszudrücken oder selbstbestimmt zu leben, geben aber gerne Verantwortung ab. Persönliche und generelle Überzeugungsmuster und Glaubenssysteme hindern uns, in unserem Wesenskern anzukommen. Das muss aber nicht so bleiben! Wir sind in der Lage, schneller als früher etwas zu verändern. *Die bewusste, kraftvolle Entscheidung dazu ist der Schlüssel.*

Es braucht nur ein wenig Mut, seinen Wesenkern, sein Potenzial voll zu leben! Denn die größte Angst besteht darin, unsere Meinungen zu vertreten und zu argumentieren. Meinungen, die anders sind als der Mainstream. Unterschiedlich von jenen Menschen, die wir lieben, ohne die Sorge zu haben, abgelehnt, nicht geliebt zu werden. Das sind tiefe Ängste, die uns hindern, unser wahres Wesen zu leben.

Was hat dich am meisten verletzt? Habe den Mut, in diese Wunde zu schauen, sie zu würdigen, sie trotz der Angst nach vorne zu holen und sie zu befreien. Es erleichtert und macht dich stark, statt die Wunde in die Tiefen des Unbewussten zu verdrängen. Körper, Geist und Seele sind eins. Die »Seele« ist eine Mischung aus Erfahrungen, die am Geist klebt und unser emotionales Gepäck darstellt. Der Geist ist im Gehirn verankert und mit unseren Emotionen der Vergangenheit gekoppelt. Diese gekoppelte Kraft herrscht über die Materie. Die Abläufe des Gehirns und die Energiegesetze des Körpers zu verstehen, sind die Aufgaben unserer Zeit! *Daher ist dieses Buch ein Reiseführer zu deinem ursprünglichen Wesenskern, dem tiefen Inneren, der Quelle, mit der wir immer verbunden sind, was wir aber vergessen haben.*

Dieses Buch ermutigt dich, dich auf physischer, auf Herzens-, auf Zellebene, auf energetischer und seelischer Ebene zu entwickeln. Ich bestärke dich, Dinge, die in Einklang mit dir selbst stehen, zu entwickeln. Schädigendes zu lassen. Vielleicht fühlst du dich sensibel oder sogar hochsensibel. Kannst ohne Worte fühlen, was um dich herum passiert. Nimmst Menschen um dich intensiv wahr, und hast noch keinen Weg gefunden, dich zu stabilisieren. Möglicherweise fragst du dich, wie deine Sensibilität sich mit deinem momentanen Beruf vereinen lässt. Das Buch begleitet dich ein Stück, lädt dich ein, deine Aufmerksamkeit wieder mehr in deinen Körper zu richten und trotzdem alle »Sinne« für Körper, Geist und Seele zu nutzen und die Schönheit deiner Seele durchscheinen zu lassen. Es führt dich in die *»Sprache der Matrix«* ein, denn wir schaffen unser Feld und unser Erleben. Dazu kombiniere ich Wissenschaft mit Spiritualität.

Die Texte und Geschichten sollen dich begleiten und laden dich ein, mit dir selbst »Seelengespräche« zu führen. Sie ermutigen dich im Herzensraum, in der Mitte im Bereich deines Herzens, anzukommen und dich für die Resonanz zum Gegenüber zu öffnen. Dabei ist es nicht notwendig, Probleme und Zusammenhänge im Detail zu analysieren. Nein, unsere Zeitqualität, das Wissen über die Wirksamkeit der Quantenwelt ermöglicht es, die deutlich auftauchenden Körperempfindungen nach dem »Erspüren« an einen guten »Platz im Ganzen« abzugeben. Umrahmt von den Kräften, die um uns und im Universum wirken, und die die Physiker subjektives Bewusstsein nennen, erlösen sich so Druck, Schmerz und Leid selbst. Denn Gedanken haben Einfluss auf die Materie. Laut Quantenlehre spielen Informationen eine wichtige Rolle auf der Quantenebene. Meist gelingt das um einiges leichter, als wir befürchten. Dabei entsteht nämlich eine neue Frequenz zwischen Geist und Materie, die für unsere Gesundung, für ein glückliches Leben, für das wahre innere Wesen oder für die Ganzheit im Menschen zur Verfügung steht. Zusammenhänge werden klarer und alte Geschichten verlieren ihre Kraft.

Dieselbe kraftvolle Energie, die vorher zur Verdrängung oder zur Ausgrenzung einer Situation verwendet wurde, darf nun in die »Erlösung« fließen und steht zur vollen Verfügung. Wir alle haben ein unglaubliches Wissen in uns, das sich zeigen möchte. In meiner Arbeit sind wir beide, Klienten und Berater, offene Gefäße eines großen Ganzen im Dienste der Leichtigkeit und beim Öffnen des Herzensraums. Die Sinne verfeinern sich. Es tauchen verborgene Fähigkeiten und Potenziale auf. Das Leben wird leichter. Wir schwingen frei und fühlen uns stark.

All das mündet darin, den Speicherplatz Zelle wieder neu aufzuladen. Das Wort »Courage« kommt vom lateinischen Wort »cor«, Herz. Jahrhundertelang war das Herz das Zentrum der Gefühle, des Mutes und der Weisheit, also: Bon Courage!

2. Starte mit einem mentalen Probelauf!

Stell dir vor, wie dein Leben aussehen würde, wenn …

… du alles »löschen« könntest, was dich hindert, frei und leicht zu leben?

… es so etwas wie einen »General-Speicher« gäbe, einen riesigen großen Server, der alles Geschehene speichert?

… alle deine Potenziale und Fähigkeiten irgendwo aufbewahrt und jederzeit abrufbar wären?

… du die Möglichkeit hättest, Hinderliches zu entfernen oder zu löschen?

… du aus einem nachgeahmten Familien – oder Verhaltensmuster aussteigen könntest, das dich belastet?

… du die »geerbten« Geschichten und grundsätzliche, hinderliche Glaubenssätze, die deiner Familie entstammen, nicht mehr ernst nehmen bräuchtest?

… folgende Aussagen auf dich zutreffen oder du dich selbst fragen würdest: »Warum bin ich ständig unter Druck? Ich bekomme meine privaten Situationen nicht in den Griff. Ich sorge mich um mich, meinen Partner und um meine Familie. Scheinbar schaffe ich es nicht, dem Leben zu vertrauen«?

Hast du vor Augen, wie dein Leben aussehen könnte, wenn die obigen Vorstellungen erfüllt wären?

Ich möchte dir nun Aussagen vorstellen, von denen dir einige, oder Auszüge davon, vielleicht bekannt vorkommen:

»Ich verliere viel Energie und Kraft in meiner Bezie-

hung, weil ich auch nach dem kleinsten Streit mit meinem Partner Angst habe, alleingelassen zu werden.«

»Ich habe den Eindruck, ein Leben lang auf einen Beruf festgenagelt zu sein. Dabei möchte ich etwas anderes tun. Ich habe den Eindruck, ich lebe nicht mich selbst, sondern ein Leben, das mir die Gesellschaft vorgibt. Ich fühle mich fremdbestimmt.«

»Ich habe das Gefühl, ich arbeite, strudle mich ab und komme nicht weiter. Vor lauter ›Ich muss, ich muss, ich muss‹ komme ich nicht dazu, Erfolge zu genießen oder Ruhe zu bewahren. Irgendetwas treibt mich an, immer mehr zu wollen.«

»Ich traue mich nicht wirklich aus meiner nebenberuflichen Beschäftigung heraus. Eigentlich würde es mir großen Spaß machen, daraus eine Selbstständigkeit aufzubauen. Etwas hält mich zurück. Ich habe nicht den Mut, dieses Risiko einzugehen.«

»Ich bin unkonzentriert und ungenau, mache viele Fehler. Meine Familie und mein Vorgesetzter verstehen mich nicht, sie lachen mich aus und das bringt mich noch mehr durcheinander. Ich wache dann nachts auf, kann nicht mehr einschlafen. Selbst Medikamente helfen mir nicht, meine Unruhe in den Griff zu bekommen.«

»Ich sehne mich schon lange nach einem erfüllten Leben. Dauernd sehe ich mich veranlasst, innere und äußere Probleme aufzuarbeiten. Mithilfe von Therapien löst sich ein Thema und schon taucht ein neues auf. Ich würde gerne ›ankommen‹. In einer harmonischen Partnerschaft endlich Vertrauen finden. Ich würde gerne erleben, dass das Leben es gut mit mir meint. Ich fühle mich immer im Mangel und empfinde seit Langem einen Druck am Herzen.«

»Wenn ich auf mein Leben zurückblicke, sehe ich nur Neid, Eifersucht und Aggression in meinem Umfeld. Es gibt viele Ereignisse, die mich in die Knie gezwungen haben. Ich sehne mich danach, endlich ein unbeschwertes, leichtes und

befreites Leben zu führen, voller Freude. Dann könnten auch meine Symptome weniger werden.«

»Mir geht es schnell schlecht. Familiäre Situationen bringen mich im Handumdrehen aus der Bahn. Ich habe den Eindruck, ich nehme alles übersensibel auf, kann nächtelang nicht schlafen und wache immer wieder auf. Meine Sensibilität lässt mich sehr empfindlich reagieren.«

Wenn dir eine dieser Situationen oder einer dieser Sätze bekannt vorkommt, du sogar öfter solche oder ähnliche Gedanken hast, bist du noch nicht in deinem wahren Wesenskern angekommen. Es kann aber sein, dass du eine Kraft tief im Inneren wahrnimmst. Doch irgendetwas hindert dich daran, an dieses Potenzial zu glauben und aus ihm zu schöpfen.

Beginne doch *jetzt gleich* deinen eigenen *mentalen »Probelauf«!*

Unerheblich, ob du an diese Kraft glaubst oder nicht! Trau dich einfach! Starte jetzt! Stell dir vor, dass dein Leben wie am Schnürchen laufen würde – ohne Sorgen, Krankheiten und Schwierigkeiten, ohne Lasten oder Zweifel, völlig frei. Angenommen, alles, was dich im Moment hindert, wäre gelöst. Sei einfach mutig und erlaube dir in diesem Augenblick, diese Gedanken zu denken.

Selbst, wenn du mitten in einem Problem steckst, frag dich: Was bräuchtest du, um es leichter zu haben?

- Lass dich ein, auf dieses Gedankenexperiment!
- Wie wäre es, wenn dein Leben leicht gehen könnte?
- Wenn du tun könntest, was und wie du es wolltest: Was würdest du gerne tun?
- Was würdest du anders machen?
- Frag dich: Wofür würde ich brennen? Was würde dir Halt geben?
- Wie würdest du anders gehen oder stehen?

- Was wäre in deinem Gefühlsleben anders? Wie würdest du das merken? Wer außer dir würde es noch merken?
- Wie würden denn diese anderen auf dich reagieren?

Am besten ist es, wenn du deine Gedanken, die bei diesem kleinen Experiment auftauchen, gleich aufschreibst. Setz dich an einen gemütlichen, ungestörten Platz. Bewaffnet mit *einem Papierblock und Stift*, erlaube dir selbst, diese Fragen zu stellen. Lehne dich dabei zurück, atme ein paarmal tief ein und aus und erlaube dir, alles auftauchen zu lassen, was dir in den Sinn kommt. Überliste dein Gehirn und nimm das Blatt Papier quer, schreibe in die Mitte des Papiers den Satz: »Wenn alles in meinem Leben leicht gehen würde, dann …« Zeichne einen Kreis um diesen Satz. Und anschließend: Notiere deine Gedanken. Alles, was dir in den Sinn kommt. Verteile deine Gedanken ungeordnet auf dem Papier. Zum Beispiel: Wie bei einem Mind-Map, in kleine Kreise oder Kästchen, füge Zeichnungen oder Diagramme dazu oder andere Details nach Belieben. Höre erst auf, wenn dein Gehirn leer und deine Gedanken dazu erschöpft sind.

Es kann sein, dass dein innerer Kritiker versucht, ein Wörtchen mitzureden. Schenke ihm für nur kurze Zeit Aufmerksamkeit und konzentriere dich mehr auf die »Was wäre, wenn«-Fragen.

Erst, wenn du mindestens einen A4-Bogen vollgeschrieben hast, darf dein Kritiker zu Wort kommen. Zum Beispiel: Schreibe deine kritischen Gedanken genauso wie deine positiven auf. Widme ihm ebenfalls eine Seite und räume damit gleichzeitig den Schutt beiseite, der dich von deinen »Herzenswünschen» abhält. Beib bei der Frage: »Herz, was willst du in die Welt bringen?« Gönne deinem Schreiben Freiheit. Öffne dich für das Bilderbuch deiner Seele, federleicht und völlig ungezwungen. Es wird die Wirkung in der Tiefe deines Herzensraumes nicht verfehlen.

Viele Erfahrungen mit der soeben beschriebenen Übung

belegen: Die innere Weisheit hat stets eine Antwort. Manchmal führt sie uns zum Punkt, dann wieder öffnet sie eine neue Frage. Daher ist es hilfreich, besagten mentalen Probelauf wiederholt durchzuführen und neue und weitere Gedanken auf dem Zettel zu ergänzen. Du stellst dadurch eine Verbindung zu deinen Potenzialen und deinen ursprünglichen Fähigkeiten her. Allein der Wunsch erinnert dich daran, wer du wirklich bist. Das »so tun, als ob« setzt eine neue Verknüpfung deiner Nervenbahnen im Gehirn in Gang. Es beginnt ein intensiver Denk- und Suchprozess, der sich auch im Außen fortsetzt. Ganz ähnlich wie beim Planen deines nächsten Urlaubsreiseziels. Du suchst, konzentrierst dich auf verschiedene Orte, und plötzlich springen dir von allen Seiten Reiseberichte, Prospekte und Fernsehsendungen ins Auge.

Denn je mehr man sich mit positiven Gedanken verbindet, desto mehr erkennt man das auch im realen Leben. Es bilden und knüpfen sich neue Nervenzellen im Gehirn aus, die die Wissenschaftler Gedächtnisspuren nennen. So fällt es uns leicht, diese konkreten Situationen im Leben wiederzuerkennen.

Zusammenhänge und Visionen werden aus einem neuen, größeren Blickwinkel erfasst. So lernen wir, an ein selbstbestimmtes, freies Leben zu glauben. Es zeigt sich, wo unsere Bestimmung, Berufung und wo unsere Talente zu finden sind. Wenn dein innerer Wunsch wächst, wird deine Idee über dieses Potenzial deutlicher. Es lohnt sich, deinen Träumen einen Zauber zu verleihen. Dein mentaler »Probelauf« ist wie ein Band der Wortmagie zwischen dir und deinem unbewussten Geist. Es kreiert deine Wirklichkeit! Denn, wir können nur erkennen, was wir in unserem Gehirn angelegt haben. Ähnlich wie *Vexierbilder*, »Suchbilder«, »Rätselbilder« oder Zaubertricks, wenn unser Auge einmal das versteckte Bild dahinter erkannt hat, sieht es das Bild oder den Trick immer wieder. Kein positives Bild zu sehen, geht nicht mehr, denn unser Neuron im Kopf ist ausgebildet.

Innere Bilder und Imaginationsreisen wirken wie Dünger auf den Boden unserer Wirklichkeit.

Sie zeigen schon ab dem ersten Moment starke Unterstützung. Ohnegleichen wirken die Bilder und Visionen über Freiheit und Glück. Sie erinnern an dein ursprüngliches Selbst und deinen wahren Wesenskern. Je intensiver du dich mit deinen geschriebenen Bildern beschäftigst, umso mehr bringst du dein Wesen in Schwingung. Die Kraft des Schreibens wird zur Lebenskraft. Du beginnst die Bilder zu verinnerlichen. Erlaube dir auch Tagträume. Im Kapitel 13 erfährst du noch ausführlicher, wie Bilder deine Zellen mit neuen Informationen liefern.

Wie alles, so schwingt auch das menschliche Gehirn unentwegt, in unterschiedlichen Frequenzen. In einer Imagination oder Meditation verlangsamen wir unsere Gehirnfrequenz, wechseln vom Denken, welches im Neocortex stattfindet, in einen Entspannungszustand. Der äußerst entspannte Alpha-Zustand (Alpha-Wellen 7.5–12.5 Hz) kann mittels Elektroden an der Kopfhaut gemessen werden. Wobei intensives inneres Erleben wirklich alle Sinnesqualitäten anspricht. Manche hellsinnigen Menschen können zum Beispiel Geruchs- oder Tastempfindungen wesentlich intensiver visualisieren als innere Bilder. Gleichzeitig verändert sich die Gehirnschwingung von einem Beta- in einen Alpha-Zustand, vielleicht sogar in einen Theta-Zustand. Mit einem EEG können die Spannungsschwankungen an der Kopfoberfläche gemessen werden. Diese unsichtbaren Schwingungsfrequenzen tragen die Information der Visualisierung in das unbekannte Feld in die Matrix, jenseits der Materie, in dem alle Möglichkeiten existieren.

Die Beschäftigung mit einer positiven Zukunft führt im Inneren des Herzens zu einer dynamischen Entwicklung deines Bewusstseins. Wenn die Gedankenwelt sich dehnt und erweitert, weitet sich auch das Herz. *Wir synchronisieren uns mit der Umwelt und mit unseren Mitmenschen.* Dein

Herzmagnetfeld (Herztorus genannt) verändert sich. Je intensiver du dein »Viel-mehr-Sein« fühlst, umso intensiver beginnen deine Zellen zu tanzen, zu schwingen, zu vibrieren. Die Spannung deiner Zelle verändert sich. Dein eigenes elektromagnetisches Feld bekommt Kraft wie ein persönliches Hologramm. Deine Vorstellungen, wie glücklich sein, verliebt sein, sich gesund und fit fühlen, verwirklichen sich mehr und mehr im Alltag. Du bist ansteckend. Durch Konzentration darauf verändert sich deine Körperfrequenz. Sie wirkt dann positiver und kraftvoller in und aus dir. Vielleicht erinnerst du dich, wie positiv und anregend ein humorvoller Mensch sein kann? Wie verliebte Paare vor Glück förmlich strahlen? Wie erfolgreiche Menschen andere begeistern können? Denn jedes beseelte Wesen ist ein Lichtwesen, also ein »Energieproduzent«. Welle, Teilchen und Licht sind die ursprüngliche Schwingungsfrequenz. Wie Antennen eines Radiogerätes sendest und empfängst du diese Herzensenergie. Je regelmäßiger du deine inneren Bilder und Vorstellungen wiederholst, fixierst du nachhaltiger das, wonach du dich sehnst und letztlich mündet dieser Entwicklungsverlauf in Freiheit, Glück und Leichtigkeit, die Erinnerung daran wirkt bis in die Tiefe deiner Zellen in Heilung.

Mit einer kraftvollen Verbindung zu unserem inneren Wunschkern, der durch Achtsamkeit und Fürsorge für sich selbst genährt wird, schaffen wir es, verwirrende Phasen besser auszuhalten. Wir sind dann leichter in der Lage, mit Veränderungen umzugehen, weil wir uns aus unserer Selbstliebe und einer inneren Quelle nähren. Wir bewältigen Probleme besser, können im Krankheitsfall die eigenen Selbstheilungskräfte rascher mobilisieren und es gelingt einfacher, Entscheidungen selbstermächtigt zu treffen. Wir haben den nötigen Mut, aus einer Opferhaltung, aus Abhängigkeiten von Menschen und aus Systemen auszusteigen, die gar nicht in der Lage sind, zu wissen, was wir als Individuen und Einzelne benötigen. Es geht uns besser. Angst und Zweifel schmelzen dahin. Wir erkennen, wie wir uns verändern und beginnen wieder an das Gute, an die Heilung und an die Kraft in uns selbst zu glauben.

Alles, wirklich alles, was wir für unser Leben, für unsere Gesundheit, für unser Glück benötigen, liegt in uns und wir haben unendliche Möglichkeiten! Wir haben leider nur nicht immer den Mut, diesem Gedanken intensiver nachzugehen, die Selbstermächtigung anzunehmen und zu verstehen, welche und wie viele unendliche Möglichkeiten in uns liegen. Eine Freiheit, an die manche gar nicht glauben können und daher unfrei bleiben.

Wärst du bereit in deinem ursprünglichen Wesen anzukommen? Wärst du bereit, ganz du selbst zu sein? Wärst du bereit, die volle Leichtigkeit in deinem Leben zu akzeptieren?

Wir alle wählen ständig!

3. Wichtiges über geistige Gesetze und universelles Energieverständnis

Materie basiert auf Bewusstsein! Alles ist mit allem verbunden und besteht aus Energie.

Wir Menschen glaubten jahrhundertelang, dass die Erde eine Scheibe sei. Heute müssen alle Ideen, technischen Errungenschaften und Erfindungen erst einmal in tausenden Versuchen getestet und überprüft werden. Den nötigen Beweis zu all den Hypothesen liefern nur vermeintlich sicheres und beweisbares Wissen, qualitative und quantitative Messungen. Nüchtern und »rein wissenschaftlich« betrachten viele die Welt. Alles nicht Messbare wird zu den Grenzwissenschaften gezählt, deren geläufiger Name, Esoterik, fast schon zum Schimpfwort entwertet wurde. Erst die Forschungen der Quantenwissenschaft ließen die Grenzen verschwimmen und öffneten der traditionellen Wissenschaft völlig neue Zugänge. Dieses gemeinsame Wissen mit seiner klaren Logik erleichtert uns heute, tiefer an unsere instinktiven Zugänge zu glauben. Erstaunt stellt man fest, dass Menschen zu allen Zeiten und in allen Kulturen Zugang zu einem Wissen hatten, das wir uns heute mühsam wieder aneignen müssen. Wir erleben im Moment, wie enorme Schritte möglich werden, wenn wir uns erlauben, unser

Bewusstsein zu öffnen. Raus aus dem linearen Denken, hinein ins Quantenfeld.

Wie ist das Universum entstanden? Was siehst du im Mikroskop, wenn du dich und den Kosmos betrachtest? Woraus bestehen die Milliarden Zellen, aus denen unser Körper zusammengesetzt ist? Was ist dein Ursprung? Wer bist du im Ursprung?

Ich kann sehr gut verstehen, dass solche Gedanken unzählige emotionale Reaktionen auf einer psychologischen Skala hervorrufen können. Überlieferte Dogmen, Ansichten und Bewertungen wirken tief in uns. Unsere Konditionierungen betreffen lange Zeitspannen über viele Leben hinweg. Der griechische Dramatiker Euripides sagte: »Nicht die Dinge verwirren die Menschen, sondern ihre Ansichten über die Dinge.« Wie auch immer: Befreie dich von alten, nicht brauchbaren Dogmen und öffne dich für das Neue!

Bereits in meinem ersten Buch »Signale des Körpers« nimmt die Bedeutung der Zusammenhänge einen großen Platz ein. Je unerklärbarer die Symptome und Anliegen meiner Klienten wurden, desto klarer wurde mir, wie sehr wir mit den Erfahrungen unserer vergangenen Leben verknüpft sind. Daher beschreibe ich zu Beginn meines Buches wichtige Begriffe und Haltungen. Sie sind als Grundannahme und Basis meiner Arbeit zu verstehen. Diese Annahmen beruhen auf unterschiedlichen wissenschaftlichen und spirituellen Theorien. In der Wissenschaft und der neuen Medizin findest du dazu schlüssige Erklärungen, Forschungsergebnisse und Beweise. Sie haben sich während meiner Begleitungen als völlig stimmig für mich herausgestellt.

Alles, wirklich alles, besteht aus reiner Energie, Licht, Teilchen und Wellen, bekannt als Quanten oder Quarks. Alles besteht also aus kleinsten Teilchen mit hoher Schwingung und einer Neigung, sich mit anderen Teilchen zu verbinden. Das universelle Informationsfeld ist ein Vakuum, das durch Bewusstsein gefüllt wird und in Erscheinung tritt.

Der Grundbaustein, aus dem Materie besteht, ist unsichtbare, nicht greifbare Energie. Sie ist aus demselben Stoff, aus dem unsere Gedanken sind. Das Energiefeld zwischen oder um diese Teilchen herum wurde erst vor relativ kurzer Zeit entdeckt und hat daher noch keinen eindeutigen Namen. Manche sprechen von Matrix, andere vom »matrischen Feld«, wieder andere vom »holistischen Feld« oder »Quantenfeld«. Alles im Universum ist auf Ausdehnung ausgerichtet. Alles ist mit allem verbunden. Es kommt uns nur so vor, als ob Objekte oder Ereignisse räumlich oder zeitlich voneinander getrennt wären. Die Energieteilchen wirken sogar über große Distanzen aufeinander. Eine Veränderung der Teilchen wirkt auch bei jenen, mit denen sie verbunden sind.

Vergangenheit und Zukunft kommen bei diesen Energieteilchen nicht vor. Für sie existiert nur das Hier und Jetzt. Denn das Denken in Zukunft und Vergangenheit blockiert unsere Handlungen enorm. Je mehr wir unsere bewusste und unbewusste Aufmerksamkeit auf etwas konzentrieren, desto mehr erschaffen wir es. Der grenzenlose Geist, die Seele oder das, was ich als Seele bezeichne, hat einen bestimmten Grund, gewisse Erfahrungen machen zu wollen.

Das Endprodukt nämlich, das, weshalb wir auf dieser Erde sind, heißt aus meiner Sicht: Du sollst glücklich sein! Du sollst dein wahres Wesen erkennen und leben! Du sollst Liebe für dich und andere in die Welt bringen! Du sollst Unbewusstes mit Bewusstem in Einklang bringen!

Wir sind in der Lage, unser Erleben zu erschaffen! Wir »machen« uns unser Leben, erleben unser Glück, aber auch unser Übel und – konsequent weitergedacht – auch unsere Heilung.

Alle diese Gedanken und Postulate sind irgendwie aufregend, oder? In manchen Situationen zweifeln wir aber an unserer tiefen Überzeugung und Gewissheit. Das zeigt sich besonders dann, wenn es darum geht, dass wir Krankheit und Heilung selbst zu verantworten haben, beziehungsweise damit verantwortungsbewusst und selbstermächtigt umgehen sollen. Dann werden gerne ein »strafender Gott«, das unabwendbare »Schicksal« oder ererbte, schlechte Gene als Ursachen bemüht. Und schon landen die Menschen in der Opferrolle, aus der sie meistens nicht mehr aus eigener Kraft herauszufinden glauben.

Sicherlich hast auch du, liebe Leserin, lieber Leser, in Wahrheit das gleiche Ziel und die gleiche Absicht, nämlich ein Leben voller Leichtigkeit, Freude und Fülle zu leben! Ich hoffe, dieses Buch lässt dich erkennen, dass »du« *die ganze Zeit im Besitz dieses Schlüssels warst.*

4. Mein eigener alchimistischer Prozess

Und dann kommt die Musik ... und du lebst ...! ist ein Songtext der Gruppe Flowrag, der genau das ausdrückt, wie ich mich fühle, wenn ich vollkommen in meinem Selbst angekommen bin.

Kennst du das Gefühl? Dein Körper pulsiert, deine Zellen schwingen, du fühlst dich frei, glücklich und voller lebendiger Freude. Nichts will in dir stillhalten. »Es« möchte dich bewegen! Dein Herz klopft lebhaft und euphorisch und dein Lachen ist ansteckend. Jeder, der dir begegnet, spürt die Magie, die dich umgibt, denn sie ist wie ein funkelnder Sternenregen, der dich umrahmt. Denn, zutiefst beflügelt und voll in dieses kraftvolle Lebensgefühl gepackt, gelingen dir deine Vorhaben wahrlich mühelos. Dann lebst du dein volles Potenzial. Dann bist du in deinem Selbst angekommen!

Denkst du, dass es so etwas nur für kurze Augenblicke gibt? Ich selbst wurde in dieses Kraftfeld katapultiert, kurz nachdem ich mich auf ein unsicheres Experiment eingelassen hatte. Ich wollte mich meiner alten Lasten entledigen. Zuerst fühlte ich mich wochenlang müde und schlapp. Jede Aufgabe erledigte ich mehr aus Pflichtgefühl als aus Leidenschaft. Ich war trotzdem irgendwie zufrieden, mir machte es scheinbar Spaß, womit ich meinen Tag verbrachte. Damals empfand ich den Zustand, sich eher gedämpft zu fühlen, als beinahe normal. Eine innere Stimme in mir akzeptierte diese Tatsache und tröstete mich immer wieder, wenn Zweifel über die

Wahrhaftigkeit meines Verhaltens auftauchten. Ich akzeptierte in diesem Moment mein Erleben als real. Meine mir unbewussten Themen machten sich zart bemerkbar, fühlten sich aber vorerst gar nicht so schlecht an. Vielleicht fehlte mir einfach der Mut, hinzusehen. Ich eroberte gerade meine Selbstständigkeit zurück. Rückschläge betrachtete ich als Lernchancen. Trotzdem wurde ich vom Leben eingeladen, die Lebenslupe auf mein Herz und meine Freudlosigkeit zu richten. Wo waren noch kleinere oder größere Lebenslügen, denen ich mich noch nicht gestellt hatte? Wo fehlte mir noch der Mut, mich ganz zu zeigen? Mein Beruf, Lebensberaterin, machte Spaß, doch mir fehlte die Begeisterung. Die Vorstellung mir bis zu meiner Pensionierung Problemgeschichten anzuhören, war zwar in Ordnung, aber erfüllte mich nicht mit einem Hochgefühl. Die Traurigkeit meiner Klientinnen über sich wiederholende Themen in ihren Leben berührte mich. Ich suchte mit Eifer nach einer echten nachhaltigen Daseinsfreude für mich und andere. Wann war ich bereit, meinen innersten Impulsen unkritisch zu vertrauen? Bedenkenlos auch unübliche Methoden anzuwenden? Mithilfe des Lebensvergrößerungsglases suchte ich die Glut unter der Asche. Ich reiste in mein Inneres, experimentierte mit Fragen, Bildern und den ersten Versuchen des »Self-Walks«, den ich später ausführlich beschreibe. Ich folgte meinen Impulsen, räucherte, tanzte, erfühlte die Dunkelheit in meinem Bauch. Ich experimentierte wie ein Alchemist in seinem Labor. Und siehe da: Unter dem Vulkangestein und der Asche brannte mein inneres Lebensfeuer, es entfachte sich und zeigte sich als mein Flamenco la vita. Mein Bauch füllte sich mit dem Lebensfeuer. Meine Zellen pulsierten vor Freude. Ich erkannte, die beste Wunderheilerin ist in mir selbst, durch meine geistigen Impulse, die nur unter einer dicken Schicht alter Prägungen begraben waren. Der regelmäßige und unkontrollierte Kontakt ermöglichte den Kontakt mit meinem ursprünglichen Wesen. Es war unglaublich. Diese

Erfahrung veränderte mich und meine Arbeit. Wahrscheinlich erkennt man den Unterschied im Nachhinein leichter als in der Situation selbst. Doch gerade dort, wo wir nicht gerne hinblicken, liegt meist unsere größte Qualität!

Hast du dir jemals folgende Gedanken gemacht? Woraus bestehen die Milliarden Zellen, aus denen unser Körper zusammengesetzt ist? Wie kann es uns denn überhaupt gelingen, frei und leicht zu leben? Wie können wir unsere Seelenlernlektionen annehmen? Gibt es vielleicht eine Art von Seelenvereinbarung, bevor wir geboren wurden?

Letztlich ist alles Liebe. Wir wissen im tiefsten Inneren, dass die Urliebe immer da ist. Aber wir haben vergessen, wie wir die Verbindung zu ihr herstellen.

Woraus ist unser Wesen im Urkern eigentlich gemacht? Meine innere Antwort war folgende: Jede Zellteilung ist eine Teilung in Potenziale aus der Urmaterie, der Urenergie. Der Urkern ist pure Liebe. Doch jeder sieht den Ursprung anders. Quantenphysiker erkennen die Existenz eines feinen elektromagnetischen Feldes an, das durch körpereigene Prozesse generiert wird. Die Wissenschafter gehen davon aus, dass der menschliche Körper Energie produziert, weil lebendes Gewebe Energie kreiert. Doch vielleicht sind diese Antworten nur die Spitze des Eisberges und es gibt noch vieles, was es noch zu entdecken gibt.

In meinen Experimenten glaube ich sagen zu können, der Urursprung ist immer der gleiche, doch wir haben ihn vergessen. Das ungehinderte Fließen und Strömen des Ursprungs ist eigentlich unsere Natur. Deshalb möchte ich dich zu deinem ursprünglichen Wesen, zu deinem individuellen Potenzial begleiten, damit du zu deiner Lebenskraft zurückfindest. Diese Kraft ist nicht zu beschreiben, du kannst sie nur wahrnehmen. Diese Kraft breitet sich in allen Zellen aus, durchflutet wie das Licht die kleinste Formel deines Seins. Wie in der Quantenlehre beschrieben, je kleiner die Zelle, desto gehaltvoller ist die Kraft darin. Wie kannst du dir diese Energie des Ursprungs vorstellen? Was wissen wir bereits über das Universum? Woraus ist es entstanden? All diese Fragen will ich hier beleuchten.

Wir können uns mit dem Ursprung unserer Existenz als Energie verbinden. Manche nennen es das »ewige Sein«, die »ursprüngliche Gestalt«, die »reine Liebe«, die »göttliche Matrix«, den »universellen Geist«, die »Quelle allen Seins«, das »Selbst«. Ich beschäftige mich mit der Qualität des »ursprünglichen Wesens«.

Meine persönliche Umkehr und dessen Folgen erlebte ich nach meinem schweren Motorradunfall, den ich ausführlich im Buch *»Signale des Körpers«* beschreibe. Vier Jahre nach diesem Lebensereignis entwickelte sich in mir etwas zutiefst Bewegendes, ja Berührendes. So seltsam es klingen mag, aber dieses Unglück rüttelte mich wach, spornte mich an und zeigte mir, wer ich wirklich bin!

Damals wandte ich unzählige Methoden und Techniken in meiner Beratungstätigkeit zugunsten meiner Klienten an. Dabei arbeitete ich zum Beispiel mit systemischen Aufstellungen, Miniatur-Ritualen, rituellen Gesten, Sätzen, Rückgaberitualen, Imaginationsreisen, schamanischen Techniken, vielen Methoden und Interventionen aus der Hypnotherapie und der lösungsorientierten Kurzzeittherapie. Diese ergänzte ich durch sehr wirkungsvolle kinesiologische Testungen, die mir erlaubten, mit dem Unbewussten meiner Klientinnen zu sprechen. Mithilfe homöopathischer Essenzen und anderer emotionaler Ausgleichsmethoden ließ sich rasch wieder der natürliche Fluss in Körper und Psyche herstellen. Viele dieser Techniken zeigten auch eine auffallend effiziente Wirkung bei der Aufarbeitung der Anliegen meiner Klientinnen. Ewige, jahrelange Geldnöte lösten sich in wohltuenden »Geldfluss«, Schlafstörungen verabschiedeten sich, Beziehungskrisen verebbten, Depressionen erhellten sich, Ängste tauschten ihren Platz mit Mut.

Doch neben den zuvor erwähnten bewährten Methoden

drängte mich eine innere intuitive, zunehmend lauter und lauter werdende Stimme zur Anwendung neuer, völlig ungewöhnlicher Ideen. Ich konnte mich immer weniger meinen inneren Impulsen, meiner inneren Stimme entziehen, und ich folgte ihr! Und siehe da: Je individueller und unkonventioneller meine Ideen, desto effektiver und hilfreicher wurden meine Coachings. Die Lösungen der Probleme stellten sich für meine Anliegenbringer teilweise so rasch ein, dass wir beide über das Tempo nur so staunten! Mein Lernfeld dabei war, meiner Intuition, also der Stimme meiner Seele, unhinterfragt zu vertrauen und den Verstand nur mehr als Werkzeug zu nutzen.

Tag für Tag vertraute ich tiefer und unverrückbarer meinen inneren Impulsen. Ich veränderte Aufstellungen und Bodenanker, eine Technik, die ein vorhandenes Thema und Bilder in den Raum legt. Ich ließ die Klientinnen nicht nur an Positionen stehen und spüren, sondern ersuchte sie, mit Gesten, Sprache und Haltungen auszudrücken, was sie körperlich empfanden und damit verknüpften. Erstaunlicherweise entdeckte ich dabei, dass die Speicher unserer Erfahrungen nicht nur im Gehirn, nicht nur im Herz, nicht nur in den Chakren und Energiefeldern liegen, sondern vor allem und vorwiegend direkt in den Zellen, ja, in der DNA und im Zellkern! Einerseits bestärkte mich dabei meine intuitive Sichtigkeit, andererseits bemerkte ich, dass die Rückmeldungen der Klientinnen nicht nur vom Gehirn, nicht nur vom Herz, sondern vom ganzen Menschen wahrgenommen wurden. Tatsächlich zeigten mir meine ersten wackeligen Experimente noch mehr.

Ich erhaschte einen Blick in die Gesetze des Universums.

Eine Art »glimbs of gold«, ein Glitzern, das durch die stockdunkle Nacht den Weg weist. Wie das Schimmern einer Taschenlampe im Dunkeln. Wenn man mit einem Scheinwerfer ins Dunkel des Meeres leuchtet, zieht das Licht beinahe »magisch« Fische in allen Größen an. Der Schein des

Lichtes lockt immer mehr Lebewesen aus ihren nächtlichen Verstecken. Und plötzlich ist der Gabentisch für alle reich gedeckt. Reicher als es die üblichen Fangmethoden zuwegebringen. Mensch und Tier werden satt und die Schwärme von Fischen dienen dem Kreislauf aller Lebewesen. Letztlich wird nichts weniger, sondern vermehrt sich.

So ist es auch mit deinem Wesenskern: Der Kontakt mit deinem eigenen ursprünglichen Wesen erhöht das Pulsieren deiner Zellen. Der innere Prozess ist ähnlich dem, den der Mediziner Joe Dispenza in seinen Gehirnscans nach der Aktivierung der Zirbeldrüse gemessen hat. Die Zellen schwingen gemeinsam, schütten vermehrt Botenstoffe aus und senden enorme Wellen an Licht aus. Das verändert das gesamte Umfeld.

Ich experimentierte weiter und entwickelte auf diese Art eine Methode, die die machtvollen und energetischen Ladungen und Speicher unserer Verhaltensmuster und Überzeugungen völlig transformierte. Die Reaktionen meiner Klienten waren erstaunlich, ihre Probleme waren verschwunden, so dass ich mir den Schluss erlaube, sie wurden gelöscht. Erst später erkannte mein Verstand darin eine gewisse Logik. Ich war bereit, auch unbekannte, für mich ein wenig »spooky« klingende Dinge wie das Löschen von Zellerinnerungen wissenschaftlich zu hinterfragen und darüber zu schreiben. Die neue Wissenschaft der Biologie, die Zellforschung, Epigenetik genannt, lehrt uns, dass wir ein Leben voller Liebe, Glück und Frieden selbst gestalten können. Nicht die Gene, Ererbtes oder unsere Hormone steuern unser Schicksal, sondern unser Glaube und unsere Überzeugung kontrollieren den Körper und damit unser Leben.

Die Epigenetik öffnet zutiefst neue Zusammenhänge im Bereich von Krankheiten und Psyche. Diese wissenschaftlichen Erkenntnisse bezeichnen die Zellen als den Magneten für ein glückliches Leben. Daher möchte ich in diesem Buch jeden ermutigen, an sich selbst zu glauben. Wenn du gelitten und das Gefühl hast, bisher kein reiches und erfülltes Leben gelebt zu haben, so liegt das nicht an einem »angeknacksten Glücksgen«, sondern daran, dass du das Wunder der Zelle noch nicht für dich genutzt hast. Sich von den Zellerinnerungen zu befreien und die eigenen ungeliebten Geschichten zu löschen, ermöglicht uns, uns ganz kraftvoll auszurichten. Wir sind dann in der Lage, unsere Lebensgeschichten neu zu schreiben. Mithilfe meiner *Körper-Resonanz-Methode* eröffnete sich mir und meinen Klientinnen ein völlig neuer, wunderbarer Raum an Möglichkeiten. Mit ihr lassen sich die machtvollen energetischen Ladungen und Speicher unserer Verhaltensmuster und Überzeugungen zur Gänze transformieren und löschen.

Ein zentrales Thema in meiner Arbeit wurde die Anbindung an das eigene ursprüngliche Wesen (s. Kapitel 9). Begrifflichkeiten und Bewertungen wurden bedeutungslos. In der gemeinsamen Arbeit mit meinen Klienten sprach ich »einfach« vom Weggeben, vom Zurück-ans-Ganze-Geben und vom Löschen alter, hinderlicher Erinnerungen. Tatsächlich, es wirkte! Je mehr ich selbst an mich und meine Eingebungen glaubte, desto stärker wurde die Erleichterung bei meinen Klienten sichtbar und fühlbar. Dadurch wuchs auch mein Mut zum Experimentieren. Es war eine großartige Zeit voller Überraschungen, ja, voller Wunder!

In der Zeit, in der ich Menschen, deren Symptome und Schicksale begleitete, erfuhr ich, was sich »Seelen« als Lernthema ausdenken können, um uns zu unserem *Selbst* zurückzuführen. Beiden, Klienten und mir, wurden viele, meist größere Zusammenhänge aus unterschiedlichen Epochen bewusst. Der Geist, der die Seele bildet, ist eine Mischung aus Erfahrungen der Vorleben und Erlebnissen aus der Ursprungsfamilie vieler Generationen.

Es gibt Menschen, die seit Äonen Erlebnisse in sich gespeichert haben. Sie tragen die Information in den Zellen und leiden unter körperlichen oder emotionalen Blockaden.

Eine Klientin erzählte von immer wiederkehrenden Schuldgefühlen, sogar grundlos fühlte sie sich schuldig oder hatte Angst, etwas falsch zu machen. Andere konnten nicht nachvollziehen, woher ihr mangelndes Vertrauen zu Personen herrührte. Sie wiederholten ein »energetisches Muster« aus der Vergangenheit. Meist tun sie dies so lange, bis sie bereit sind, die Lernerfahrung anzunehmen und das dahinter liegende Thema zu lösen.

Der eigene »Lebensmagnet« liefert Impulse über Impulse, um den Wiederholungsmagnetismus aufzuheben und in Bewegung zu bringen. Meistens geht es um etwas, das schon lange bearbeitet werden wollte. Nicht alles findet immer nur im Tragischen seinen Ausdruck, vieles wird als Blockade oder als Symptom wahrgenommen. Gestörter Umgang mit Geld, Verlustängsten, Schlafstörungen oder Putz- oder Kontrollzwang sind so typische Verhaltensweisen, die das Leben zwar erschweren, aber aushaltbar sind. Umso erleichternder und entlastender empfanden viele meine Interventionen. Sie waren überglücklich, dass sie wieder durchschlafen konnten, dass ihr Fingernägelkauen aufhörte und dass ihre Symptome, wie dauerndes Räuspern, verschwanden oder die Last von ihren Schultern genommen wurde.

Gleichzeitig begann ich, Personen, denen es gelungen war, ihr oft schweres Schicksal auf außergewöhnliche Art und Weise zu meistern. Ich befragte die 64-jährige Edith, die eine plötzliche Querschnittlähmung erlitt, Diana und Michael, die ihren Krebs besiegten, oder Cornelia, die den Tod zweier Kinder zu betrauern hatte, wie sie ihren Weg in ein normales Leben schafften. Die Interviews sind in meinem Mutmach-Impuls-TV als Mutmach-Geschichten zu sehen. Sie lassen erkennen, welche Potenziale in uns als Menschen schlummern. Aber nur dann, wenn wir bereit sind, sie auch zu nutzen!

Die beeindruckenden Erzählungen machten Gemeinsamkeiten sichtbar, die dazu führten, aussichtslose Krankheiten zu besiegen, chronische Erkrankungen zu heilen oder Trauer zu überwinden. Alle Interviewten bezogen sich einheitlich auf das bedingungslose Annehmen ihrer Situationen und das Aufgeben jeglicher Form von Bewertung von gut oder schlecht. Insgesamt trugen alle ein unbedingtes *Ja* zum Leben in sich! Dadurch konnte ihr *Ich* neu geboren werden, geboren zu einem neuen *Selbst.* Alle Befragten vertrauten ihrer Intuition oder nutzten Imaginationstechniken, einige holten sich professionelle, energetische Hilfe.

Durch Hinwendung, nicht durch Bekämpfung entstehen Transformation und Befreiung.

Diese Geschichten berühren durch den Mut und die Stärke jener Menschen, die vom Opferdenken zu Perlentauchern geworden sind. Die grundlegende Akzeptanz ihrer Krankheit, ihrer Lähmung oder der erlebten Gewalt öffnete sie für eine tiefe, verborgene Erinnerung, die an das wahre ursprüngliche Selbst anknüpft und in jedem Menschen vorhanden ist. Statt aus alten, möglicherweise vertrauten, abgespeicherten Reaktionsmustern heraus zu handeln, sich als Opfer der Umstände zu fühlen, offenbarte sich bei meinen Interviewpartnern die Heilung als Lösung. Der ehrliche Kontakt mit dem eigenen *Selbst* ermöglichte den Betroffenen frei und kreativ ihre individuellen Themen hinter ihren Erlebnissen zu entwickeln Auf meiner Mutmach-Institut-Seite kannst du die beeindruckenden Interviews ansehen.

5. Wie du deinen Seelenweg findest – denken, fühlen, leben

Unsere Informationsfülle fordert uns auf, unsere eigenen Gedanken und ein eigenes Handeln zu entwickeln. Gemeint ist deine *intuitive Fähigkeit*. Mit dem deutlichen Erspüren körperlicher und sinnlicher Eindrücke können wir entscheiden, selbstbestimmt zu handeln, anstatt vorgegebene Meinungen zu kopieren. Eigene und bewusste Entscheidungen lassen uns aus Fremdsteuerungs- und Opferprogrammen aussteigen. Wir müssen nicht mehr alles »glauben«, was uns »aufgetischt« wird, sondern sind in der Lage, unser Verhalten aus unserem wirklichen Selbst zu lenken, statt eine »Kopie unseres Umfeldes« zu sein. Das benötigt Mut.

Mut führt dazu, abenteuerliche Wege einzuschlagen, deren Ausgang ungewiss ist.

Wenn es Regeln für das »Fühlen« gibt, dann jene: »Nimm ernst, was sich in dir tut. Erkenne, was du innerlich wahrnimmst. Nimm wichtig, was du fühlst und erlebst.« Denn es gibt Menschen, deren Haltung davon geprägt ist, zu denken: »Je weniger Zeit ich in meine Gefühle investiere, desto problemloser, gesünder, leistungsfähiger und effektiver ist mein Leben.« Dagegen stellt sich der Trend von Achtsamkeitsschulungen unserer leistungsorientierten Berufswelt, deren Ziel es ist, die Sinne wieder zu entwickeln und den vergessenen Menschen der Vernunft- und Wissensgesellschaft wieder zu integrieren. Anzukommen im eigenen wachen Erleben des Körpers. Zu verbinden, was untrennbar ist. Meist treibt uns die Angst ins Streben nach Perfektion. Auf der Suche nach Sinn und der Sehnsucht nach mehr Menschlichkeit rutschen die einen in Süchte, die anderen in Krankheiten. Der Ruf nach Veränderung reibt manche Menschen auf.

Die Zellen tragen eine Überfülle an Informationen in sich. Es beginnt im Mutterleib, das Embryo erlebt genau das Gleiche wie die Mutter. Dadurch wird das Kind auf die Welt vorbereitet, in die es geboren wird. Die chemischen Aspekte des Stresses der Mutter, Alkohol- und Nikotinkonsum, erlebt der Fötus durch den Blutstrom. Die Zellen entwickeln laut Lipton Rezeptoren für bestimmte Umweltreize. Vor der Geburt wird die Basis-Software programmiert. Nach der Geburt wird das Programm durch Einstellungen, Werte und Überzeugungen der Eltern und des gesamten Familiensystems weitergeschrieben. Als kleine Kinder haben wir nicht die Möglichkeit, harte, kritische oder böse Kommentare unserer Eltern, des Umfeldes, von Geschwistern, Freunden oder anderen Autoritäten in einen angemessenen Kontext zu setzen. Wir nehmen alles persönlich. Das bildet unsere Persönlichkeit. Wir sehen dann die Welt immer durch den Filter dieser geprägten Wirklichkeit und reagieren darauf. Zum Beispiel: Streiten die Eltern vor dem Kind, fühlt es sich schuldig. Die Stresshormone lösen chemische Prozesse aus, die sich bis in die Zellen einprägen. Als Erwachsene können sich dann diffuse Schuldgefühle zeigen, deren Ursache in so einer Prägung liegen. Ein hart urteilender Vater, der mehr das Negative als das Positive hervorhob, führte bei einer Klientin dazu, sich selbst ständig abzuwerten. Hart und überkritisch konnte sie sich nicht für ihre Leistungen loben. Eigene Fehler machten sie wütend, führten zu Zornausbrüchen und Selbstabwertungen. Sogar im Alter von 54 Jahren und nach regelmäßigen Gesprächstherapien konnte sie nicht entspannt sein und sich Fehler eingestehen.

Es geht darum, die persönliche Signatur jedes Einzelnen zum Strahlen zu bringen. Die Gabe auszudrücken, die wir auf diese Erde mitgebracht haben, bevor wir diese Prägungen entwickelten. Das braucht Veränderung, die passiert, wenn wir alte Prägungen entlasten und energetische Informationen löschen. Unsere Sinne sind dabei eine wunderbare Hilfe, mit diesen unbewussten Prägungen in Kontakt zu kommen. Die *Körper-Resonanz-Methode* und der *»Self-Walk«*, die ich Schritt für Schritt beschreibe, leiten beide einen psychosomatischen Prozess ein, der auf mentaler und körperlicher Ebene eine Verbindung vom Problem zur Körperempfindung herstellt. Denn die Sprache des Unbewussten ist sinnesorientiert.

Einem Mädchen, das unter Magersucht leidet, helfen keine vernünftigen Begründungen. Sie findet sich zu dick, während andere ihren gefährlich abgemagerten Körper sehen. Daher braucht es einen anderen Zugang. Teilweise machen logische Erklärungen die Situation nur schlimmer. Viele meiner Klientinnen stecken bis zum Rand voller Erkenntnisse, wie und warum sie so sind, doch ihr Leben ist deshalb nicht einfacher. Denn die Ursache eines Problems zu erkennen, ändert in der Regel nicht seine Wirkung. Mit der *Körper-Resonanz-Methode* konnte ich innerhalb weniger Sitzungen zu vielen Veränderungen verhelfen.

Wenn wir wieder an unser ursprüngliches Wesen »andocken«, entstehen positive Bilder. Es fühlt sich an wie ein inneres Nach-Hause-Kommen zu uns selbst. Diese geistige Qualität, die aus unserem ursprünglichen Wesen kommt, ist mit dem Verstand fast nicht zu erfassen. Für viele erklärt sich ihr ganzes Leben im Erspüren dieser anderen Kraft, macht Erlebtes Sinn.

»Es geht auch anders!« Dieser Satz begleitete mich schon als kleines Mädchen und ist ein wesentlicher Kern meiner Persönlichkeit. Denn meist war ich mit dem, was mir von den Erwachsenen so mitgeteilt wurde, nicht einverstan-

den. Du kannst dir vorstellen, dass diese Charaktereigenschaft nicht immer zu meinem Vorteil war. Besonders in der Schule eckte ich bei Lehrern und Mitschülern an. Allzu oft fühlte ich mich als Außenseiterin, weil ich es vorzog, die Welt und die dazugehörigen Dinge zu erkunden, statt mich hinter Büchern oder zwischen Puppen zu verschanzen. Ich war schon als kleines Mädchen eher eine »Revoluzzerin« und eine Träumerin. Meine feinsinnigen und hochsensiblen Gaben ließen mich Wesen sehen, mit denen ich gerne auf unserer Nachbarwiese spielte. Ich wollte so manches genauer wissen, stellte neben den üblichen »Warum«-Fragen, oft Meinungen Erwachsener infrage. Zum Beispiel: War der Tod für mich nie so schrecklich wie für manche Erwachsene, schon als Kind sah ich neben dem Leichnam die Gestalt des Verstorbenen leicht und frei schweben. Es machte mich zwar traurig, meine Großmutter nicht mehr umarmen zu können, doch tröstete mich, sie um mich zu spüren und sie deutlich wahrzunehmen.

Vielen Eltern geht es ähnlich, sie können mit den Fähigkeiten ihrer hochsensiblen Kinder nur schwer umgehen. Die Erwachsenen fühlen sich zum Teil bedroht durch die hellsichtigen Fähigkeiten. Wenn Kinder von schwarzen Männern erzählen oder sich weigern, allein im Zimmer zu schlafen, weil sie sich fürchten, sind das meist Zeichen von Sensibilität. Erwachsene zwingen dann die Kinder durch ihren Unglauben, ihre Talente und ihre Einzigartigkeit zu vergessen. Im Kleinkindalter bis zum zwölften Lebensjahr klappt das auch mehr oder weniger. Danach kämpfen solche Kinder um ihre Eigenständigkeit und ihren individuellen Ausdruck und verirren sich in der Pubertät auch mal in »eigenartigen« Welten auf der Suche nach sich selbst. In meiner Jugend führte ich gerne philosophische Gespräche und besuchte schon in jungen Jahren Seminare, deren Inhalt zu den Grenzwissenschaften zählten. Anscheinend erinnerte sich ein Teil von mir an etwas, dass ich heute selbstverständlich als Seelenreise, Vorleben und Inkarnationen bezeichne. Die Herausforderungen meiner Hochsensibilität begleiteten mich mein gesamtes Leben. Ich habe wohl viele Leben und deren Erfahrungen in mir gespeichert. Mich zog alles Mystische magisch an. Heute sind spirituelle Themen für mich selbstverständlich und ermöglichen mir, verschiedenste hilfreiche Methoden zu entwickeln, die uns allen das Leben erleichtern.

So manches wurde von der Wissenschaft bereits anerkannt und diese wissenschaftliche Grundlage ersparte mir das Gefühl, völlig verrückt zu sein. Einige Themen, die ich und andere »Hochsensible« als ihre »Wahrheit« erkennen, benötigen noch intensivere Forschung, bis sie *aus der »Dunkelheit der Esoterik oder der Sparte der »verrückten Ideen« ins Licht der Wissenschaft gehoben werden«*. Die Erkenntnisse der Quantenphysik und die Epigenetik sind da schon weiter. Sie bekräftigen die transformierende Wirkung einiger Methoden, die ich einsetze, um überholte Denk- und Verhaltensmuster bis in die Tiefe der DNA aufzulösen und zu löschen. Quantenphysik erlebt einen Boom. Das Verständnis der Seele von heute ist anders als Aristoteles dachte: Während Aristoteles meinte, die Seele gäbe es nicht ohne Körper und sie wäre an die Psyche gebunden, teile ich die Meinung der modernen Wissenschaft, die bekräftigt, dass *die Seele Feldcharakter hat.* Dieses Feld wirkt als Information auf die unterschiedlichen Ebenen unseres Seins. Wie ist es sonst erklärbar, dass dem toten Körper dieses Informationsfeld fehlt? Wo ist die Seele nach dem Tod und vor unserer Geburt?

Das biomagnetische Feld unserer Seele reagiert auf Schwingung und nicht auf Willenskraft. Daher haben wir durch rein positive Gedanken nur beschränkte Erfolge. Veränderung entsteht durch Frequenz, Schwingung und das Füllen der Leere mit neuen energetisch kraftvollen Bildern. Es geht nicht nur um Wünsche, sondern darum, das Gesetz der Leere zu verstehen und anzuwenden. Bisher konnten wir uns ein Ganzes gar nicht anders vorstellen, als dass es aus einzelnen Teilen zusammengebaut wäre. Doch alles Lebendige ist aus der Ganzheit entstanden. Ein Embryo bildet sich aus einem kompletten Informationsfeld heraus und nicht aus Teilen. Jede Zelle weiß, wie sie sich vermehren soll, die Information, die Chemie bilden das menschliche Wesen.

Wir sollten daher unser Denken ändern, weg *vom mechanischen hin zum ganzheitlichen Denken.* Vielleicht reicht es nicht, wie beispielsweise in der Chirurgie, einfach nur Organe zu ersetzen und zu denken, damit wäre alles wieder in Ordnung. Die Wissenschaft und die pure Empfindungswelt vermissen Sichtweisen des Energiefeldes und der Seele. Unsere »Sinne« helfen uns, Geist und Materie zu verbinden. Besonders *hellfühlende* Menschen nehmen die Dinge wahr, aber nicht in derselben Form, als wäre dieser *Reiz* tatsächlich vorhanden. Sie spüren *Berührungen*, hellriechende spüren *Gerüche*, hellhörende hören *Geräusche*, hellschmeckende spüren *Geschmack*, hellwissende haben korrekte *Eingebungen*, und zu guter Letzt: hellsehende Menschen sehen Dinge, die andere nicht sehen – das meint aber *nicht* die *Zukunft.* Jeder dieser Hellsinne ist in seiner *Bedeutung* zunächst durchaus äquivalent zu unseren hausgebräuchlichen *Sinnen* zu verstehen. Bereits das Anerkennen der Intuition als »realen« Impuls, dem wir folgen könnten, würde uns eine andere, weitere Sichtweise ermöglichen.

Befreie dich von unbewussten und bewussten Familienthemen!

Vielleicht trägst du alte, ungelöste Familienthemen, die du meist aus Liebe übernommen hast, mit dir herum. Sie wurden vom Fötus bis zu deinem zwölften Lebensjahr in deinem »genetischen Mind« gespeichert und wurden mit der Pubertät aktiviert. Es beschäftigt uns alle, denn wir sind mit unseren Vorfahren verbunden. Alte »Ahnen-Muster« und ungelöste uralte »Themen« zeigen sich häufig in hilflosen

Momenten, in denen der Verstand keine Antworten parat hat. Vor allem in Phasen unbegründeter Angst, bei Krankheiten oder bei Panikattacken, die aus heiterem Himmel auftauchen, können sich solche übernommenen Themen zeigen. Du, als Seelenwesen, hast dich unbewusst bereiterklärt, diese Themen zu lösen, damit es deinem familiären System gutgeht.

Jede Generation, die es nicht schafft, die längst vergangenen Erfahrungsspeicher für sich aufzulösen, gibt sie weiter an die nächste Generation. Die Themen verstärken sich. Ich erinnere mich an einen jungen Mann, der nicht einmal den Einkauf im Lebensmittelgeschäft schaffte, ohne eine Panikattacke zu bekommen. Es war undenkbar, dass er sein begonnenes Studium fertigbringen könnte und die Perspektive für seine Zukunft sah düster aus. Medikamente, die er bekam, machten ihn eher »benommen« und antriebslos. Sein Leidensweg dauerte, trotz vieler Therapien, bereits fünf Jahre. Erst als wir ein altes Familienthema, das unbewusst wirkte, lösten, begann sich seine Situation deutlich zu entspannen. Kriegserfahrungen seiner Vorväter, Todesängste seiner Urgroßmütter, hinterließen einen energetischen Abdruck, der in ihm wirkte.

Wir helfen anderen und der zukünftigen Generation, wenn wir die Themen auflösen und befreien. Weil wir als Seele an die starke Transformationskraft glauben und die Verstrickungen der Lebensthemen unserer Eltern und deren Ahnenlinie gleich mit klären.

Es gibt zahllose Themen, die tief in der DNS deiner Zellen und in der Zellmembran sitzen, in der die Erinnerungen gespeichert sind. Solche Speicher können besonders bei Gefahr, plötzlicher Unordnung und in Phasen der Desorientierung aktiviert werden. Dann werden Gefühle übermächtig und lassen sich nicht beruhigen, diese Gefühle steuern unser Leben. Dabei geht es nicht um Schuld.

Zum Beispiel kann ein übertriebenes Verantwortungsgefühl Spuren alter Erfahrungen aufweisen. Solche Menschen springen sofort ein und versuchen, Situationen zu retten. Sie verlieren sich sogar in der »Not« der anderen so sehr, dass sie auf sich selbst völlig vergessen und manchmal Teil eines ungewollten Dramas werden. Die Fürsorge, alles und jedes zu übernehmen, kann auch ein ausgeprägtes Helfersyndrom sein. Für die einen ist so ein Syndrom problemfrei, andere leiden darunter. So unterschiedlich die vermeintlichen Ursachen oder Verursacher unserer Erfahrungen auch sein mögen, die Verantwortung der Erlösung und Aufarbeitung liegt immer bei der Person, die sie durchlebt. Wir sind nicht für die Erfahrung selbst verantwortlich, sehr wohl jedoch dafür, wie sie in uns selbst weiterlebt.

Wenn du dich selbst immer wieder in Helfersituationen erlebst, in denen du dich nicht mehr wohlfühlst, dann erinnere dich selbst, indem du einen systemischen rituellen Satz aussprichst oder mehrmals denkst: *»Ich übernehme die Verantwortung für mich und mein Selbst, ohne dabei unmenschlich und unsozial zu sein.«* Es heißt, abzuwägen, wann Hilfe wirklich gebraucht wird oder wann wir dadurch andere von einer wichtigen Erfahrung abhalten. Denn jeder ist auch für sich selbst verantwortlich und es reicht durchaus ein kleiner helfender Impuls oder eine helfende Hand. Je mehr du loslassen kannst, wer du glaubst zu sein, desto mehr kommst du deinem ursprünglichen Wesen näher.

Wir denken, wir sind über die Gene verbunden. Doch wir sind es über unser Energiesystem. Alte Speicher, die für uns nicht mehr hilfreich sind, können aufgelöst werden. Es heißt, aus Verhalten auszusteigen, die wir nicht mehr leben möchten. Sie zu transformieren und zu verändern. Erinnerungen und Emotionen, die nicht zu dir passen, loszulassen, damit du in deinem vollen Potenzial ankommen kannst. Negative Erfahrungen und Gedanken verbrauchen die meiste Energie. Wenn wir mehr Energie haben wollen, müssen wir daran arbeiten, unsere negativen Gefühle auszumerzen und anderen ebenfalls dabei helfen.

Dann gibt es noch jene Prägungen, die wir Karma nennen. »Karmische Erfahrungen« zeigen sich in bestimmten Situationen, meistens in Phasen einer Entscheidung oder einer Bedrohung. Möglicherweise warst du in deinen früheren Leben Medizinfrau, Heiler, Priesterin, Atlanter, Lemurierin, Häuptling, Magierin, Retter, Lehrerin usw. und wurdest für deine Weisheit, deine Intuition oder deine Taten bestraft. Die Todeserfahrung oder auch die Schocks aus den Untergangserfahrungen sind tief in deiner Selbstessenz eingebrannt. Im Kapitel 16 erzähle ich von einer Klientin, die aus unerfindlichen Gründen unglaubliche Todesängste durchlebte. Nie vorher hatte sie mit dem Tod Kontakt. Solche Erinnerungen sind tief in der Zellmembran gespeichert, deren Moleküle und Quark schwingen im Feld der Matrix als Fragmente oder Teilchen. Wie Magnete zieht die Zellschwingung ähnlich schwingende »fragmentierte« Teilchen an. Sie verbinden sich und gewinnen an Kraft. Im Erleben zeigen sie sich als Lebensumstände, die aus unergründlicher Ursache auftauchen.

Wir bleiben in Gedankenfeldern hängen.

Natürlich warst du in deinen vielen Leben vorher nicht nur Opfer, sondern auch Täter. Auch diese Information schlummert als Erfahrung in der Matrix deiner Zellerinnerungen. Du fühlst dich vielleicht ewig schuldig und weißt nicht, wofür. Die Wiederholungen und gleichen Erfahrungen in deinem Leben werden immer offensichtlicher und ihre Dynamik nimmt stetig zu. Die Erinnerung der Angst blockiert dich und dadurch erinnerst du dich möglicherweise nicht mehr an dein vorhandenes Potenzial und deine Fähigkeiten. Laut dem Entwicklungsbiologen und Stammzellenforscher Bruce Lipton folgen die Zellen der kollektiven Stimme des Organismus, auch wenn es ein selbstzerstörendes Verhalten ist. Du bleibst lieber im »Schneckenhaus« der

Angst, im Unbewussten. Den größten Teil unseres Lebens bleiben wir in solchen Gedankenfeldern hängen und glauben, dass das, was wir wahrnehmen, die Realität ist. Doch diese Realität ist ein Programm. Wir bemerken nicht, dass wir selbst nur Spielfiguren in diesem Programm sind. Wechseln wir also die Perspektive und brechen daraus aus. Schauen wir einmal von »oben« aus der Metaebene zu, was wir den ganzen Tag tun, was wir denken oder wie wir »gedacht werden«. Was würdest du erkennen?

Ich möchte dich ermutigen, ein tiefes Empfinden für dich zu entwickeln. Werde dein eigener Ratgeber und stehe souverän für dich selbst ein. Beende den kräftezehrenden Kampf um Rechthaben, Anerkennung und Aufmerksamkeit. Kläre deine Belastungen und Verstrickungen, damit du zu einer spirituellen Lebenseinstellung findest. Wir können die Muster unseres Schicksals aufheben und unser Leben so gestalten, dass es voller Liebe, Glück und Frieden ist. Nicht die Gene, nicht die Hormone und nicht der Verstand steuern uns, sondern unser Glaube und unsere Überzeugungen kontrollieren unseren Körper. Beginne für deinen Seelenplan zu leben und der Seele zu lauschen, die sich über deine »Hellsinne« zu erkennen gibt, und die nur eines möchte: in deinem Körper ein gutes Zuhause finden. Die physische DNA ist für die 3D-Welt zuständig, die Zellmembran ist das eigentliche Gehirn der Zellfunktion. Wenn wir in einem Liebeszustand sind oder unsere spirituelle Energie erhöhen, verändern sich Körper und Geist, die Frequenz wird höher und wirkt als Holone, Quanten und Frequenz in der 4-D-Welt der Matrix. Du ziehst dann wie ein Magnet diese Fragmente aus der Matrix an. Wie du ja weißt, ist unser Körper aus Molekülen und Atomen zusammengebaut und steht mit diesen Informationsfeldern in Kontakt. Daher kann man aus dem Geist heraus alles materialisieren. Meine Einladung geht an alle Individuen, die bereit sind, zu erkennen, dass jeder Einzelne die Kraft der Veränderung in sich trägt.

Suche nach deinen Herzenswünschen für dein Leben!

Frage dich: Welchem Herzenswunsch habe ich in meinem Leben noch nicht genug Aufmerksamkeit geschenkt? Spüre oder höre in dich hinein, was hier auftauchen möchte. Vielleicht dauert es lange, bis deine Schichten von »Alltagsenergie« schmelzen und du »durchlässiger« wirst für deine inneren Botschaften. Was kannst du jetzt tun, um deinen Herzenswunsch stärker in deinem Alltag umzusetzen? Was musst du wissen, um diesem Wunsch mehr Raum zu geben? Stelle dich auf deine Frage und das Energiefeld ein, dann wirst du Antworten bekommen. Nur deine gewohnten Verhaltensprogramme holen dich in den alten Zustand zurück. Achte daher auf kleine Veränderungen in deinem Alltag. Jeden Tag eine kleine Änderung kann schon eine enorme Veränderung in deinem Leben bedeuten. Wenn du deinen Herzenswunsch klarer fühlst, dann erhöht sich die Schwingung in dir, in deinem Herz bis in deine Zellen.

Ich schlage dir ein Experiment vor: Setze dich auf einen Stuhl und schließe deine Augen. Reibe deine Hände zwei Minuten lang und lege sie dann auf deinen Schoß. Was passiert?

Die Energie fließt in den ganzen Körper, fühlt sich warm an. Lege nun die Hände aufeinander und platziere sie auf deinen Nabelbereich. Jetzt kann es passieren, dass verschiedene Informationen zu dir gelangen. Meist sind es Gedanken, die du nicht kennst oder die immer wieder auftauchen. Unter dem Nabel liegt ein starker energetischer Punkt, der für Energieaufnahme sorgt. Wenn du diesen Punkt regelmäßig aktivierst, werden die Wahrnehmungen und die Kräfte schnell stärker.

Übe und meditiere mindestens vier Minuten täglich. Wenn du magst, kannst du auch die Meditationen aus dem Kapitel 6 »Erdung« anwenden. Sie verbinden deinen Körper mit der Erde und öffnet deinen Geist.

Noch eine Übung: Denk an dein Herzensthema, das du gerne »kreieren« willst, das du in deinem Leben aktivieren möchtest. Entspanne dich und sprich danach innerlich den Satz: »Ich bin …!« Oder summe einen Ton.

Lass dir Zeit, es ist eine Vibration, die du aufbaust, die bis in die Zellen schwingt. Wenn du sie danach mit deinem »Herzenswunsch-Bild« verbindest, sendest du eine Frequenz in das Feld deiner »Erfahrungsmatrix«. Fühle es und lass die Vibration alles durchdringen.

Wir laden das, was wir haben wollen, mit Energie auf. Wenn diese Energie einen bestimmten Level übersteigt, wird sich der Inhalt deines Wunsches manifestieren.

6. Reichtum der neuen Zeit – intensives Denken und Fühlen

Bist du ein hochsensibler oder sensibler Mensch?

Als mich Monika zum ersten Mal kontaktierte, fand ich den Weg, der sie zu mir führte, amüsant und erheiternd. Sie hatte »zufällig« um eine ungewöhnliche Zeit, genauer gesagt um elf Uhr dreißig Mittagszeit, ihren Fernseher eingeschaltet. Exakt zu diesem Zeitpunkt wurde eine Sendung, bei der ich als Gast geladen war, wiederholt. Damals sprach ich über mein erstes Buch *»Signale des Körpers«,* über besagten Unfall und wie ich es geschafft hatte, von Neuem zu beginnen. Ich erzählte über die Entwicklung meiner intuitiven Kräfte und deren konstant »richtigen« Impulse. Einem ähnlichen inneren Stimulus folgte Monika. Spontan telefonierte sie mit dem ORF, um meinen Namen und Telefonnummer zu erfragen, recherchierte im Netz und kontaktierte mich. Ihr intuitiver Impuls erwies sich für sie als die beste Entscheidung, der sie seit Langem gefolgt war. Unsere gemeinsamen Beratungssitzungen unterstützten Monika, ihr ursprüngliches Wesen zu finden und darin anzukommen, um ihr volles Potenzial auszudrücken.

Sie beschreibt ihr aktuelles Leben bei unserm ersten Treffen so: »Seit der Geburt meines Kindes fühle ich mich nicht mehr ›normal‹. Neben einem Bandscheibenvorfall leide ich ständig an anderen unterschiedlichen Symptomen. Das

Leben ist schwierig und belastend geworden. Zornes- und Tränenausbrüche kommen völlig unvermittelt und es gelingt mir nicht, sie zu kontrollieren. Ich schlafe teilweise nur drei bis vier Stunden, das zehrt an meinen Nerven und ich bin dann außerordentlich gereizt. Manche Menschen denken über mich, ich sei übersensibel, weil ich mich inmitten großer Menschenmassen nicht wohlfühle. Weil ich den Zwang verspüre, mich nach belebten Orten oder Einkaufszentren, wo viele Menschen sind, erschöpft zurückzuziehen. Ich bemerke sofort, wenn jemand schlechte Laune hat oder sich unwohl fühlt. Meist gelingt es mir nicht, meine inneren Wahrnehmungen, Stimmen, die ich höre, oder Bilder, die auftauchen, zu steuern und das macht mir dann zusätzlich Stress. Oft habe ich das Gefühl, dass mir schlichtweg alles zu viel wird, dann brauche ich einen Rückzugsort. Andere stempeln mich als Mimose ab oder verstehen mich einfach nicht. Ich habe den Eindruck, dass mir alles zu schnell und zu intensiv wird und ich mit dieser Fülle an Informationen, die unsere Zeit mit sich bringt, überfordert bin. Ich fühle mich dann erheblich aus meinem Gleichgewicht gerissen. Meine körperlichen Schmerzen, Rückenprobleme, Schlafstörungen und Ängste werden in solchen Phasen besonders massiv. Unnötige Sorgen und Gedankenkreisel beschäftigen mich, weil ich das, was so intensiv auf mich einprasselt, nicht zuordnen kann. Woher kommen diese unzähligen Reize? Meist suche ich sofort eine Lösung, denn die Zustände sind über die Maßen unangenehm, aber tatsächliche Erleichterung verschaffe ich mir nur ganz selten.«

Was bedeutet es, hochsensibel oder hochsensitiv zu sein?

Vor zehn Jahren kannte noch niemand den Begriff HSP, Highly Sensitive Person. Daher ist so mancher Leidensweg, wie ihn Monika beschrieb, überaus bemerkenswert. Hochsensible Personen bezeichnen sich selbst als zu feinfühlig, zu dünnhäutig, überempfindlich, übersensibel, zickig, launisch und zu emotional. Solche Wesenszüge werden in unserer Gesellschaft immer noch als Schwäche ausgelegt. Dabei sind hochsensible Personen, kurz »HSP« genannt, mit wunderbaren Sensoren ausgestattet, die ihnen intensivere Wahrnehmungen bescheren als anderen. Sie selbst empfinden diese Eigenschaften anfangs als Belastung. Bis sie erkennen, welch großartiges Potenzial damit verbunden ist. Meist nehmen so sensible Menschen nicht nur über ihre fünf Sinne wahr, sondern besitzen eine erweiterte Wahrnehmung. Wahrscheinlich kann man bei ihnen über den »sechsten« oder »siebten« Sinn sprechen. Sie spüren zarte Energien gleichermaßen wie offensichtliche Stimmungen, nehmen sie intensiver wahr und ihre Sinne verarbeiten wahrgenommene Informationen in der Regel komplexer. Die Intensität ihrer inneren oder äußeren Impulse nimmt zeitweilig heftige Formen an. Bis sie irgendwann ihren darin versteckten Reichtum erkennen können.

Nicht immer gelingt es diesen zerbrechlichen Wesen, alle Herausforderungen des Alltags zu meistern. Schon gar nicht in starren Strukturen von Unternehmen und Konzernwelten. Entweder überfordern sie sich selbst oder kompensieren den enormen Druck mit besonders langen Arbeitstagen. Moderne Mitarbeiterinnen sind jederzeit einsatzbereit und bewegen sich flexibel rund um den Erdball. So eine Überlastung in verschiedenen Bereichen kann zu einer Überreizung und infolge zu Hypersensibilität führen. Das klassische »Burn-out« unserer neuen Zeit betrifft zumeist Menschen, die sich ihrer »hohen sensorischen Wahrnehmung« anfänglich gar nicht bewusst sind. Sie nehmen im Alltag meist viel zu viele und unzählige Details wahr. Wenn sie beispielsweise mit Kolleginnen am Mittagstisch sitzen, können sie meist die Stimmungen anderer ohne Worte fühlen. Diese Empfindsamkeit kann enorm irritierend für sie sein, sodass Pausen nicht erholsam, sondern beträchtlich ermüdend empfunden werden. Übertriebener Perfektionismus und geringerer Selbstwert verstärken den Eindruck, dass etwas nicht stimmt. Hochsensible Personen erkennen Zusammenhänge rascher und entwickeln in sich erstaunlich schnell ein übergeordnetes Bild von Situationen, Problemstellungen oder von ihrer Umgebung. Sie sind anfälliger auf Druck, Menschenmengen, Stress, Elektrosmog und »Jetlag«. Sie reagieren auf äußere Einflüsse wie Lärm, Speisen, Hitze, Kälte, Wind und Berührungen besonders stark. Sie neigen zu Allergien und Krankheiten oder haben häufig ein Gefühl der Überlastung. Was anfangs großartig anmutet und sich günstig auf der individuellen Vita liest, fühlt sich mit der Zeit völlig »leer« und belastend an.

Mir kommt immer häufiger zu Ohren, dass hochsensible Personen behaupten, ihre Fühligkeit sei eine seltene Erkrankung und könne in einer »normalen« Arbeitswelt nicht bestehen. Hinter diesem Etikett verbirgt sich eine klassische Opferhaltung. Solchen Personen fehlen der Mut und die Bereitschaft, Verantwortung zu übernehmen und die Herausforderung bei den »Hörnern« zu packen, um darin ihr verstecktes Potenzial zu erkennen. Sie verkriechen sich hinter einem »Opferetikett« und anderen Ausreden. Jammerschade um so viel ungenutztes Potenzial! Dabei steigt die Zahl der »fühlenden« Personen bemerkenswert an. Aktuellen Studien zufolge sind fünfzehn bis zwanzig Prozent der Menschen hochsensibel. Ihre Vielfalt und die unterschiedlichen Ausdrucksformen ihrer außergewöhnlichen Fähigkeiten sind eine Aufforderung an alle, die sich als hochsensibel fühlen, sich damit intensiver zu beschäftigen. Die Begabungen daraus zu sortieren und ihnen wertfrei entgegenzutreten, ist die Herausforderung. Neue kreative Berufe, Lebenskünstler und Freigeister, hundertprozentige Veganer, für sie heißt es, den Spagat zwischen »realem« und »sensiblem« Empfinden zu schaffen. Nicht unter der Last und Fülle der ständigen Impulse zu ersticken, auszubrennen oder sich hinter einem dicken Schutzpanzer zu verschanzen. Sicherheit gegen Vertrauen zu tauschen und die Hellsinne zu schärfen, um nicht zu einem gefühlskalten, überfachlichen Computer zu mutieren. Ihre Herausforderung ist es, den Umgang mit besagter Komplexität zu meistern.

Wenn du dich angesprochen fühlst und du dich fragst, ob du ein hochsensibler Mensch bist, dann sind hier weitere wichtige Hinweise für ein entspannteres Leben. Hast du manchmal das Gefühl, nicht »von hier« zu sein, in einem »falschen Film« zu stecken? Fühlst du dich häufig fremd und hast ständig eine Sehnsucht nach einem Ort, den du gar nicht kennst?

Die US-amerikanische Psychotherapeutin und Universitätsprofessorin Elaine N. Aron gilt als Pionierin auf dem Gebiet der Hochsensibilität. Hochsensibel zu sein bedeutet für sie, in jeder Situation weitaus höhere Datenmengen zu erfassen und zu verarbeiten als andere. Folglich neigen Hochsensible leicht zu Überstimulation und Überreizung. Ihre innere und äußere Wahrnehmung ist gerade deshalb so reich an Details und Tiefe.

In der unerkannten Phase empfinden sich solche Personen als »nicht richtig«. Das führt zu emotionaler Instabilität oder zu einem inneren Minderwert, weil es für die vielen Wahrnehmungen keine zufriedenstellenden Erklärungen gibt. Das Gefühl, nicht in Ordnung zu sein, ist eine natürliche Erstreaktion und führt dazu, sich verstärkt an die Umwelt anzupassen und ihr wahres Empfinden zu verdrängen.

Manche Eltern können mit der großen Liebe und Klarheit hochsensibler Kinder nicht umgehen. Sie fühlen sich bedroht durch die hellsichtigen Fähigkeiten ihrer Kinder. Sie unterdrücken sogar Talente und ihre Einzigartigkeit. In manchen Familien werden sensible Burschen immer noch als Weichlinge bezeichnet, wenn sie diese feinsinnige Gabe mitbringen.

Viele meiner Klientinnen kommen in einem Zustand der Verwirrung und des völligen Ausgebranntseins zu mir, bevor sie entdecken, welches Geschenk in ihrer Gabe steckt. Sie erkennen im Laufe unserer Zusammenarbeit, wie sie diese Fähigkeiten zum Erblühen bringen können. Hochsensible Menschen finden leichter Zugang zum Zellgedächtnis. Gestehen sie sich ihre Fähigkeit ein, erleichtert ihnen ihre Gabe ihr Denken und Fühlen und damit, ihr Zellgedächtnis besser zu steuern. Sie können ihr positives Erleben vervielfachen.

Hochsensibilität mit allen Gefühlen ist nicht erklärbar, sondern beschreibt eine Form des Erlebens. Folgende Zustände werden dazu häufig aufgezählt:

- Ich kommuniziere ständig mit mir selbst oder nehme eine deutliche innere Stimme wahr. Meine Gedanken sind, besonders vor dem Einschlafen, extrem aktiv. Durch meine innere Aktivität kann ich nur drei bis vier Stunden schlafen.
- Mein Herz fühlt sich schwer an. Vielfältige Sorgen, tiefgründige Fragen und daraus resultierende Probleme belasten mich.
- Ich würde es sehr genießen, öfter nichts tun zu müssen, aber es gelingt mir nicht, Ruhe zu finden
- Ich bin genervt, wenn ich öffentliche Verkehrsmittel nehmen soll. So viele Menschen und alles geht so langsam. Warum können wir uns nicht beamen?
- Ich fühle mich schnell vereinnahmt von Menschen, von Situationen von Themen, die mich interessieren. Dann verliere ich mich und bin nicht in meiner Mitte.
- Irgendwie habe ich das Gefühl, ich bin immer wieder am falschen Platz. Ich fühle mich beinahe von einer anderen Welt kommend. Alle Anpassungsversuche scheitern daran, dass andere mich nicht verstehen und durch mein soziales Umfeld. Dieses Gefühl ist eigenartig.

Was ist die Qualität von hochsensiblen Personen? Wie können wir uns diese Qualität vorstellen?

Hochsensitive oder hochsensible Menschen erleben die Welt mit allen Sinnen und das intensiv. Farben, Konturen oder Gerüche werden fein registriert. Die Gabe der Intuition, innere Bilder, eine deutliche Stimme oder körperliche Empfindungen sind häufig vorhanden. Hier liegen die größten Schätze für die Potenzialträgerin verborgen. Solche Wesen finden sich oft in Familiensystemen wieder, in denen ihre Gaben nicht gefördert oder erkannt wurden. Daraus kristallisieren sich meist jene Schwierigkeiten heraus, die sie ihr ganzes Leben begleiten. Niemand hat ihnen diese Zugänge erklärt oder bewusst gemacht. Daher erscheint es ihnen unrechtmäßig, dazu zu stehen. Meist wissen sie nicht, wie sie sich auf den Weg machen sollen, um diesen Schatz als solchen zu erkennen und in ihr Leben zu integrieren. Das Ziel solcher unentwickelten Fähigkeiten ist beinahe durchgängig ähnlich, nähmlich voll und ganz zu sich zu stehen, und die Gaben für sich und zum Wohle anderer einzusetzen.

Barbara eine Hochsensible, beschreibt ihren Alltag so: »Ich habe das Gefühl, auf dem Gaspedal und gleichzeitig auf der Bremse zu stehen.«

Die Hochsensibilität von Gudrun drückt sich im Hören innerer Stimmen aus: »Ich höre Stimmen, ein wenig außerhalb von meinem linken Ohr, sie flüstern mir zu. Anfangs war ich verwirrt und beunruhigt. Dann sehe ich seltsame Gestalten, die aber nur ich wahrnehmen kann. Manchmal habe ich den Eindruck, ich gehöre in eine psychiatrische Anstalt. In Phasen, in denen ich besonders unter Druck stehe und ich mich nicht in meiner Mitte fühle, kann es vorkommen, dass ich zum Spielball solcher Stimmen und Impulse werde. In der Mehrzahl der Fälle gelingt es mir jedoch gut, meine Wahrnehmungen zu unterscheiden. In Botschaften meiner eigenen inneren Stimme, die zu mir spricht und jenen Stimmen, die von außen zu mir kommen. Das Akzeptieren dieser Tatsachen kostete mich viel Kraft. Jahrelang pendelte ich hin und her zwischen einem Gefühl der Faszination und dem, nicht in Ordnung zu sein. Es dauerte lange, bis ich meine mediale Fähigkeit annehmen und akzeptieren lernte. In Phasen, in denen mich die Stimmen nicht schlafen ließen, meinte ich verrückt zu werden. Doch langsam entdecke ich das wunderbare Geschenk darin.«

Wie gibst du deiner Seele und deinen Gaben Kraft? Trau dich, so zu sein, wie du gemeint bist.

»Woher wissen wir eigentlich, dass wir wissen?«, fragte sich Anthony William als medizinisches Medium, das mit seinem Buch »Mediale Medizin« international auf großes Interesse stieß. Unser bewusstes Wissen haben wir meistens von Menschen, die uns erzogen haben, von Freunden, aus der Schule, aus Büchern oder dem Internet. *Gewissheit jedoch ist ein angeborenes Wissen.* Dem Herz muss kein Kardiologe der Welt erklären, wie es zu funktionieren hat, es schlägt ohne Anleitung ganz selbstverständlich. Die Liebe zwischen Mann und Frau lässt sich schwer messen, dennoch ist sie realer als so manche Zellen unter einem Mikroskop. Wir sind auch nicht in der Lage, die Fürsorge zu unseren Kindern in eine Maßeinheit zu verpacken. Wo im Köper empfinden wir Verliebtheit? Lege doch bitte deine Hand dahin, wo du Liebe im Körper spürst! In all den Jahren in denen ich diese Frage gestellt habe, hat niemand seine Hand auf den Kopf, oder das Gehirn gelegt. Da bedeutet daher, wir besitzen eine innere Gewissheit und auch ein inneres Wissen, die nicht immer erklärbar sind.

Ich selbst hatte als Kind viele Erlebnisse mit Wesen, Engeln und Feen. Mit meinen Lichtfreunden verbrachte ich Nachmittage, spielte, tanzte und vergaß regelmäßig die Zeit zum nach Hause kommen. Als ich dann meiner Mutter darüber erzählte, lachte sie mich aus und wies mich an, die Wiese hinter unserem Haus zu meiden. Bestimmt war sie besorgt um meine Sicherheit, wenn ich mit »fremden Kindern« herumspielte. Zu allem Überfluss amüsierte sie sich, wenn ich damals voller Überzeugung meinen Kontakt mit Engelwesen beschrieb, die vor meinem Bett hin und her wanderten. Sie fand es seltsam, wenn ich zitternd zu ihr ins Bett kroch und schilderte, was ich »erlebt« hatte. Ihre Einstellung prägte mich früh und ließ mich all die Erlebnisse von damals vergessen. Erst als Erwachsene, nach meinem schweren Motorradunfall, eröffnete sich mir aufs Neue diese Welt und ich erinnerte mich daran, diesem Einflussgebiet wieder mehr zu vertrauen. Die Intuition ist hochintelligent und ein wenig magisch. Sie lässt uns Dinge gewahr werden, die wir weder gesehen noch gehört haben, ja, sie kann sogar Leben retten.

Intuitives Wissen schwingt auf einer höheren Frequenz.

Um diese Schwingungen besser aufzunehmen, sind wir aufgefordert, unsere Körperfrequenz zu erhöhen. Physiker wissen es schon lange und es hat sich herumgesprochen, dass Materie schwingt, als Licht. Ein Tisch empfindet einen Schlag mit dem Fuß nicht als unangenehm. Wir Menschen schon. Daher sind seelische Belastungen nur mit einer höheren Empfindsamkeit und Geschmeidigkeit für Frequenzen zu vermeiden. Die Wissenschaft hat uns bis an die Grenze der Indoktrinierung eingetrichtert, dass wir nur dem trauen sollen, was wir beobachten, messen, testen und reproduzieren können. Genauso wie uns die Psychologie jahrzehntelang lehrte, dass nur Analyse, Therapie, Erkennen und Bewusstwerdung die alleinigen Heilmittel für unsere Psyche sind. Doch in den letzten zehn Jahren wurden die Arbeitsweisen immer effektiver, schneller und hilfreicher. Reine Psychoanalyse und Gesprächstherapien wichen Methoden wie NLP, Aufstellungsarbeit, lösungsorientierte Kurzzeittherapie, provokativer Therapie und Formaten, die den Weg zur persönlichen Entwicklung beschleunigen. Schon während du diese Zeilen liest, habe ich den Eindruck, dass die

Geschwindigkeit und mit ihr die Möglichkeiten zunehmen. Wir denken etwas und es *ist*. Alles wird rascher empfunden. Menschen werden spüriger, hellfühliger und sensibler. Sämtliche Bereiche beschleunigen sich. Besonders Frauen spüren das. Nicht nur während ihrer Zyklen beziehen sie mehr und mehr andere Kraftquellen mit ein. Ohne lange zu überlegen, vertrauen sie wie selbstverständlich ihren Impulsen und folgen ihnen: Sie essen bewusster, verändern den Umgang mit Nahrung, sind in diesen Tagen bewusster im Umgang mit dem eigenen Körper, achten auf wohltuende Selbstfürsorgerituale, Körperpflege, Bäder, Salbungen etc. Sie nutzen ihre Informationen aus dem matrischen Feld, das nur über die Sinne zugänglich ist. Sensible Menschen rufen Informationen über unterschiedliche Kanäle ab. Nutzen ihre Hellsinne, meist intuitiv. Die neuen Wissenschaften liefern immer glaubwürdigere Beweise für diesen Datenfluss.

Hochsensitive Menschen stehen vor der Herausforderung, ihre Wahrnehmung bei sich zu belassen und trotzdem mit der Welt und mit anderen in Kontakt zu bleiben. Wird die Aufmerksamkeit nur nach außen gerichtet, geht möglicherweise eine große Menge an Energie verloren. Die Sinne sind »zerstreut« und durcheinander, statt fokussiert. Daraus entsteht die Erschöpfung, von der viele Hochsensitive betroffen sind. Daher führt ein gekonnter Umgang dazu, mehr Energie und Lebensfreude zu gewinnen.

Tanja fasst in ihrem Video die positiven Erfahrungen als hochsensibler Mensch zusammen. Vielleicht spricht sie dir damit auch aus der Seele. »HSP zu sein enthält ein großes Geschenk, wenn wir es lieben lernen. Mit meinen feinen Antennen nehme ich Schwingungen auf. Je mehr ich diese Wahrnehmung trainiere, umso besser ist mein Umgang damit. Es wird leichter und vor allem selbstverständlicher, unterschiedliche Impulse zu verarbeiten. Meist sind wir Hochsensible tolle Zuhörer, Empathen und Mitfühler, da wir auffallend schnell Zusammenhänge erkennen. Wir finden es toll, unterschiedliche Gesichtspunkte zu verstehen, sie zu spüren und zu denken. Ich weiß definitiv, dass alles miteinander verbunden ist. Ich erlebe mich als Querdenkerin und Pionierin, die gerne Neuland erkundet. Meine mächtigsten Werkzeuge sind zum Beispiel meine Intuition oder mein offenes Herz. Fantasie und Kreativität sind für mich Lebenselixiere. Ich weiß, für viele klingt es unwahrscheinlich, aber meine Welt ist bunt. Ich bin gerne für andere da, spüre mein Gegenüber und wie viele andere Hochsensible bin ich dadurch ein hervorragender Coach und Berater. Mein ausgeprägter Gerechtigkeitssinn schenkt mir das Zeug, die Welt zu einem besseren Ort zu machen. Bis zum jetzigen Zeitpunkt erlaube ich mir noch nicht kontinuierlich, meinen Raum als sensible Person einzunehmen und daher bekomme ich ihn auch noch nicht. Doch ich weiß, es liegt nur an mir, mir meine Erlebenswelt einzugestehen.«

Auf das Bauchgefühl oder unser Herz hören?

Auch wenn manche schon sensibler werden, fehlen noch wichtige Bedingungen in der Geschäftswelt, unter denen Hochsensible sich leichter tun würden, ihr volles Potenzial zu entfalten. Es ist an der Zeit zu erkennen, dass es keine Schwäche ist, hochsensibel zu sein, und dass nur die Gesellschaft noch nicht hochsensiblentauglich ist. In der heutigen Zeit wird verlangt, dass wir einfach funktionieren. Dabei ist es besonders wichtig, unser Erleben etwas sensitiver zu gestalten. Mitarbeiter, die mit sich und ihrem sensiblen Inneren nicht verbunden sind, leiden mehr denn je an Lust- und Sinnlosigkeitsgefühlen oder sind übertrieben ehrgeizig. Sie reagieren auf einen von der Konzernspitze gewünschten Konformismus mit Demotivation. Lenken ihre Aufmerksamkeit weg vom Unternehmen hin zur eigenen Freizeit. Viele suchen Wege, um sich und ihre Fähigkeiten zu leben. Ein Beweis findet sich in einer kontinuierlich wachsenden Anzahl von Freiberuflern.

Meine Botschaft: *Habe den Mut, deiner Intuition zu*

vertrauen und dich auf die Suche nach deinem ursprünglichen Wesen zu machen.

Das Wissen, mit besonders aktiven Kindern umzugehen, hat sich in den letzen Jahren enorm verbreitet. Viele Kinder weisen uns heute darauf hin, sensibler zu sein. Wir sind gut beraten, mehr auf sie zu hören. Sie lehren uns über ihre offenen Herzen, die Welt kreativ, sensibel und empathisch zu verändern. Doch sich dem kleinen Wesen voll und ganz widmen zu können, könnte aus dem eigenen Mangel an Aufmerksamkeit in der eigenen Kindheit stammen. Junge Mütter oder solche, die sich bewusst für »Mutter sein« entschieden haben, erzählen zum Beispiel: »Seit mein Sohn in unsere kleine Familie eingezogen ist, ist mein Leben bunt geworden. Täglich erkunde ich die Welt mit dem Blick, den mir mein Sohn vermittelt. Er fordert und fördert mich, nicht umgekehrt. Wir sind verschieden und trotzdem glücklich. Ich versuche, jedem zu zeigen, der seine Kinder kontrollieren und bestimmen möchte, wie schön und lebenswert es ist, wenn wir unseren Kindern mehr die Führung überlassen!«

Hyperaktiv oder Hans-Dampf-in-allen-Gassen?

Als Kleinkind wurde ich in eine andere Schule versetzt, weil ich angeblich zu »hyperaktiv« war. Den Begriff ADHS gab es zu jener Zeit nicht, aber die kräftezehrende Aufgabe, lebhafte Kinder zu besänftigen, war für die Lehrkräfte damals nicht weniger schweißtreibend als heute und brachte sie an die Grenzen des Möglichen. Trotz eines beachtlichen Niveaus an Intelligenz waren meine schulischen Leistungen viel schlechter als die meiner Klassenkameradinnen. Die Bedingungen für ein hochsensibles Kind wie mich waren schwierig. Ein Kind mit der Fülle an Fragen, einem enormen Wissensdurst und einem extremen Drang nach Aktivität passten nicht in ein klassisches Schulsystem. Die Welt kam mir damals vor wie ein großer Süßigkeitenladen voller Verlockungen, doch meine Lehrer wollten mich in ein Schema pressen und mich brav, still und angepasst sehen.

Die Autorin Barbara Sher eröffnete mir in ihrem Buch eine neue Perspektive. Sie gab meiner außergewöhnlichen Quirligkeit einen Namen, eine Bezeichnung: den Scanner-Typus. Eine »Spezies« von manchmal auch hochsensiblen Menschen, deren wichtigste Lernbotschaft lautet: *»Auch als Hans-Dampf-in-allen-Gassen bringst du es zur Meisterschaft und bringst du es zu etwas.«* Dieser Gedanke beruhigte schlagartig meine Versagergefühle und meine tiefsitzende Scham, die in der Schulzeit wurzelten. Ihre Beschreibung des Scanner-Typus passte zu mir und zu meinem Erleben: »Scanner lernen voller Begeisterung und verlieren ihre Freude nicht, wenn man sie nur dazu ermutigt. Ihre herrlich ungeordneten Ideen voller Impulsivität benötigen eine Erlaubnis und vor allem Wertschätzung.« Was hatte ich da in der Schule Gegenteiliges erfahren!

Es dauerte viele Jahre und benötigte eine gewaltige Kehrtwende, mein in der Schule geprägtes Lernverhalten zu ändern. Ich musste mir selbst mühevoll hilfreiche Arten des Lernens beibringen. Dazu kam, dass ich lange überzeugt war, meine Legasthenie und die damit verbundene Schreibschwäche seien ein unüberwindbares Handicap und unveränderbar. Erst im Erwachsenenalter kehrte sich »der Fluch« endlich in einen Segen um. Meine Selbstzweifel wurden blasser, das »Ich bin okay«-Gefühl selbstverständlicher. Heute erkenne ich das Geschenk meiner hohen Intuition, meiner Fähigkeit, rasch die Essenz einer Sache zu erkennen, und meine Offenheit allen Impulsen gegenüber, die ihren Weg über meine Sinne finden, endlich an.

Ich habe sogar das Besondere darin entdeckt. Ich wurde zur Mutmacherin, zur Autorin, zur Perspektivenwechslerin, zur Wenderin. Heute nutze ich meine Hellsinne, um im großen »Informationsfeld« der Matrix zu lesen. Im großen holistischen Feld erspüre ich Antworten auf schwierigste Fragen, die Klientinnen an mich richten. Wenn in ihnen innere Kämpfe toben und diese entweder depressive Verstimmungen erzeugen oder schlaflose Nächte. Wenn sie sich verwirrt, verloren oder hilflos fühlen. Meine innere Stimme navigiert mich sicher. Wie selbstverständlich erkenne ich, welche Antworten dringend benötigt werden. Dabei erfasse ich zuverlässig jene Wurzel, die zu den momentanen Schwierigkeiten der Menschen, die zu mir kommen, geführt haben. Für mich macht plötzlich all das einen Sinn, was ich früher abgelehnt habe.

Sich als eine hochsensible Person zu erkennen, bedeutet für manche eine völlig neue Perspektive einzunehmen und sich nicht mehr als »abnormal« abstempeln zu lassen. Wer sich bereits als Kind »anders« gefühlt hat oder nicht verstanden wurde, darf erleichtert durchatmen. Menschen, die erkennen, wie hochsensibel sie sind, fühlen sich verstanden und als »endlich angekommen« bei sich selbst.

Wie findest du Zugang zum Betriebssystem »fühlen«? Als Erstes im Ankommen im Hier und Jetzt. Dazu musst du konzentriert und präsent sein. Das gelingt dir leichter, wenn du »gut geerdet bist«. Die Erdung stabilisiert dich, selbst wenn du in einem gefühlsarmen Umfeld aufgewachsen bist oder darin lebst. Sie gibt dir Selbstsicherheit und lehrt dich zu vertrauen. Eine gute Erdung stellt eine energetisch-geistige Verbindung zu deiner inneren Mitte her. Eine *stabile Verwurzelung gibt der Seele den Anker, um sich entfalten zu können.* Es stärkt deine Hingabefähigkeit, deine eigene Intuition, und erleichtert dir anzuerkennen, wie du bist. Sensible Menschen neigen dazu, sich im »Vollgasmodus« zu fühlen. Je fester du verwurzelt und gut geerdet bist, umso besser bist du in der Lage, dir und deiner Empfindungen gewahr zu werden. Wenn du dich unaufmerksam, geistesabwesend oder durcheinander fühlst, empfehle ich dir die Erdungsübung.

Wie gehst du mit Reizüberflutung um? Bemerkst du, dass deine eigenen Projekte einfach nicht in Bewegung kommen? Versanden gute Gedankenblitze kraftlos im Nichts? Verdienst du nicht genug Geld mit deinen Ideen und Projekten? Wenn es so ist, kann ein Grund dafür sein, dass du keine energetische Anbindung auf der Erde hast. Erdung ist die wichtigste Basis für jede hochsensible Persönlichkeit, sie unterstützt jedoch auch jene, die sich in Problemsituationen befinden. Denn der volle problembeladene Kopf zieht dir sprichwörtlich den »Boden unter den Füßen« weg. Die einfachste Form bieten dir dazu die folgenden Erdungsimaginationen. Diese drei Miniübungen helfen dir, dich wieder mehr mit deiner Lebenskraft zu verbinden und sie intensiver zu fühlen.

Übung 1: Erdung – Imagination

- Setz dich an einen ruhigen Ort, mach es dir bequem und schließe deine Augen. Beginne dich zu entspannen, indem du durch deine Nase ein- und wieder ausatmest.
- Spüre dabei deine Füße auf dem Boden und die Fußsohlen auf der Unterlage. Ist dieser Kontakt schon richtig satt? Korrigiere die Position der Füße so, dass deine Fußsohlen satt und fest am Boden liegen.
- Lasse deinen Atem langsam ein- und ausströmen, dabei fließen alle deine hinderlichen Gedanken von dir ab. Auftauchende Einfälle lass vorbeiziehen wie Wolken am Himmel. Gib ihnen keine Aufmerksamkeit! Wenn es dir schwerfällt, bei dir anzukommen, gibt es einen Trick: Schenke dir ein Lächeln!
- Lass mit jedem Ausatmen deine Gesichtsmuskeln entspannen. Wackle mit deinem Kiefer, damit es locker wird. Lass deine Schultern sinken, es gibt nichts zu

tragen. Lenke deine Aufmerksamkeit auf deine Füße und fühle, wie sie fest am Boden stehen.
- Mit jedem Atemzug sinkst du tiefer und tiefer in deine Mitte, genieße die Stille und die Ruhe in dir. Entspanne dich!
- Während du atmest, spürst du mehr und mehr wie aus deinen Füßen dicke Wurzel in die Erde wachsen. Du spürst, wie sich die Wurzeln aus deinen Füßen verzweigen und aus deinem Bauch in die Mitte hinunter bis zum Boden wachsen? Lass aus deinem Becken und aus deiner Hüfte über deine Beine hinunter ein Geflecht aus Wurzeln entstehen. Tief in die Erde verzweigen sich die Wurzeln und du spürst Halt und Stabilität. Mach dieses Geflecht stabil und fest, es engt dich nicht ein, es gibt dir Sicherheit.
- Stelle dir vor, die verzweigten Wurzeln sehen aus wie ein breites Rokoko-Kleid, mit dem du dich bewegst und das dich bei jedem Schritt begleitet. Rund um dich trägst du ab der Körpermitte dieses Kleid aus Wurzeln. Dieses Wurzelkleid soll dich nicht einengen oder dich starr fühlen lassen. Wenn du so empfindest, dann:
- Atme noch tiefer in dich ein, stell dir vor, wie du deine Wurzeln mit einer Farbe oder einem imaginären Licht flutest. Nimm die erste Farbe, die dir in den Sinn kommt. Verweile eine gewisse Zeit im Bild dieser Vorstellung und nimm deine innere Stabilität wahr.

Wenn es nicht so einfach gelingt, dann übe weiter, denn die Erdung ist eine geniale Basis für dein Fühlen.

Nachdem du nun gut geerdet bist, schaffe dir einen eigenen, inneren, energetischen Raum. Spanne ein Netz von Licht und Kraft um dich. Erzeuge einen inneren Wohlfühlort für dich! Wenn du deine Erdungsübung oft gemacht hast, reicht es, unangestrengt an das finale Bild zu denken – schon bist du wieder in dem angenehmen, geerdeten Zustand. Dadurch gelingt es dir einfacher, dich auch während des Tages oder während einer stressigen Situation zu stabilisieren.

Übung 2: Liegende und stehende Achterschleifen – für Kraft und Energie im Alltag

- Zuerst stelle dir vor, dass dich eine Lichtkugel umgibt. Bemerke, ob du dich wohlfühlst. Strecke deine inneren Arme aus und forme mithilfe deiner Gedanken diese Kugel so groß, wie du sie gerne hättest. So, dass du dich in ihr geborgen fühlst. Lass die Kugel hell und klar leuchten. Schaffe dir deine Kugel, wie einen »Kokon« aus Licht.
- Danach stelle dir eine liegende Acht vor. Beginne, dir die liegende Acht so vorzustellen, dass der Kreuzungspunkt genau durch dein Herz fließt. Die Acht ist so groß, dass sie innerhalb der Lichtkugel Platz hat. Folge mit deinen inneren Augen dieser Achterschleife und lasse die Linien dabei dicker und fester werden. Wenn du eine Linie mit einem Bleistift immer wieder malst, wird sie auch dicker auf dem Papier zu sehen sein. So ist es auch mit der gedachten Linie.
- Stelle dir danach die Acht hochgestellt vor. Auch hier fließt die Acht vom Kopf bis zu den Beinen und hat den Kreuzungspunkt im Herzbereich. Folge den inneren Linien mit deinen Augen, auch wenn sie geschlossen sind und lasse die Acht breiter und dicker werden. Wenn du dir beide Achten einmal gedacht hast, dann lasse beide einmal quer und einmal hoch durch deinen Körper fließen.
- Lenke nun deine Aufmerksamkeit wieder zu deinen Wurzeln. Stelle dir vor, du verbindest die stehende Acht mit deiner Wurzel. Vergrößere deinen Achter, so

dass er tief in die Erde reicht und wieder zu deinem Herzen zurückführt.

- Zeichne einige Zeit die gedachten Achterlinien und folge dabei mit den inneren, geschlossenen Augen dieser Schleife. Du wirst bemerken, wie viel Kraft in dir entsteht.
- Nachdem du einige Zeit dabei geblieben bist, lasse die überschüssige Energie in die Erde abfließen und kehre langsam wieder an deinen realen Platz in deinem Zimmer zurück.
- Öffne die Augen, strecke dich und komme mit deinem Bewusstsein wieder im Hier und Jetzt an.

Mit diesen beiden Übungen bringst du deine hochsensiblen Wahrnehmungen auf die Erde. Du kannst sie abwechselnd oder gemeinsam durchführen. Wir sind in der Lage, mehr als über unsere fünf Sinne wahrzunehmen. Mit diesen Übungen steigerst du deine Sinne, dein Hell-Wissen, deine Hell-Gabe, dein Hell-Wahrnehmen oder dein Hell-Schmecken und dein eigenes »Selbst Know-how«. Diese Übungen unterstützen dich dabei, mit erhöhter Sensibilität zurechtzukommen.

Übung 3: Innere Mitte stärken

- Beginne wieder mit deinem Einatmen und Ausatmen durch die Nase. Lass deinen Mund dabei geschlossen.
- Verbinde dich im Gedanken mit deinen Füßen und mit der Erde. Lasse deine Wurzeln zuerst aus deinen Fußsohlen und dann aus deinem Becken, aus deinen Hüften, Beinen und Füßen weit verzweigen, sodass du stabil und fest auf der Erde stehst.
- Danach lege in deiner inneren Vorstellung deine inneren Hände auf deine Körpermitte und spüre, wie dein Atem die Hände hebt und senkt.

- Achte darauf, wie sich mit jedem Atemzug mehr und mehr Energie unter deinen inneren Händen ansammelt und wächst. So lange, bis sich eine Art »Energieball« unter ihnen gebildet hat.
- Spüre den Energieball in deinen Händen und beachte nur, wie sich dieser Ball anfühlt.
- Stelle dir die Fragen: In welchen Farben strahlt der Ball? Ist er hell oder dunkel, bunt oder einfarbig? Wie ist seine Oberfläche? Glatt oder rau? Welches Gefühl geht von ihm aus? Oder sind es Töne? Wie klingen die Töne? Ist der Ball weich oder hart? Magst du ihn?
- Als Nächstes halte deinen inneren Ball etwas weg vom Körper und stelle dir vor, wie der Ball mit Licht durchflutet wird. Egal ob du dir eine Sonne oder eine andere Lichtquelle vorstellst, diese Quelle durchströmt den Ball, sodass er heller und strahlender wird. Lasse dir Zeit, die Blase zu befüllen und den Ball größer und silberner werden zu lassen.
- Nimm als Nächstes einen imaginären Stift zur Hand. Schreibe in deiner Vorstellung in großen Buchstaben und in goldener oder silberner Schrift deinen vollen Namen auf die Oberfläche des imaginären Balles.
- Stelle dir vor, die Schrift wird heller, indem du den Ball noch einmal in die Lichtquelle hältst. Das Sonnenlicht oder das weiße Licht bewirken ein Erstrahlen deiner Schrift, mit deinem vollen Namen drauf.
- Stelle dir eine liegende Acht vor und lasse den Kreuzungspunkt durch den Ball mit deinem vollen Namen darauf fließen. Danach folgt die stehende Acht, die durch den Ball fließt.
- Wenn du das Gefühl hast, dass dein Achterfeld kraftvoll ist und der innere Ball mit der Schrift leuchtet, dann lasse den Ball wieder in deine innere Körpermitte zurücksinken.

- Langsam sinkt der Ball ein und verteilt seine Kraft im ganzen Körper. Spüre, wie sich die Energie in deinem ganzen Körper verbreitet und erkenne bewusst, welche Kraft du aufnimmst.
- Reibe dir deine Hände und dein Gesicht und sei mit deiner Aufmerksamkeit wieder im Hier und Jetzt.
- Kehre, so oft du es wünschst, zu dem inneren Bild oder zur Vorstellung von deiner Übung zurück.

Erlaube dir, diese Übungen eine Zeit lang täglich durchzuführen. Sie dauern meist nicht länger als fünfzehn Minuten und stärken dich. Du wirst andere Reaktionen auf deine Hochsensibilität bemerken. Es wird leichter, Entscheidungen zu treffen. Das Entweder-oder-Denken verschwindet zugunsten von natürlichem Ideenreichtum und Klarheit. Vielleicht gelingt es dir, zu entdecken, was dir da gegeben wurde. Möglicherweise begreifst du, dass deine Veranlagung eher eine Gabe als eine Bürde ist.

Der folgende Brief einer Klientin, einer Masseurin erzählt, wie kraftvoll diese Übungen wirken:

Liebe Claudia,
bevor Sie mir rieten, mich bewusst zu erden, hatte ich das Problem, Grenzen zu setzen. Ich kämpfte um Anerkennung und Lob. Mein erklärtes Ziel in meiner Praxis war, jedem zu helfen, der mich um Unterstützung bat. Kontakt zu mir selbst herzustellen war schwierig, doch zu dieser Zeit empfand ich es nicht so. Ich beschäftigte mich mit tausenden Themen, Büchern, Videos und Ideen, aber zu wenig mit mir selbst. Natürlich achtete ich auf Pausen, aber erst dann, als ich meine Grenzen schon weit überschritten hatte. Die Erkenntnis, eine hochsensible Person zu sein, erleichterte mein Leben. Mein »sonderbares« Verhalten hatte sogar eine Bezeichnung: »Scanner«-Typus. Das Wissen entspannte mich, denn es erklärte mir Handlungsweisen. Ich erkannte,

dass mein wacher, neugieriger Geist kein Problem, sondern Teil meiner vielseitigen Begabungen ist. Woche für Woche imaginiere und übe ich mich im »erden«. Ich werde mutiger, mein unterdrücktes HSP-Potenzial zu leben. Schritt für Schritt lerne ich, meinen Impulsen zu vertrauen. Wenn mein Sohn Beschwerden hat, finde ich intuitiv die richtigen homöopathischen Mittelchen. Sofort spüre ich deren Wirkung. Die Erfolge ermutigten mich, es weiter zu praktizieren. Es gelingt mir, eine tiefere Verbindung zu mir herzustellen und dadurch wächst das Band des Vertrauens zu mir und zu meinen Klientinnen. Spannungen mit meinem Partner, die früher aufgrund meiner Unruhe entstanden, lösen sich in Harmonie auf. Der Zugriff auf die eigenen Impulse gibt mir Sicherheit, Stabilität. Ich fühle mich auf der Erde angekommen. Früher beherrschten mich der Verstand und der Wissenshunger. Um eine Lösung eines Problems zu finden, habe ich gelesen und gelesen, Internet und Bücher gewälzt um eine zufriedenstellende Antwort zu erhalten. Heute vertraue ich. Die homöopathische Ärztin bestätigt das, sie verschreibt mir oder meinem Sohn dieselben Mittel, die ich über meine Intuition längst schon verabreicht habe.

Das Zaubermittel für hochsensible Personen ist eine dichte, feste Verwurzelung mit der Erde. Ausdehnen, statt sich zu verkleinern. Mit dem Herzen sehen lernen. So bleibst du stets in Kontakt mit deinem eigenen Frühwarnzeichen, die dich vor dem Ausbrennen schützen. Du übst dich darin mitzuteilen, was und wie du fühlst, und lernst, allen Gefühlen Raum zu geben, auch den »schlechten«, ohne sie zu bewerten. Be-Wertung passiert nur in deinem Kopf. Alles, was um dich und in dir geschieht, ist zunächst nur ein Phänomen. Das Geräusch der Waschmaschine, die Musik, eine Berührung auf deiner rechten Schulter oder das Gefühl der Angst. Alles sind erst einmal neutrale Begebenheiten. Erst durch deine Beziehung zu den Dingen, deine Erfahrungen oder deine Überzeugungen werden sie entweder Probleme oder werden positiv.

Du erkennst dein Potenzial und vertraust auf deine Wahrnehmung. Du bist richtig, so wie du bist. Du bist aus einem wichtigen Grund so sensibel. Du bist so in diese Welt geboren. Und wenn du das nicht für dich getan hast, dann bestimmt für deine Kinder. Denn die werden mit größter Wahrscheinlichkeit auch so sensitiv sein wie du. Zumindest haben sie sich dich als Mama oder als Papa ausgesucht, damit sie ihr Potenzial hier voll und ganz leben dürfen. Zeige dich! Sei mutig und freundlich und gib deinem inneren Kind ein Zuhause. Schließe hochsensible Freundschaften. Geh achtsam deinen Weg! Und lass dich von deinen Sinnen und Bauchgefühlen leiten, davon hast du ja mehr als genug. Der Weg ist das Ziel. Trau dich, Pionier zu sein! Suche dir ein Umfeld mit positiven Vorbildern und stelle viele Fragen.

7. Stimme dich auf deine ursprüngliche Kraft ein – lebe frei und unbeschwert

Mit der Herzensenergie ist es wie mit einer Stimmgabel, die in Schwingung gebracht wird. Ihre Vibrationen übertragen sich rasch auf das Umfeld. Positive Emotionen, Freude, Glück, Wertschätzung, Dankbarkeit, Mitgefühl lassen das Herz sprichwörtlich höherschlagen. Ähnlich ist es, wenn die Kraft deines ursprünglichen Wesens, deine Zellen in Schwingung versetzt. Wir sind ansteckend. Selbst jene, die eher den Verstand als Ratgeber gewählt haben, spüren die Magie, die von überglücklichen Menschen ausgeht. Durch das Zusammenbringen der höheren Emotionen mit dem Kraftfeld des ursprünglichen Wesens beginnen sich Herz und Gehirn zu entspannen, sie schwingen kohärenter und es entsteht ein messbares magnetisches Feld.

Vielleicht fragst du dich jetzt umso intensiver, wie du mit deiner Kraft in Kontakt kommen kannst? Die Übungen in diesem Buch unterstützen dich dabei, dich tiefer mit deinem Potenzial zu verbinden. Dabei hat jeder auch eigene individuelle Wege. Die einen wählen einen langen Spaziergang in der Natur. Die anderen finden den Zugang zu ihrer ureigensten Quelle über Mediation, Tanz, Musik oder Kunst.

Mein Mann steht beruflich stark unter Druck. Als jemand, der mehr den Verstand als Ratgeber akzeptiert, bemerkt er jedoch zunehmend, wie hilfreich meine energetischen Unterstützungen sind, besonders in akuten Stressphasen. Bewusstes, tiefes Atmen hilft ihm, mit jenem Teil von sich in Kontakt zu kommen. Vorausgesetzt, er kann es zulassen. An manchen Tagen ist sein Stresslevel so hoch und die Ladung im Kopf so heftig, dass ich den Impuls habe, alle Energie aus seinem »überladenen« Kopf in seinen Körper abzuleiten. Liebevoll massiere ich ihm dann seine Füße oder lege ihm die Hand auf seinen Bauch. Ich bitte ihn, seinen Atem bewusst fließen zu lassen und dadurch seine Energie in den Körper zu lenken. Bewusstes Nasenatmen und längeres Aus- als Einatmen unterstützt den lebensnotwendigen Austausch zwischen innen und außen. Das Atemtraining wirkt sich vorbeugend als Herz- und Kreislauftraining aus. Atmen hat viel mit Rhythmus zu tun. Hektik und Belastung führen zu Störungen des Rhythmus. Sie werden oft erst im Schlaf wieder ausgeglichen. Kommt es aber zu körperlichen und seelischen Dauerbelastungen, wird unsere Atmung flach, langsam und unregelmäßig. Atmen ist ein elementarer Körperrhythmus. Diese einfache Technik verbindet Geist und Körper und reduziert die Herzfrequenz, senkt den Blutdruck und verringert Stressreaktionen. Angestrengte oder gehetzte Menschen haben oft nur einen zweiteiligen Atemrhythmus. Es fehlt ihnen die besinnliche Atempause. Bei meinem Mann ist der Widerstand gegen diese Techniken stets präsent. Doch er bemerkt: »Es wird besser!« Ob er es glaubt oder nicht, ich bin nicht beleidigt. Mein Inneres sehnt sich nicht mehr danach, Anerkennung zu bekommen. Vielmehr fühle ich meine innere Gewissheit, dass ich an mein ursprüngliches Wesen angebunden bin. Meine Herzensenergie strömt offen heraus und mein eigenes Potenzial entfaltet sich. Es überträgt sich bewusst und unbewusst auch auf andere.

Erstaunliche wissenschaftliche Erkenntnisse zeigen, dass Schädigungen und Verzerrungen durch unser Denken und Fühlen oder durch eigene Bewertungen und unerlöste Prägungen langsam von außen nach innen in den Herzensraum, bis hinein in jede Zelle des Körpers fließen. Es sind die Cocktails an Stresshormonen, die Ärger, Groll, Kränkungen auslösen. Ein Ungleichgewicht an Emotionen setzt dieselben chemischen Prozesse durch Stresshormone in Gang, die auch im Überlebensmodus aktiviert werden. Wir verweilen, teilweise auch unbewusst, in diesem Konflikt und damit in einem niedrig schwingenden Zustand. Die Informationen meiner unbewusst aufgeladenen Gedanken beeinflussen den Körper, mein Erleben und unsere Zellengemeinschaft von zirka 50 Billionen Zellen. Wie wir fühlen, bestimmt unser Glück, unser Unglück, Krankheit oder Gesundheit.

Jede Prägung und jede Emotion verändert die chemische Zusammensetzung der Hormone und Proteine und beeinflusst damit die Zelle in ihrem Nährumfeld. Das Gehirn reagiert auf Schockzustände oder Traumata in bestimmter Weise. Jede Gehirnregion ist im Körper einem Organ zugeordnet. Eine energetische Veränderung in Form von Schock oder Trauma sieht man im Gehirn, sie setzt sich in den entsprechenden Körperstellen fest.

Ein Mann erkrankte an einem Blasenkrebs. Der Zusammenhang mit einem Schockerlebnis wurde ihm erst klar, als er sich auf den Weg machte, Hintergründe für seine Erkrankung zu finden. Sein Heilpraktiker erkannte, mithilfe eines Gehirnscans, die überaktiven Gehirnregionen und wusste über die Entsprechung zu den Organen Bescheid. Mittels kinesiologischer Abfragetechniken, die stärker auf die Antworten aus dem Unbewussten abzielen, fand er den Ursprung seines verdrängten Konfliktes. Eine außereheliche Affäre bereitete ihm nicht nur ein schlechtes Gewissen, sondern brachte eine enorme Krise der gesamten Familie hervor. Geld und Ansehen litten durch sein Verhalten. Der Mann verdrängte jedoch seinen Konflikt in seinen Körper. Erst als er sich dessen bewusst wurde und er seine Konflikte löste, konnte auch seine Erkrankung heilen.

Entlastung passiert in erster Linie über die Transformation der Emotionen im »Herz-Gehirn« und die in den Zellen gespeicherten Erinnerungen. Du findest dazu konkrete Übungen, die deine inneren Stresssituationen entlasten können.

Manche Menschen sind leider eher bereit zu sterben, als etwas zu verändern. Das Öffnen des Herzens macht mehr Angst als der Tod. Schon Bernd Hellinger, der bekannte Familientherapeut, meinte in einem Vortrag: »Leiden ist leichter als lösen.« Er meinte damit, dass wir subjektiv glauben, wir kommen nicht selbst aus diesem Erleben heraus, haben keine neue Perspektive und leiden weiter. Das muss nicht so bleiben. In meiner Praxis habe ich viele bemerkenswerte Geschichten gesammelt, die dich ermutigen sollen, den Weg deiner Herzensentwicklung aufzunehmen. Ich erzähle diese Geschichten auch in Form von Videos auf meiner Webseite und habe unterschiedliche Wege zusammengefasst. Jeder hat die Essenz seines ursprünglichen Wesens in sich, es geht nur darum, dieses »Atom« in Schwingung zu bringen und damit das elektromagnetische Feld, ich nenne es das »Torus-Feld«, zu entwickeln. Ein Torus (Plural Tori; von Lateinisch torus »Wulst«) hat die Gestalt eines Rettungsrings, Reifens oder Donuts. Diese Form ermöglicht es uns, Lebensenergie in einer stabilen Struktur zu halten und fließen zu lassen. Mit anderen Worten, diese schöne Form ist der beste und einfachste Weg, Bewusstsein oder Gewahrsein auszudrücken. Die im Gehirn und im Herzen erzeugten Wellen und Frequenzen sehen im dreidimensionalen Raum aus wie Strukturen im Weltall, die Urform, der Torus. Je optimaler der Fluss in unserem Torus, desto mehr Lebensenergie können wir halten und desto mehr Bewusstsein erlangen wir.

Es beginnen dann die Dinge wie von selbst in Fluss zu

kommen. Unsere Fähigkeiten erhöhen sich. Die innere und die äußere Realität beginnen im Gleichklang zu schwingen.

Wie Herz und Hirn dein Zellgedächtnis steuern

Wie jeden Morgen beginnt Clarissa den Tag damit, das Frühstück für sich und ihren Mann vorzubereiten. Doch heute empfindet sie ihre Handgriffe als mühsam und ihre Gedanken schweifen immer wieder ab. Sie denkt darüber nach, wie sie in den nächsten Wochen ihren Lebensunterhalt verdienen soll. Als junge Schriftstellerin lebt sie von der Hand in den Mund, hält Vorträge und Lesungen und ab und zu gibt sie eines ihrer Lieblingsseminare zu ihren Themen. Ihre Arbeit erfüllt sie mit großer Freude und immer, wenn sie aus dem »Menschenbad«, in dem sie sich «wohl« fühlt, zurückkehrt, sprüht Clarissa voller Leben und sprudelt voller Ideen. Nur heute fühlt sie sich in ihrer vertrauten Umgebung unglücklich. Sie ist niederschlagen und in ihren Sorgen versunken. Ein kleiner Funke in Clarissa weiß aber, dass alles gutgehen wird, doch »alte« Erfahrungen und vergangene Programme, die als Zellerinnerungen gespeichert sind, offenbaren ihr eine andere Geschichte. Unaufgefordert drängen sich Bilder und Erinnerungen in ihren Kopf, als sie nach dem Tod des Vaters ihrer Kinder mittellos dastand, arm und verlassen, ohne jegliche Kraft und ohne Glauben an ihre Fähigkeiten und Erfahrungen. Genauso schien sich auch heute die Melancholie wie ein ungebetener Gast selbst eingeladen zu haben und drängte sich, lebendig und präsent wie nie zuvor, in ihr Herz. Ihr Körper erinnerte sich in Form von Schwere und Niedergeschlagenheit an ähnliche Zustände. Ihr Herz war bleiern und deutlich merkte sie einen schweren Druck auf ihrer Brust. Sie suchte nach einem stabilen Ankerplatz, nach neuen Gedanken, nach neuen, hoffnungsvolleren Bildern und nach Erfahrungen, die sie als positiv erlebte, um sich aus dieser bedrückenden Stimmung zu befreien. Clarissa kannte aus Gesprächen, Seminaren und aus ihrer Ausbildungszeit Techniken, die ihr halfen, solchen Gedankenspiralen zu entkommen. Doch just in diesem Moment wollte so gar nichts in ihrem Kopf auftauchen, um ihr ein rettender Anker zu sein. Nein, viel eher fielen ihr Geschichten anderer ein. Monika, die gestern gerufen hatte, und ihr unter Tränen der Verzweiflung von ihrer Beziehungskrise berichtete. Manuela, die wieder einmal an sich zweifelte und dadurch ihr letztes Vorstellungsgespräch verpatzt hatte. Ja, da waren sie wieder, all die Geschichten, die sich Clarissas Schwermut einfach so »herbeizauberte«, um ihr den Morgen noch schwerer, noch depressiver und noch belastender zu gestalten.

Unser stärkster Verbündeter: unser neuronales Netz

Unser inneres System scheint ein echter Profi zu sein. In dem Moment, in dem wir unsere inneren Bilder aktivieren, beginnt unser neuronales Netz prompt und zuverlässig zu reagieren. Es findet zielgerichtet alle passenden Bilder, die zu unserer momentanen Emotion passen und der interne Erinnerungsspeicher kreiert mit unglaublicher Geschicklichkeit unseren inneren »Kinofilm«. In Clarissas Fall einen melodramatischen Film des Versagens. Sie war in Panik, und meinte, die nächsten Monate wirtschaftlich nicht zu »überleben«.

Irgendwann in diesem Zustand blitzte jedoch ein winziger Funke in ihrem Herzen auf. Statt ihn, wie schon so oft, zugunsten der Depression einfach wegzuwischen, dachte sich Clarissa: »Jetzt musst du handeln oder der Tag bleibt so abscheulich!« Sie setzte sich auf ihre Couch und erlaubte sich selbst, tief in ihr Inneres zu blicken, in der Hoffnung, dort ein wenig Licht und Freude zu entdecken. Sie fragte sich: »Kann ich mithilfe meines Geistes meine Realität verändern? Wird es mir gelingen, meine momentane, so starke ängstliche Emotion aufzugeben und etwas zu finden, womit ich mich besser fühle?«

Clarissa atmete mehrere Male tief ein und erlaubte ihren Gedanken, einfach da zu sein. Dass sie schon öfter die stille Mediation geübt hatte, kam ihr nun zugute. Sie fühlte den Schmerz in ihrem Herzen. Und schon tauchten altbekannte Bilder, Geschichten und Empfindungen auf. Die inneren Emotionen waren unheimlich stark und sehr unangenehm und nun erkannte sie, wie sehr sie schon von ihrer Persönlichkeit Besitz ergriffen hatten. Diese Emotionen drängten sich einfach in den Vordergrund, so wie Kinder, die dringend etwas zu sagen haben und aufgeregt den Arm heben. Eines nach dem anderen stellten sich die Bilder der Vergangenheit ein.

Wir sind in der Lage, nur tatsächlich erfahrene und erlebte Bilder zu speichern. Aus diesen Speichern heraus betrachten und entscheiden wir das aktuelle Leben, wir betrachten die Vergangenheit und entscheiden aus ihr heraus. Jede Erfahrung, die wir machten, wird mit einer Erinnerung und dem damit verbundenen Gefühl verknüpft, selbst dann, wenn dieses Geschehen lange Zeit zurückliegt. Meist sind uns Erfahrung und Gefühle bekannt und wir sind darin gefangen. Es fällt uns enorm schwer, aus der vertrauten Gefühlskette auszusteigen. Bleibt dieser Vorgang unbewusst, kann nichts Neues entstehen. An dieser Stelle gabelt sich der innere Weg. Wir können eine Entscheidung treffen: Entweder befreien wir die Seele oder belegen sie langsam mit dem Schleier der Vergessenheit. Also liegt es an uns, die Chance zu ergreifen, um uns zu befreien. Fehlt es uns am Wie? Das dachte auch Clarissa, sie spürte den Druck, stellte sich vor, der Platz, an dem sie sich gerade entspannte, fülle sich langsam mit herrlichem, wunderbarem, lauwarmem Wasser, in dem sie in der Mitte Platz nahm. Das Wasser begann alsbald ihre Sorgen und ihre Trübsal einfach wegzuspülen. Sanft und behutsam füllte sich der Raum um sie herum. Erst um ihre Füße, dann um die Beine, den Rumpf, die Schultern, hinauf bis zu den Augen umspülte das warme Wasser ihren Körper. Während sie das genoss, löste sich der Druck, die Emotionen lockerten sich und wurden in Form von heilender Wasserenergie weggewaschen. Oh, wie befreiend! Sie ließ die Emotionen und die damit verbundenen Bilder einfach los und erlaubte dem Wasser sie zu reinigen. Rasch stellte sich ein erleichtertes Gefühl ein. Jetzt begann Clarissa nach einer Lösung, einem Lösungsbild zu suchen. Sie fragte sich: Wie möchte ich mich fühlen, wenn nun etwas Neues entstehen soll? Sie begann sich vorzustellen, was wäre, wenn. Wenn sie glücklich wäre? Wenn sie sich frei fühlen könnte, ganz aus sich heraus entscheiden könnte? Wie würde sie gehen, wie stehen, was denken? Was wäre anders? Was würde sie selbst tun? Was wäre in ihrem Gefühlsleben anders?

Sie übte ihren *mentalen Probelauf.* In ihr entstand ein Empfinden vollkommener Ruhe, als würde die Zeit ewig stehenbleiben. Sie wünschte sich, dass es immer so bliebe, so still und leicht fühlte es sich plötzlich an. Dann tauchte in ihrer Innenwelt eine weise, alte Frau auf. Sie lächelte sie an und sagte: »Ich blicke direkt in dein Herz! Was ich hier erblicke, ist wunderschön. Doch ich frage dich: Was hindert dich, dein Herz offen zu lassen? Warum überlässt du so viel deinem Verstand? Was ist der Grund dafür, dass du dich von der Vergangenheit in Versuchung führen lässt? Lass deine Herzenskraft fließen und binde dich nicht an die Ketten deines Verstandes. Öffne dein Herz jeden Tag ein wenig weiter und lass dich nicht beirren. Denn wenn unser Herz frei ist, brauchen wir nur ein wenig Mut, ihm zu folgen. Du wirst es lieben, in die Kraft und Schönheit deines Herzens einzutauchen. Bleib neugierig, denn einen ganz großen Teil hast du schon gefunden.«

Clarissa hielt die Augen geschlossen und lächelte. Ihre Leichtigkeit und Freude wuchsen und ihr inneres Lebensfeuer begann wieder, heftig zu flackern. Als sie die Augen erneut öffnete, strahlten diese, als würden helle Sterne aus ihnen leuchten. Sie war so ergriffen, dass sie lange kein Wort über die Lippen brachte. Selbst als sie ihre Sprache wiederfand, sagte sie nur einige wenige Worte. Sie schrieb in ihr Tagebuch: »Danke, ich habe gefunden, wonach ich mein Leben lang gesucht habe. Ich habe begriffen, wie einfach es ist, mein Erleben zu ändern.« Nur einen Wimpernschlag entfernt liegt die eigene Kraft, die im Herzen verwurzelt ist. Wir erblühen, wenn wir den Mut entwickeln, die inneren Gedanken und die Gefühlswelt zu verändern. Für Clarissa änderte sich nicht nur der eine Moment während ihrer Meditation, sondern sie vertraute jeden Tag mehr und mehr ihrem Inneren. Ihre Ausstrahlung wuchs und sie zog wie ein Magnet Personen an, die sie stärkten und sie gerne zu Vorträgen einluden. Ihre Texte und Bücher veränderten sich durch die Inspiration ihres offenen Herzens. Ihre Ängste verschwanden genauso schnell, wie sie aufgetaucht waren.

Die Zellen sind interne Speicher, die unserem Gehirn gleichen. Sportler kennen die Kraft der positiven Bilder. Sie nutzen die Vernetzung neuer »neuronaler« Speicher des Gehirns und finden erneut neue, siegbringende Bilder. Denn Siege müssen vorher ausgemalt und innerlich erlebt werden, bevor sie real werden dürfen. Das erzählen viele erfolgreiche Sportlerinnen. So überstehen sie auch Misserfolge. Die eigentliche Leistungssteigerung erfolgt in der Ruhephase. Visualisierung und kleine Belohnungen bei Etappenzielen sind die Hilfen, die das innere Rüstzeug für ihre Veränderungen und ihre Erfolge darstellen. Die Verknüpfung zwischen Sport und dem täglichen Leben sind ganz eng, Spaß und Freude gehören dazu. Nur so kann jeder, ob Spitzensportler oder »Alltagsmensch«, das Beste geben und seine vorgenommenen Ziele erreichen. Was kannst du selbst tun, um aus einem engen Fühlen und Denken auszusteigen?

Meditation, um deinen Herzensraum zu öffnen. Übung für die dreifache Angebundenheit

- Die Übung beginnt wie bei der Erdung im vorigen Kapitel. Atme tief ein und atme tief aus. Lasse die Aufmerksamkeit bei deinem Atem und lass alles, was dich belastet, abfließen.
- Bei jedem Ausatmen stelle dir vor, wie sich alle Situationen lösen, die mit dem Moment nichts zu tun haben. Sie lösen sich nach und nach aus deinem Kopf, über die Schulter und über die Arme. Atme ein und wieder aus und dabei entlastest du dich.
- Über die Arme lässt du wieder alles abfließen. Erst über die Hüfte, dann über die Füße kann alles Belastende herausfließen. Lass alles Beschwerliche los.
- Deine Fußsohlen stehen fest am Boden und mit jedem Ausatmen beginnen deine Wurzeln tief in den Boden zu wachsen. Zuerst aus deinen Füßen, dann aus deinen Knöcheln, dann aus deinen Waden, deinen Knien, deinen Oberschenkeln, deinen Hüften. Von überall gehen deine Wurzeln nach unten und geben dir Halt. Es entsteht das Bild eines Wurzelkleides, wie bei der Übung mit dem Rokoko-Kleid. Das macht dich stabil und sicher. Du bist gehalten auf der Erde.
- Stelle dir weiter vor, dass eine dicke Wurzel sich aus deinem Wurzelzentrum, das sich zwischen deinen Beinen befindet, tief in die Erde ausdehnt. Sie wächst tief in die Erde bis in das Zentrum, das Herz des Erdinneren.
- Ziehe die Energie aus dem Erdherz in deinen Körper. Lasse sie durch dein eigenes Herz bis nach oben in

deinen Kopf fließen und darüber hinaus. Ziehe die Energie hoch zum Scheitelpunkt und erwecke deinen Punkt oberhalb des Kopfes. Ziehe die Energie weiter und weiter, bis du das Zentrum des Universums, das galaktische Herz erreichst.

- Stelle dir vor, wie diese dreifache Angebundenheit fließt. Von der Erde, dem Erdherz in dein Herz, zu deinem Scheitelpunkt, über den Kopf ins galaktische Herz und wieder zurück. Die Vorstellung einer stehenden Acht, in der der Kreuzungspunkt dein eigenes Herz ist, hilft dir, die Energie fließen zu lassen. Die Wurzeln sind die Anbindung an die Erde, dein Herz ist das Zentrum und das galaktische Herz ist deine Spiritualität. Verbinde dich mit allen drei Ebenen. Sei im Fluss, mit allen dreien.
- Bleibe einige Zeit in diesem Kraftfeld der Dreiheit. Je öfter du dich an dieses dreifache Feld anbindest, umso stabiler und angebunder bist du an deine Intuition, dein Selbst, an dein Vertrauen.
- Diese innere Sicherheit ist wie ein Ankommen tief in deinem Sein. Je weiter du dein Herz öffnest, desto tiefer kann diese Energie durch dich fließen und etwas in dir aktivieren, was dir helfen wird, dich neu zu entdecken.

Vielleicht unterstützt dich diese Übung, dorthin zu gelangen, wohin du dich schon so lange sehnst, an deinen Herzenswunsch. *Lasse nicht zu, dass dein Körper dein Geist ist, sondern du bist Geist und der Körper ist dein Diener.*

Herzkohärenz leben heißt herzbasierend leben

Das Herz beeinflusst Klarheit, Kreativität, emotionale Ausgeglichenheit und persönliche Effektivität, um mit den vielen Herausforderungen des Lebens besser umgehen zu können. Die Fähigkeit, die Energie des Herzens selbst zu regulieren, ermöglicht Stress abzubauen und Vertrauen wiederzufinden. Damit öffnet sich der Zugang zur eigenen Intuition und zur Inspiration.

Das HeartMath-Institut ist eine unabhängige, gemeinnützige Organisation, die sich den Themen Stressbewältigung, emotionale Intelligenz und mentale Stärke widmet. Schwerpunkt der Forschungsarbeit des HeartMath-Instituts ist die Untersuchung der Herzfrequenzvariabilität (HRV) als Zeichen guter Gesundheit und seelischen Gleichgewichts. Dieses Institut entwickelte die »Herzintelligenz-Methode«, um Menschen zu mehr Vitalität, Widerstandskraft und Lebensfreude zu verhelfen. Positive Gefühlszustände stärken das Immunsystem, während negative Emotionen den Herzrhythmus bis zu sechs Stunden danach verändern können. (Siehe Abb. 1 auf Seite 89). Forscher des HeartMath-Instituts haben entdeckt, dass Ärger, Angst, Wut, Frust und ähnlich negative Gefühle den Rhythmus des Herzens unregelmäßig werden lassen. Sie können auch genau ablesen, wie hoch der aktuelle Grad an Erschöpfung beziehungsweise Stressbelastung gerade ist. Mit der Herzintelligenz-Methode haben die Forscher eine leicht zu lernende Methode entwickelt, einen regelmäßig auf- und abschwingenden Rhythmus in unserer Herzfrequenzvariabilität zu erzeugen – die »Herzkohärenz«.

Herzkohärenz erreichen wir durch ebenso einfache wie effektive Atem- und Fokussierungsübungen. Mit dieser Sprache des Herzens beeinflussen wir unser emotionales Gehirn und damit unsere Emotionen am Ort ihres Entstehens und erreichen so seelisches Gleichgewicht. Die Forschungen der neuen Biologie von Bruce Lipton stellen eine Erweiterung der Herzfrequenzvariabilität dar. Sie besagt, dass wir über eine positive, offene Haltung unser Leben völlig verändern können. Wir können das Unbewusste neu programmieren. Unsere Wahrnehmungen, Glaubenssätze und die Prägungen, auch aus »uralten« Zeiten, verändern unser Erleben. Wir sind Beherrscher unserer inneren Chemie, die uns gedeihen lässt. Die meisten Stressauslöser haben mit Angst zu tun, deren Wurzeln Muster und Prägungen sind. Ohne unsere Programmierungen hätten wir den Himmel auf Erden.

Was ist dieser kohärente Zustand? Jeder von uns kennt die Erfahrung, wie schwer sich das Herz anfühlt, wenn wir traurig sind, wenn wir unter Liebeskummer leiden oder einen geliebten Menschen verlieren. Diese Emotionen lassen unser Herz drückend werden und es ist nicht einfach, uns aus solchen Gefühlsblockaden und deren Schwingungen wieder herauszuziehen. Blutdruck, Herzschlag, Immunsystem, Verdauung, Hormone und vieles mehr im Körper werden über solche Emotionen beeinflusst. Für das Entstehen von Krankheiten wiederum ist entscheidend, ob wesentliche Teile unserer Körperphysiologie harmonisch miteinander funktionieren. Neueste wissenschaftliche Erkenntnisse zeigen, dass eine Störung des Zusammenspiels zwischen Nervensystem und Herzgehirn Einfluss auf Stress, Angst, Depression, Burn-out und viele andere Krankheiten hat. Diese kommen immer häufiger vor. Deshalb bilden sich für die Behandlung solcher Zustände weltweit neue Ansätze.

Das Herz besitzt ebenfalls ein messbares Magnetfeld, das mit Elektrokardiographie (EKG) gemessen wird. Gefühle wie Dankbarkeit, Freude, Güte, Wertschätzung, Mitgefühl oder Inspiration entspannen den Herzschlag und bilden einen kohärenten Zustand. »Herzkohärenz« nennen Mediziner die Synchronisierung der Rhythmen von Atmung, Herzschlag und Blutdruck. Die Schwingungen und die Frequenzen positiver Emotionen zeigen auf den Skalen der Messgeräte höhere, schnellere Werte. Sie haben mehr Energie und weniger Dichte als Gefühle wie Zorn, Leid, Angst, Schuld und Scham, die eine niedrige Frequenz aufweisen.

Den einfachsten Zugang zu unserem »unterbewussten Betriebssystem« haben wir im Bereich von Alphawellen. Ein bewusstes Verlangsamen des Atmens und der Gehirnwellen hilft, das autonome Nervensystem zu entspannen. Dies geschieht über eine Veränderung des Fokus auf den Körper und eine erhöhte Aufmerksamkeit auf jenes Feld, das uns umgibt. Die Wissenschafter haben festgestellt, dass jede Absicht oder auch nur der bloße Gedanke oder Wunsch eines Menschen Auswirkungen in seinem Feld aufweisen. Dabei reicht es, sich ein inneres Bild vorzustellen und die erlebten Gefühle bewusst wahrzunehmen. Wir erzeugen damit eine wirksame kohärente Energie.

Die Kraft des Herzensraums, die Harmonie des Lebens

In jedem von uns gibt es einen Teil, der noch nicht »erblüht« ist. Vielleicht stellst auch du dir die Frage, wie du diese verborgenen Qualitäten entwickeln kannst. Wie du deine Sinne verfeinern kannst und deine äußere und innere Wirklichkeit in Balance bringst? Dazu gehören Begeisterung, Neugierde und Leichtigkeit. Lade sie in dein Leben ein! Vielleicht sitzen tief in dir noch alte Enttäuschungen, die dir den Zugang zu deinem vollen Potenzial versperren. Sobald du auf Hindernisse oder Konflikte stößt, bist du gut beraten, nach anderen, umfassenderen oder verborgenen Lösungen zu graben. Vielleicht willst du dich als Selbstständige wirklich zeigen. Möglicherweise trägst du noch Spuren von einem Verlassenwerden in dir, die dich hindern, dich auf eine neue Beziehung einzulassen. Eventuell willst du weniger grübeln, we-

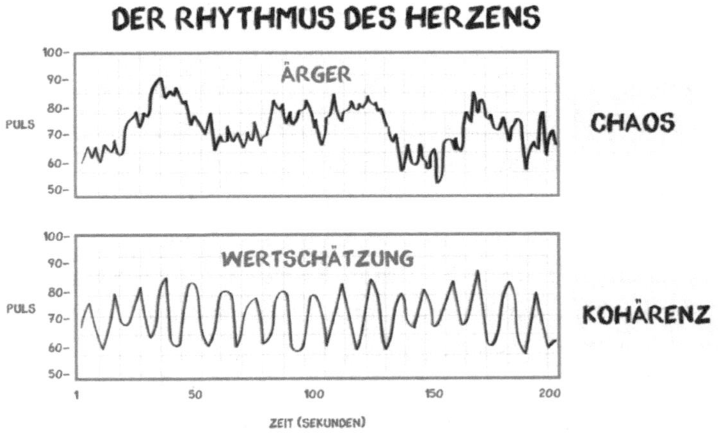

Abb. 1: Der Rhythmus des Herzens – Herzratenvariabilitätsmessung aus der Forschung im HeartMath-Institut

niger entsprechen, weniger leiden, sondern einfach deinen Herzenswunsch ausleben.

Du kannst deinen inneren Kindern in deinem Herzensraum begegnen und ihre »missachteten Seelchen« wieder heilen. Das innere Kind ist ein symbolischer Ausdruck für jenen Teil deiner Psyche, in dem deine tiefen Empfindungen, deine intuitiven Ratgeber und kreativen Ideenspender wohnen. Um wirklich erwachsen zu werden und aus deinem vollen Potenzial leben zu können, brauchst du deine »heilen« inneren Kinder in allen Altersstufen. Es lohnt sich immer, mit ihnen in Kontakt zu treten. Starre Denkmuster und schwere Kränkungen lösen sich damit auf. Die Erleichterung und das Glück, wenn wir mit unserem inneren Kind – oder Anteilen davon – in Kontakt treten, ist unbeschreiblich. Gefühle der Leichtigkeit, glückliche innere Bilder und das unbeschwerte Kinderlachen verändern die sorgenvollen Überzeugungen, Gedanken und Glaubenssätze. Das neuronale Netz im Gehirn feuert und flackert und erzeugt jede Menge Glückshormone. Wir fühlen etwas Neues, das sich im Körper ausbreitet. Verspannungen lösen sich. Herzensdruck verschwindet. Haltung ändert sich. Wir erleben ein befreites Kind in uns. Balance und Harmonie dringen bis in alle Bereiche der Zellen. Wir tanken Kraft und nehmen das in unseren Alltag mit. Denn wie Steve de Shazer, Begründer der Lösungsorientierten Kurzzeittherapie, betonte: Es ist nie zu spät, eine glückliche Kindheit gehabt zu haben.

Die Kehrseite der Angst ist Mut. Die Kehrseite des Mangels ist die Ganzheit. Die Kehrseite des Zweifels ist das Wissen. Was wir fokussieren, bestimmt unser inneres Erleben und damit die Spielregeln, es ist das, was sich in der Realität zeigt. Deshalb drehen sich alle spirituellen Wege um das Herz. Thomas Young, Physiker, meinte: Die wirkliche Transformation findet nur im Herzen statt. Das Herz ist Alpha und Omega zugleich. Eine konkrete Glückserfahrung zu haben, wie durch ein befreites inneres Kind, kann den Menschen verwandeln. Sie findet im Herzbereich statt. Wir suchen dabei die Herzkammer auf, dies kann ein richtiger innerer Raum sein oder auch nur ein Gefühl in diesem Bereich. Tatsächlich nenne ich sie die *Kammer der Wahrnehmung unserer Urkraft*. Die Herzenskraft erblüht wie eine Blume und ist bei jedem Menschen anders. Ohne deinen eigenen Ursprung zu kennen, erinnert dich dein Herzensraum an dein Selbst, dein Potenzial, dein Wesen – an dein wahrhaftes Zuhause.

Sandras Befreiung der »inneren Kinder«

Sandra ist eine Klientin, die mit einer besonderen medialen Gabe beschenkt wurde. Sie empfing unvermittelt innere

Visionen oder hörte eine innere Stimme, die sie klar und deutlich anleitete, an bestimmte Plätze zu gehen oder etwas zu notieren, das für Freunde bestimmt war. Anfangs trieb sie die Neugierde vorwärts. Später kamen ihre Botschaften ungebeten und zu jeder Tages- und Nachtzeit. Sie fand in der »esoterischen Szene« ungeahnte Möglichkeiten, ihr »spirituelles Talent« zu entdecken. Doch leider nahm sie unhinterfragt alles auf, was durch ihre Stimme »mitgeteilt wurde«. Das führte dazu, dass sie durch ihre Offenheit Informationen und Botschaften erhielt, die sie nicht deuten konnte. Sandra erzählte mir, dass es Phasen in ihrem Leben gegeben hatte, in denen ihre Stimme sehr laut war. Als sie den Menschen in ihrer Umgebung darüber erzählte, erklärten sie diese, ohne genauer hinzuhören, für »verrückt«. Eine wirklich beklagenswerte Erfahrung, die sie letztlich sogar mit einem Aufenthalt in einer psychiatrischen Anstalt bezahlte.

Dort wurde sie mit unterschiedlichen Psychopharmaka sediert und behandelt und nach einigem Auf und Ab nach mehreren Wochen Aufenthalts als »geheilt« entlassen. Die Medikamentengaben verringerten alle ihre Sinneseindrücke. Dieser Effekt hielt Monate an. Da sich als Nebenwirkung der Behandlung ihr Gewicht rasant entwickelte, in kürzester Zeit hatte sie dreißig Kilogramm zugenommen, stoppte sie unter Aufsicht ihrer Therapeutin die Tablettendosis. Ihr Zustand blieb auch ohne Sedierung stabil und gefährdete laut Therapeutin den Heilungserfolg nicht. Die nächste Zeit ging sie einer geregelten Arbeit nach und war äußerlich und oberflächlich betrachtet sehr zufrieden und glücklich. Tief in ihr regte sich aber immer stärker ihre Gabe der »Medialität«. Sie gewöhnte sich an ihre kraftvollen Bilder und trainierte sich selbst darin, sie positiv zu steuern. Auch ihre innere Stimme kommunizierte wieder mit ihr. Aufgrund ihrer leidvollen Erfahrungen erlaubte sie sich nie wieder, auch nur die geringste Andeutung über ihre Gabe gegenüber anderen zu machen.

Sandras Weg zu ihrem Potenzial ist mir wohltuend in Erinnerung geblieben. Ich fragte sie: »Welches Bild taucht in dir auf, wenn du dich mit deinem ursprünglichen Wesen verbindest?« Spontan antwortete sie: »Freude, Lebenslust, Liebe, Leichtigkeit! Ich finde es toll. Es ist sehr zufriedenstellend.« »Ich verstehe«, meinte ich, »du weißt, immer wenn du diese Kraft in dir fühlst, dann bist du auf dem richtigen Weg. Ich denke, es ist hoch an der Zeit, deinen Herzensraum zu öffnen.« Sofort tauchte ein Bild in ihr auf: »Ich sehe meine Fünfjährige. Sie hüpft, springt und ist total lebendig. Sie wünscht sich, mit mir in Kontakt zu bleiben. Sie wünscht sich, in Bewegung zu bleiben, hauptsächlich in der ›Natur‹ und bittet mich, mit ihr nach einer bestimmten Musik zu tanzen. Sie wünscht sich so sehr, dass ich mit ihr in Kontakt bleibe. Das macht ihr Freude!« Ich fragte: »Gibt es noch andere Kinder, die in dir auftauchen?« »Ja, es taucht auch meine Zehnjährige auf. Sie ist aber total unglücklich, niedergeschlagen und bewegungsunfähig, sie ist dick und unförmig. Ihr ist etwas passiert, worüber ich aber nichts weiß. Ich sehe sie, traurig, ja fast ohnmächtig vor mir stehen. Phuhh … dieses Kind ist wirklich traurig und niedergeschlage und es ist sehr schwer, mit ihr in Kontakt zu treten.« Ich bat sie: »Lass dir von deiner lustigen Fünfjährigen helfen. Erinnere dich an ihre Freude und Leichtigkeit. Nimm dann Kontakt mit deiner Zehnjährigen auf, schau ihr tief in die Augen und drücke die Fünfjährige ganz an dein Herz. Lass deine freudvollen Gefühle zum Herzen deiner Zehnjährigen fließen. Beobachte, was mit ihr passiert. Belaste dich aber nicht mit Informationen darüber, was damals war. Lass dabei jede negative Energie an dir vorbeiziehen wie Wolken am Himmel und gehe nicht in das Problem und ihr Erlebnis hinein. Die Geschichte ist nicht wichtig, bleib einfach nur beim Positiven.« Sandra erzählte mir: »Langsam kommt die Kraft zur Zehnjährigen zurück. Sie benötigt jede Menge Zuwendung. Mit jeder »Portion«

Liebe, die ich ihr über die Augen übertrage, verliert sie an Gewicht. Je mehr Kraft die Kleine erhält, desto leichter und zufriedener wird sie.« Sandra machte überrascht eine Pause. Ihr innerer Prozess war deutlich zu erkennen. Ich konnte beinahe hören, was in ihrem Kopf passierte, wie ihre Gedanken herumschwirrten, als sie die Stille durchbrach und sagte: »Meine Zehnjährige ist wie eine welke Blume, die nach Wasser lechzt. Nur vorsichtig und langsam öffnet sie sich wieder. Je mehr sie aufmacht, umso schlanker wird sie. Der Körper wird schmäler, das Mädchen durchlässiger und beweglicher. Sie erblüht nach und nach in ihrem wahren Wesen. Mit ihrer Körperfülle hat sie sich bloß geschützt. Dick zu sein war ihre persönliche Art, nichts an sich herankommen zu lassen. Doch sie ist ein zauberhaftes Wesen, das sich mir jetzt zeigen darf. Was für ein berührender Moment. Ich halte die Kleine im Arm. Mir gestattet sie jetzt, näher zu kommen. Ich erkenne ein Mädchen voller Begabungen und Talente. Es entsteht Heilung! Wir halten uns im Arm und schmiegen uns aneinander. Sie braucht Sicherheit und wünscht sich von mir einen dauerhaften und nachhaltigen Kontakt. Es beginnt eine Verwandlung, eine tiefgreifende Transformation.«

Die Tränen der Begegnung und das Glück in den Augen meiner Klientin haben sich mir tief eingebrannt. Erst nach dieser Transformation mit ihrer Zehnjährigen war es Sandra möglich, ihren inneren Herzensraum zu betreten.

Sandras Öffnung für ihren Herzensraum

In der nächsten Imagination war Sandras erklärtes Ziel, ihre Angst zu verlieren und ihre Gabe des »Hellhörens« als eine wunderbare Fähigkeit anzuerkennen. Sandra wollte wieder Vertrauen in ihre Medialiät fassen. Sandra schilderte: »Ich habe das Gefühl, es tut sich eine Art Höhle auf, in der die Farben Rosa und Weiß gemischt sind. Doch der Raum ist geschlossen. Es braucht noch die Heilung meiner Zehnjährigen, sie soll daher als Erstes den Raum betreten. Eine gefühlte Stunde überlasse ich Sandra ihrem inneren Erleben. Stille. Dann fassungsloses Staunen, Tränen ... und nicht ausdrückbare, bewegende Empfindungen. Es vergingen viele Minuten, ehe Sandra wieder sprechen konnte. »Die Energie in diesem Raum ist völlig neu für mich und fühlt sich vollkommen überwältigend an. Es ist, als ob sich in meinem Herzensraum mein Leben plötzlich um 180 Grad wendet.« Und wieder flossen viele Tränen der Freude, der Leichtigkeit und des Glücks. Sandra hatte etwas wiederentdeckt, das sie viele Jahre gesucht hatte, aber nicht finden konnte!

Leise sprach sie weiter: »Jetzt sehe ich den Raum klarer. Er glitzert, entzückt mich, erzeugt ein wohliges Gefühl und gleichzeitig stehe ich noch außerhalb draußen und habe nicht den Mut, ihn zu betreten. Meine Zehnjährige hat sich zu einem lebendigen Mädchen voller Lebenskraft entwickelt und kommt auf mich zu. Ich erkenne klar, in meiner Imagination und in der realen Welt, wie sehr wie sehr ich mich mit meiner Körperfülle geschützt habe, um ja nicht da hinein gehen zu müssen. Mir fehlte es an Mut. Jetzt hilft mir die Zehnjährige, den Schmerz der mangelnden Lebendigkeit nicht fühlen zu müssen. Sie kommt, reicht mir mit einem strahlenden Lachen die Hand. Ich soll springen! Mit einem mutigen Satz bin ich drinnen im Raum. Wow! Es ist soooo wunderbar, hell, glitzernd!«

Lange blieb Sandra in ihrem Raum und ohne genau zu wissen, was sie in ihrer Innenschau erlebte, bemerkte ich, wie die Narben ihres Lebens und die ihrer Seele nun zu heilen begannen. Sie fühlte sich, als ob eine neue Leichtigkeit in ihr zu wachsen begann. Noch war es ein vorsichtiges Herantasten an ein völlig unbekanntes Gefühl. Eine Verbindung mit einer Uressenz, die mit dem Herzen verschmolzen zu sein schien. Mit einer Liebe, aus der wir geboren wurden. Stammelnd und berührt fand Sandra kaum Worte für ihr Erleben: »Angekommen, endlich angekommen! Alle meine inneren Teile, meine inneren Mädchen und dieser Raum sind für mich Schlüssel und Verbindung zu meiner Fähigkeit, meiner Medialität. Aber zuerst musste ich in diese ›Heilkammer‹ hinein gehen , um wieder ganz intakt zu werden. Ich musste mich regenerieren. Ich spürte so viel Kraft und Liebe! Ich hatte den Eindruck, ich sei reich. Dieser Reichtum bringt mir meine Selbst-Ermächtigung zurück. Dieser Reichtum bringt mir mein *Ich bin* zurück. Ich habe sie wiedergefunden, meine Verbindung zur Quelle allen Seins. Danke, danke, danke!«

Ab dieser Zeit vertraute Sandra ihren Stimmen, denn sie überprüfte mit ihrem Herzen, welche Botschaften stimmig waren und welche sie nervös und hektisch werden ließen. Das Wort aus dem Herzensraum spürte sich für sie grandios an. Sie hatte ihre inneren Ratgeber wiedergefunden, die sie seither sicher und schwungvoll durch das Leben begleiten.

Kräftigung unseres Herz-Magneten

Seit die Physiker in die Gesetzmäßigkeiten des Universums vorgedrungen sind, geht man davon aus, dass ohne Bewusstsein nichts existiert. Die Lebensenergie um den Körper kann als Licht und Informationsfeld mithilfe eines Photonenemissionsgeräts gemessen werden. Das haben Joe Dispenza und sein Team herausgefunden. Stress und ausgeprägte Sorgengedanken verändern im Gehirn den Hormonstatus, das energetische Feld um den Körper herum schrumpft. Negative Gedanken und chronischer Langzeitstress drücken den Knopf auf mehr als 30 Hormone und 1.400 chemische Prozesse im Gehirn, die sich auf den Körper auswirken. Verändert sich der emotionale Zustand und können wieder positive Bilder, Gedanken oder innere Erlebnisse gefunden werden, verändern sich auch die Hormone und damit die chemischen Prozesse, die bis in unsere Zellen wirken. Das Gehirn schaltet nicht nur auf Überlebensmodus, sondern zieht im eigenen unsichtbaren Feld dem Körper Energie ab. Dieser Vorgang lässt sich über die Emission der Lichtphotonen messen. Je mehr Licht über die Photonen ausgesendet wird, desto mehr Energie und damit mehr Lebenskraft ist vorhanden. So wurden zum Beispiel vor, während und nach intensiver Mediationsphasen tausende Gehirnscans durchgeführt. Die Schwingungsweiten im Gehirn wiesen ein synchrones, entspanntes Nervensystem auf. Diese führten zu unglaublichen Veränderungen. Die gemessene Energie während der Gehirnscans überschritt, laut Dispenza und seinem Team immer wieder die Skalenwerte um ein Mehrfaches. Die enorme Entspannung durch Meditation wirkte sich auf den gesamten Körper aus. Herz und Gehirn zeigten bemerkenswerte Veränderungen. Sie zeigten einen Anstieg der elektromagnetischen, hochfrequenten Beta- und Delta-Wellen von bis zu 149 Prozent an. Die Wissenschaft nennt die Entspannung und die Balance zwischen Gehirn und Körper Herzkohärenz. Wenn das Gefühl mit dem Denken und der Körper mit dem Geist in Einklang sind, *entsteht ein stark schwingendes Herz-Kohärenz-Feld*, das über die Körperebene hinausreicht. Diese Energie hat eine hohe Frequenz und erzeugt ein Magnetfeld. Meditation, Yoga und Atemübungen erzeugen ein höheres Herz-Kohärenz-Feld.

Schon Leonardo da Vinci meinte: »Die größte Täuschung, unter der die Menschen leiden, ist jene, die durch ihre eigenen Überzeugungen entsteht.« Solche Überzeugungen sind lediglich das Ergebnis persönlicher Erfahrungen, Vorurteile und eines unhinterfragten, angenommenen Wissens. Sie verwandeln sich ohne Übergang in persönliche »Fakten«. Fast jede öffentliche Aussage ist nicht mehr als eine Meinung oder eine Vermutung, die durch Wiederholung zur allgemeinen Tatsache wird. Doch jeder von uns hat das Recht, diese zu ändern.

Generell hilft ein Herz-Kohärenz-Training, über Entspannungstechniken, Atemübungen und Meditation das Zusammenspiel der beteiligten Organsysteme wiederherzustellen. Denn wie umfangreiche Forschungen bewiesen haben, kommunizieren die Körperzellen nicht nur über chemische Transaktionen, sondern auch über ein Feld aus kohärenter Licht-Energie. Das bringt das innere und äußere Zellmilieu dazu, anderen Zellen und biologischen Systemen Anweisungen zu erteilen. Der Biologe Rupert Sheldrake bewies in einem Experiment, wie eine Gruppe von Leuten, die zusammen in einem Raum meditierten, andere Menschen, die in einem anderen Raum saßen, beeinflussen konnte. Das zeigte deutlich, dass wir über ein unsichtbares Licht- und Informationsfeld miteinander verbunden sind. Ein Feld, das uns und andere beeinflusst. Wir nehmen auf unser eigenes und auf das Herz eines anderen Einflusses, selbst dann, wenn sich dieser andere viele Kilometer weit entfernt aufhält.

Ziemlich genau zwei Jahre ist es her, als eine liebe Klientin mit mir ein Experiment wagte. Heidi erzählte mir von ihren Problemen. Dabei flossen ihr dicke Tränen über ihre Wangen. Verständnislos schüttelte sie immer wieder den Kopf. Sie berichtete, sie sei der Motor ihrer Familie, ohne sie scheint nichts zu passieren. Alles klappte mit ihrer Hilfe, nichts ging ohne sie. Doch gegenwärtig fühlte sie sich völlig ausgebrannt. Sie wünschte sich nichts sehnlicher, als endlich Ruhe zu haben. Nicht mehr kämpfen zu müssen. Aber gleichzeitig plagte sie das Gefühl, dass alles auseinanderdriften würde, wenn sie aufhören würde, Motor zu sein. Sie tat mir so leid, denn ich erkannte, dass sie am Ende ihrer Kräfte war.

Ich fragte Heidi, ob sie einmal »schnuppern« wolle, wie

sich ein Leben ohne Sorgen anfühlen könnte. Was ich damals ausprobierte, ist heute fixer Bestandteil meiner Arbeit. Der *»Self-Walk« zum ursprünglichen Wesen*. Ich beschreibe diese Methode detailgenau im Kapitel 9. Die Erfahrungen, die Heidi erlebte, beschreiben einen kohärenten Herzzustand. Aus ihrem Inneren entstanden ein Leuchten und Strahlen, das uns beide tief berührte. Es war die erste von vielen »neuen« Erfahrungen, die noch kommen sollten.

In kleinen Schritten bewegte sich Heidi rückwärts. Sie ging langsam und folgte behutsam und aufmerksam jeder Änderung. Sie wünschte sich inständig, eine neue Möglichkeit für sich zu finden. Stille entstand rund um uns. Nur die Geräusche des Sommers waren zu hören.

Wir hatten Zeit. Ihr Körper war gewillt, jede Veränderung behutsam zu ertasten. Es schien mir, dass Heidi im Zeitlupentempo Tausende, nein, Äonen von erlebten Erfahrungen erfühlte. Ausgehend vom Jetzt kam es ihr vor, als würde sie durch einen uralten Baumstamm in dessen Inneres schreiten. Jahresring um Jahresring. Mit allen Sinnen ertastete sie dabei seine Geschichten. In ihr tauchten bewegende Bilder und Gefühle auf. Ohne Zeitgefühl und Zeiterleben durchschritt sie die »Weltenuhr«. Sie begriff: Es sind ihre Seelengeschichten, die mit ihr und ihren Leben verknüpft sind. In langsamem meditativem Tempo schritt sie, blieb stehen, ertastete und ließ die Erfahrungen und die damit verbunden Gefühle zu. Ich bat sie, diese dankbar anzunehmen, und sie wertschätzend zu verabschieden oder zu entlassen. In ihr reihten sich Porträts der Erinnerung wie ein inneres Video aneinander. Die Filme erweichten ihr Herz, bewegten und lehrten Heidi, wie vergänglich jedes dieser Erlebnisse doch ist. Sogar heftige Empfindungen verschwanden genauso rasch, wie sie erschienen. Ein Schritt und schon war alles wieder anders. Der Herzensraum wird aufgefüllt mit diesem Erleben. Jede Zelle schwingt sich ein und erwirbt neue Dynamik. Ich bat sie: »Bleib dabei, lass es zu. Hole das Neue in dich hinein. Fülle dich mit den Kräften, die stark und zart zugleich berühren. Lass die Zellen auftanken, mit dem Ursprung, der Leiden kennt. Gestatte dir, dich zu stärken, damit du dich jederzeit daran erinnerst.«

In diesem Zustand der Kohärenz kann der Mensch seine klare Ethik wiederfinden, seine inneren Wertmaßstäbe, die sein Verhalten bestimmen. Seine höchsten Werte als die stärksten Motoren. Die Seele richtet sich auf. Der Mensch orientiert sich an Qualitäten der Liebe, Fürsorge oder Wertschätzung, die ihm am Herzen liegen, und nicht am äußeren Erfolg. Er versteht, welche Denk- und Sichtweisen zu Leid führen und welche zu Glück. Kontrolle wird durch Selbstfürsorge ersetzt. Wir erkennen, wie sehr wir miteinander verbunden sind. Diese Herzensqualitäten in Freiheit zu leben, ohne sie durch religiöse und kulturelle Glaubenssätze zu beschneiden, macht für mich einen wirklich spirituellen Menschen aus. Das Gehirn setzt in diesem Zustand Dopamin, Serotonin, Endorphine Phenylethylamin und Noradrenalin frei und bringt schon dadurch wieder neuen Schwung ins Leben. Besagte seelische Verfassung trägt dazu bei, die Probleme des eigenen persönlichen Erlebniskosmos und der Welt zu verändern. Vor allem geht es darum, Kohärenz, den Gleichklang, nicht mit dem Verstand zu erfassen, sondern sie als gelebten und erlebten Prozess zu erfahren.

8. Du, dein Körper und das Prinzip der Resonanz

»Alles ist Resonanz!«, sagte bereits Nikola Tesla, Erfinder, Physiker und Elektroingenieur, im 19. Jahrhundert. Sein Lebenswerk ist geprägt durch zahlreiche Neuerungen auf dem Gebiet der Elektrotechnik, insbesondere der elektrischen Energietechnik wie die Entwicklung des heute als Zweiphasenwechselstrom bezeichneten Systems zur elektrischen Energieübertragung. Er stellte in seinen wissenschaftlichen Forschungen fest, dass der Abstand zwischen Atomkern und Elektron so gewaltig ist, dass gerade einmal zwei bis fünf Prozent alles Sichtbaren echte »Materie« darstellt. Welche Kräfte wirken da?

Kennst du das? Verschiedene Themen deines Lebens ändern sich nahezu nie. So sehr du dich bemühst, etwas Neues zu erschaffen, es klappt nicht. Wie oft findest du dich in Beziehungen wieder, die nach dem gleichen »Strickmuster« verlaufen?

Der Herzensmann entpuppt sich nach einiger Zeit als Egoist. Bei Verwandten und Freunden eckst du immer wieder an oder du wirst im Job häufig ausgenutzt. Du hast schon an diesen Themen gearbeitet, reflektiert und dich tiefer damit auseinandergesetzt und trotzdem, irgendwie findest du dich wiederkehrend in ähnlichen, sich wiederholenden Lebenslagen wieder. Obwohl es unterschiedliche Lebenssituationen sind, haben sie doch eines gemeinsam, sie lassen sich einfach nicht verändern!

»Eigentlich hätte ich es mir ersparen wollen, doch es passiert mir immer wieder!«, erzählte mir Sonja mit traurigem Blick und tiefem Seufzen. *»Wieder stand ich da und fühlte die völlige Unfähigkeit, etwas dagegen tun zu können! Mein Herz pochte wie verrückt! Dabei wollte ich nur sanft mein Recht einfordern. Ich wurde allerdings völlig falsch interpretiert und statt einer harmonischen Lösung fand ich mich in einem saftigen Nachbarschaftsstreit wieder. Die Wiederholung einer Wiederholung in meinem Leben. Mir war zwar klar, dass ein Fliehen vor solchen Konfrontationen auch nicht funktioniert, aber was sollte ich tun? Und ehe ich mich versehe, finde ich mich in der nächsten, sehr ähnlichen Situation wieder. Leider ist es mir schon zu oft passiert.«*

Mit diesen Worten schilderte mir Sonja ihr frustrierendes Erlebnis. So sehr sie sich auch bemühte, kaum fühlte sie die geringste Konfrontation, erstarrte sie innerlich. Eine andere Meinung zu vertreten oder ihre Bedürfnisse zu äußern, brachte sie wiederholt in Schwierigkeiten. Offensichtlich bedeutete für sie, sich durchsetzen zu müssen, Streit. Unzählige Male fand sie sich in ungewollten Konflikten wieder oder geriet in eine andere Spannungssituation. Natürlich geht es vielen so, doch Sonja hatte das Gefühl, sie wie ein Magnet anzuziehen und sich dabei immer schlechter und verzweifelter zu fühlen. Sie war aber lebensklug genug, um zu wissen, dass solche Erfahrungen immer mit uns selbst zu tun haben. Daher hinterfragte sie sich und ihr Verhalten. Sogar die eine oder andere Therapiesitzung hatte sie zu diesem Thema besucht, doch die Situationen wiederholten sich immer wieder. Diese ständigen physischen und psychischen Belastungen zermürbten sie und lösten in ihr eine tiefe Traurigkeit und Erschöpfung aus.

Wie kam es, dass Sonja solche Konflikte wie ein Magnet

anzog? Fragst du dich, was es mit dem »Resonanzgesetz« auf sich hat, und wie es möglich wird, »das Richtige« anzuziehen? Zu allererst ist es wichtig, zu verstehen, dass jeder Mensch Zugang zu einer enormen energetischen Kraft hat, der Kraft des Kreierens. Sehr oft geraten wir alle immer wieder in ähnliche Lebenssituationen. Die Auswirkungen hinterlassen nicht jedes Mal tiefe Spuren, haben aber meistens sehr viel mit uns selbst zu tun und kommen immer wieder. Zum Beispiel: Jemand drängt sich vor und du denkst dir: »Sehr unhöflich, aber ich mache kein Drama daraus.« Trotzdem ärgerst du dich ob der Frechheit. Oder: Du hast eine ausgezeichnete Idee entwickelt und der Chef oder die Kolleginnen präsentieren diese Idee wie selbstverständlich als ihre eigene. Wieder denkst du im Geheimen: »Na ja, ich sage nichts, eigentlich dient es ja dem ganzen Team, ich nehme mich nicht so wichtig und verzichte darauf, mich in den Mittelpunkt stellen zu wollen.« Und doch – so etwas wurmt dich maßlos. Du fühlst dich übergangen, zurückgesetzt, ausgenutzt oder getäuscht.

Schließlich fasst du einen mutigen Entschluss und nimmst dir vor, die erstbeste Gelegenheit zu nutzen und das klarzustellen. Das bedeutet, du willst deinen dir zustehenden Platz einnehmen! Aber wie? Mit Vehemenz forderst du dein vermeintliches Recht ein, du hast dir aber zu lange Zeit gelassen und deine Emotionen kochen hoch. Du merkst, es ist doch wieder »too much«! So wirst du hin und her gerissen und deine Emotionen, die innere Aufregung und das schlechte Gewissen brennen sich in dein neuronales Netz und dein emotionales System ein. Du hast so reagiert, wie du es eigentlich nie mehr wolltest. Du fühlst dich schuldig, versuchst deine Reaktion wieder auszugleichen. Doch was passiert dadurch mit dir? Auf längere Sicht spürst du sogar eine Verschlechterung. Und kaum ist das Debakel vergessen, deine innere Harmonie wiederhergestellt, ziehst du magnetisch die nächste Situation an, in der du nicht so reagierst, wie du es vorhattest. Ein Kreislauf, der nicht leicht zu unterbrechen ist.

Hier ist ein Mechanismus am Werk, der dich fest im Griff hat. Was sich da meldet, sind Abdrücke vergangener Erfahrungen und Erlebnisse aus deiner Matrix. Erinnerungen, die in der Zelle und im »Herz-Gehirn« gespeichert sind. Sie wirken wie Magnete, die du mit dir herumschleppst und die sich immer wieder mit neuer Energie aufladen. Essentielle Themen, angesammelt in deiner Kindheit. Du bist bis zum achten Lebensjahr wie ein Schwamm, der alles aus seiner Umwelt und aus dem Beziehungsgeflecht aufsaugt. Damit meine ich vorwiegend jene unausgesprochenen Geschichten, Mythen sowie Erzählungen aus deinem Familienverband. Sogar Schicksale deiner Großeltern oder mehr oder weniger tragische Verhaltensweisen. Auch jene Zuschreibungen, die du über dich selbst sagst oder die andere Familienmitglieder immer wieder sagen: »Du hast viel von deinem Großvater«, »Das habe ich von Opa gelernt, das von meiner Oma übernommen, »Der Onkel Fredi ist unglaublich geizig, er sitzt auf seinem Geld und ist uns alles neidig«. All das zeichnet ein innerer Teil von dir wie mit einer Videokamera auf und reagiert mit dem gleichen Verhalten. Vielleicht geizt du mit Geschenken oder bist besonders großzügig. Wenn du deinen Opa geliebt hast, ist es fein, so zu sein wie er. Doch was, wenn deine geliebte Großmutter nie ihren Lebenstraum oder ihr persönliches Glück gefunden hat? Das systemische Prinzip dahinter lautet: »Aus Liebe zu dir mache ich es genauso.« Oder »Dir zu Ehren verzichte ich auch auf meinen Erfolg« oder »Ich will mich nicht über dich stellen, daher bleibe ich erfolglos«. Viele Male habe ich diese alten Verstrickungen und Verbindungen gelöst. Astrid schaffte danach endlich nach mühsamen sieben Versuchen die Aufnahmsprüfung für die Schauspielschule. Barbara vertraute endlich auf eine glückliche Beziehung mit ihrem neuen Partner. Ewald erlaubte sich innerlich seinen Erfolg als Selbstständiger und seine Umsätze stiegen.

Die unbewussten Speicher des Gehirns senden Nervenimpulse aus, die wiederum biomagnetische Felder bis ins Unendliche erzeugen.

Viele der energetischen Kräfte werden in der Folge im *Mentalkörper* gespeichert. Das Energiefeld ist ein Bindeglied zwischen dem Mentalfeld, also allem, was mit Informationen, Gedanken und Glaubenssätzen zu tun hat, und mit dem physischen Körper. Der Neurobiologe Dietrich Klinghardt bildet seit Jahren Ärzte und Therapeuten aus. Er bezeichnet die Magnetfelder, die durch diese sich rasch bewegenden, rein elektrischen Kräfte verursacht werden, als mentale Körper. Das am stärksten messbare Magnetfeld ist das durch die autonomen Nervenleitsysteme entstehende Feld über dem Herzen. EKG, EEG, und Elektromyographie sind Messmethoden für diese physikalischen Phänomene. Die umgebenden Felder breiten sich über die Haut hinaus bis zu fünfzig Zentimeter und mehr im Raum aus. Das Mentalfeld ist vergleichbar mit dem Internet, das durch komplexe Vernetzung mit anderen Computern entsteht. Es ist in der Lage, unendlich viele Informationen zu speichern.

Unser Verstand ist dagegen nur begrenzt. Das liegt daran, dass wir Informationen wie mit einer Blaupause im Körperfeld aufnehmen und speichern. Der mentale Körper ist ähnlich aufgebaut wie ein Computer und dient als unser Informationsträger. Er ermöglicht es uns, Erinnerungen abzurufen, neue Sinneseindrücke zu verarbeiten und zu speichern, Wahrnehmungen zu interpretieren. Er ist die Ebene des Egos. Unsere Gedanken sind die »Bits« unseres Verstandes. Im Mentalkörper sind alle Informationen wie in einer Blaupause enthalten. Ob sich eine Zelle als Mensch oder als ein anderes Lebewesen teilt und formt, hängt von dieser Matrix ab. Wie der Körper aussieht, welcher aktuelle Gesundheitszustand vorhanden ist. Ob alte gespeicherte Erfahrungen existieren und wirksam sind, all das ist in diesem Mentalkörper aufbewahrt. Das muss so sein, so Klinghardt, weil der Körper Materie ist und somit nichts aus sich selbst heraus erschaffen kann, sondern vom Energiekörper gesteuert wird.

Meist ist uns nicht bewusst, welche Auswirkungen alte Familienerfahrungen und erlebte Geschichten unserer Ahnen auf unser gegenwärtiges Leben haben. Die systemische Familientherapie beweist, dass wesentliche Ereignisse und Umstände häufig wiederholende Programme unserer Ahnen sind. Erfahrene Schamanen und systemisch arbeitende Familientherapeuten meinen, dass wir die Traumata aus sieben Generationen in uns tragen. Da kann vieles passiert sein, was möglicherweise noch in uns steckt. Oft sind wir uns dieses Einflusses auf unser Leben nicht bewusst. Wir stellen meist keine Verbindung zu den Ursprüngen her, erleben aber ihre Auswirkungen. Eine Folge vergangener, unerlöster Familienthemen sind sehr oft Krankheiten, wenn sich der physische Körper, beispielsweise bei Autoimmunkrankheiten, zur Wehr setzt.

Selbst unterschiedliche Körpergefühle, wie zum Beispiel eine »Last« auf den Schultern tragen, einen »Druck« auf dem Herzen spüren, einen »Knödel« im Bereich des Solarplexus fühlen, eine »Enge« im Hals haben, geben uns Hinweise. Möglicherweise werden alte Lasten getragen, Glaubenssätze unhinterfragt aufrechterhalten. Übernommene Themen zeigen sich dann auf diese oder ähnliche Weise. Wenn wir Wahrnehmung und Intuition schulen, erkennen wir den Energiefluss der Blockaden, die wir als schwächend erleben. Emotionale oder physische Erschütterungen, Umweltgifte, negative Strahlung oder mentale Blockaden lassen sich lösen und löschen.

Fragst du dich, während du das liest, wie das funktionieren soll? Denkst du dir vielleicht, na bravo, wir tragen Lasten oder haben Altes übernommen? Wie frustrierend! Wie soll ich wissen und erkennen, was da in meinen vergangenen Ahnenreihen alles passiert ist?

Stellen wir uns einmal folgendes Szenario vor: Jemand, dem du vertraust, betrügt dich. So etwas ist wahrhaftig schmerzhaft und nicht immer leicht zu verarbeiten. Wenn das der Fall ist, wird jedoch ein Selbstschutz-Mechanismus aktiv, den fast jeder Mensch hat: die Interpretation. Interpretation dient dazu, dich vor einer Wiederholung zu schützen. Du kannst dir das ungefähr so vorstellen: Die betroffene Person beginnt nachzudenken: »Menschen sind einfach so! Man kann ihnen nicht vertrauen und alles, was sie wollen, ist zu betrügen.« Aufgrund der Intensität dieser Erfahrung sendet die Emotion heftige Impulse in deinen Körper. Wird so ein Glaubenssatz als Tatsache angenommen und nicht positiv verändert, bleiben wir von der Wahrheit dieser Aussage überzeugt. Mit der Zeit wird ein ganzer Empfindungskomplex in das Unbewusste verschwinden. Durch eine starke Überzeugung von der Richtigkeit der Aussage wird diese mit Energie aufgeladen und dann, wenn jene Energie eine bestimmte Stufe überschreitet, wird sich besagter Inhalt im Leben wieder manifestieren. Das heißt, du wirst wiederum Betrug erfahren, was neuerlich deine tiefe Überzeugung verstärken wird, dass du Recht hast.

Wie bringst du deine Energie wieder in Schwung?

Um deine Energie wieder in Schwung zu bringen, lösche und transformiere deine Zellerinnerungen. Die *Körper–Resonanz-Methode* funktioniert wie das Lesen in deinem »Seelenbilderbuch«. Fragt man den Energie- und Mentalkörper, zeigen sich verborgene Emotionen und unbewusste Gefühle als Körperreaktionen. Dein Körper weiß mehr als du selbst. Er reagiert schneller, als dein bewusster Geist reagiert. Willentlich setzt du dir Ziele, doch wenn das Unbewusste nicht beteiligt ist und deine Zellprogramme nicht gelöscht wurden, wird dein unbewusster Speicher gewinnen.

Seit jeher trainieren wir den Körper über Sport, den Geist durch Religion und Philosophie. Den Umgang mit der Psyche und den Emotionen haben wir in unserem Kulturkreis erst seit Beginn der Psychotherapie, einer vergleichsweise jungen Disziplin, erlernt. Die idealste Form, mit deinem Körper umzugehen, erlangst du über die Kommunikation mit ihm. Denn Veränderung findet nur über einen achtsamen Dialog mit ihm statt. Fange am besten damit an, ihn immer wieder zu fragen, was er braucht. Schließe dabei deine Augen und achte auf die ersten Impulse, die in dir hochkommen. Was fühlt sich für dich angenehm an? Was würdest du am liebsten essen? Welche Bewegung tut dir besonders gut? Starte damit, die sanften Zeichen deines Organismus wahrzunehmen. Wie fühlt er sich an? Bist du in der Lage, genau hinzuhören oder lässt du eher den Willen und den Verstand sprechen? Nimm dir einen Moment Zeit, bevor du das Essen direkt in den Mund schiebst, um dich zu fragen: Will ich das wirklich? Fühlt es sich leicht an, wenn du gegessen hast? Wie merkst du, dass du das Falsche tust? Du verlierst Energie. Also werde wachsamer! Was dich müde oder matt macht, tut dir nicht gut!

Damit verfügst du über ein hervorragendes Training, um dich vorzubereiten, wenn du dich mit deinen »ernsthafteren« Problemen beschäftigen willst. Möglicherweise ist dir all das neu und erscheint dir ungewohnt. Doch je besser du die Signalsprache deines Körpers erlernst, umso einfacher gelingt es dir, mit den unbewussten Speicherprogrammen, von denen ich später noch mehr erzählen werde, in Kontakt zu treten.

Übe dich im »Körper-Hören«

Mit der Zeit werden die Botschaften klarer und du verstehst die unterschiedlichen Signale deutlicher. Du brauchst ein wenig Geduld und Übung, dann lernst du eine völlig neue energetische Sprache. Denn die im Körper gespeicherten Emotionen sind Bilder, die als Energien erlebbar werden. Das Wichtigste dabei ist: Du darfst die Zeichen deines Körpers weder beurteilen noch bewerten. Lerne, sie wahrzunehmen. Werde ruhig und lausche den Zeichen deines Körpers. Du wirst mehr und mehr erleben können, wie unterschiedlich sich dein Körper bemerkbar macht. Am Anfang steht das Bild: Die Wahrnehmung unserer Realität beginnt mit der Wahrnehmung innerer Bilder. Unser sinnlicher, sensibler Organismus ist darauf ausgerichtet, andauernd Informationen zu senden. Wenn dich allerdings seine ersten zarten Impulse nicht erreichen, fängt er an zu schreien. Das nennen wir dann Schmerz. Doch das ist nur die letzte Möglichkeit, um deine Aufmerksamkeit zu erregen, wieder Balance herzustellen zu wollen.

Joe Dispenza, Mediziner, Wissenschafter und moderner Mystiker, hat die Vorgänge auf biochemischer Ebene intensiv beforscht und publiziert[1]. Er beschreibt, wie beim Denken und beim Empfinden einer Emotion im Gehirn eine biochemische Reaktion ausgelöst wird. Die vorhandenen neuronalen Netze feuern elektrische Ladungen ab, woraufhin das Gehirn bestimmte chemische Signale, zum Beispiel Hormone, in den Körper aussendet. Diese chemischen Botenstoffe lösen im Körper und in den Zellen Reaktionen aus. Der Blutdruck steigt, uns wird heiß, das Herz klopft, wir empfinden vielleicht sogar Schwindel, Übelkeit und Druckgefühle. Gedanken werden so buchstäblich zu Materie. Über diese Botenstoffe fühlt der Körper genau das, was man gerade gedacht hat. Die Schleife aus Denken und Fühlen erzeugt ein messbares elektromagnetisches Feld. Befindlichkeiten, die wir direkt im Körper wahrnehmen, sind Emotionen und diese wiederum sind Energie in Bewegung. Unbewusst gespeicherte Gefühle finden so ihren Weg und werden als zarte oder heftige Impulse vom Körper übersetzt.

Stelle dir vor: Ein Mann hatte gerade einen heftigen Streit mit einem anderen Autofahrer. Kurz danach läutet er an deiner Tür. Du öffnest. In dem Moment spürst du die starke Energie, die von ihm ausgeht. Das Adrenalin in seinen Körper ist förmlich greifbar. Das Gleiche kennen wir, wenn wir plötzlich »wie vom Blitz« getroffen erschrecken, weil wir etwas Wichtiges verabsäumt haben oder eine kleine, unwichtige Situation in uns an eine viel größere, wesentliche erinnert. Diese elektromagnetische Ladung ist fühlbar, über alle Sinne wahrnehmbar und unübersehbar. Mithilfe der *Körper-Resonanz-Methode (KRM)* priorisieren wir die eigenen magnetischen Ladungen. Wir sind dann wie ein übergroßer Radioempfänger, dessen Schallwellen ständig zwischen Gehirn, Körper, Herz und Zellen hin und her schwingen. Du brauchst sie nur ernst zu nehmen und dich mit ihnen mehr zu beschäftigen.

Übe dich darin, deine Körpersignale zu begreifen und verstehe, welche Speicher in deinem Körper wirken. Trainiere dich darauf, was dein Körper wann braucht. Du wirst bald erkennen, wie alte Verhalten tief in dir vergraben sind und sich als unnötig und als längst überholt erweisen.

Dietrich Klinghardt, Mediziner und Psychologe, hat sich auf die Behandlung chronischer Erkrankungen spezialisiert. Er beschreibt Schmerzen als einen symbolischen Ausdruck von etwas, das die Patienten erlebt haben. Konflikte, Schocks oder Traumata längst vergangener Zeiten haben Folgen. Diese kosten uns in Form von Müdigkeit, Depression, Reizbarkeit, Unruhe und Schmerzen Energie. Solche Zustände über einen langen Zeitraum aufrechtzuerhalten, entzieht uns Kraft. Daher gewinnen wir wieder Stärke, wenn wir die Stimme des Körpers nicht dauerhaft ignorieren und seine Signale bewusst wahrnehmen. Beinahe allen alten Weisheiten zufolge wird der Mensch als eine Einheit aus Körper, Geist und Seele beschrieben und verstanden. Gerät die Seele aus dem Gleichgewicht, zeigt sich das in körperlichen Leiden. Um gesund und erfüllt durch das Leben zu schreiten, bedarf es deshalb eines Gleichgewichts von Körper, Geist und Seele und der klaren Intention, nicht mehr in der Vergangenheit, sondern in der Gegenwart zu leben. Dazu trägt Ehrlichkeit bei, besonders sich selbst gegenüber. Das Vergeben und das Treffen längst fälliger Entscheidungen sind zusätzliche wahre Energiespender.

Durch die Aktivierung und Nutzung des körpereigenen Energiesystems, wie ich es in der *KRM* empfehle, lassen sich auf einfache Weise bisher wiederkehrende und selbstschädigende emotionale Reaktionsmuster ausschalten. Lange bestehende Störungen hören auf. Eine erfolgreiche Anwendung ist, zusätzlich zu medizinischer oder psychotherapeutischer Behandlung, bei den folgenden Problembereichen möglich: Ängste und Phobien, Depression, Kummer und Traurigkeit, Schuldgefühle und Scham, Schmerzen, körperliche Beschwerden, Gewichtsprobleme, Süchte und Zwangsverhalten, geringes Selbstwertgefühl, negative Erinnerungen, Vorurteile und Glaubenssätze, persönliche Einschränkungen, Blockaden aller Art, Beziehungskonflikten.

Besserung kann daher nicht über Bekämpfung von Symptomen, sondern nur durch Beseitigung der Ursachen des Problems erfolgen, in diesem Fall durch Balancierung des Energiesystems. Es lösen sich negative Emotionen. Entstressung entsteht, eingeschränkte Einstellungen verändern sich, es entwickeln sich wieder hilfreiche Ziele und Ressourcen werden wieder stärker erlebt.

Die Körper-Resonanz-Methode

Die *Körper-Resonanz-Methode (KRM)* ist eine körperzentrierte Behandlungsmethode. Sie ist ein psychosomatischer Prozess, der auf mentaler und körperlicher Ebene die Lebensqualität anhebt. Acht unterschiedliche Techniken führen dazu, den Körper zu entlasten. Mittels Fragen und Aufmerksamkeits-Fokussierung werden die im Körper gespeicherten Informationen gesucht und transformiert. Der *»Self-Walk«* und die *Remove-Cell-Memory-Methode* sind weitere Bausteine der *KR-Methode* und werden im Buch in den jeweiligen Abschnitten genau erklärt. Es wird eine Verbindung vom Problem zur Körperempfindung hergestellt und unterschiedliche Lösungswege werden intuitiv eingesetzt. Die Techniken sind für Laien wie für Therapeuten, Begleiter und Berater einfache Werkzeuge zur Veränderung. Sie sind wie eine Sprache mit dem Unbewussten, die jeder erlernen kann.

In der *KRM* werden speziell die seelischen Spannungszustände berücksichtigt. Denn dort ist der Ursprung vieler Krankheiten zu finden. Alles Geschehen im Körper folgt einem Gleichgewichtsprinzip. Wo die Balance verloren wurde, braucht es wieder neue Ordnung und Harmonie. Das Ungleichgewicht nimmt oft als energetische oder emotionale Störung seinen Anfang. Stress, ungeklärte Lebenssituationen, andauernde Problemgedanken, Belastungen oder Kränkungen sind solche Disharmonien, durch die wir im Leben an Leichtigkeit verlieren. Da kommt das Prinzip der Resonanz zum Tragen: Was Menschen ausstrahlen, das ziehen sie auch an! Ohne zu wissen, was sie energetisch auslösen, leben fast sechzig Prozent aller Menschen in diesem unbewussten Modus.

So wie Musik Freude auslöst und wir mit den Klängen mitschwingen, kann eine andere Musik in dir Nervosität oder Ablehnung auslösen. Wird das Leben als Kampf empfunden, folgen Symptome und Krankheiten. Gefühle, die wir jahrelang verdrängt haben, wie Traurigkeit oder Wut, kannst du mit der *Körper-Resonanz-Methode* wieder lernen zu fühlen. Das achtsame Wahrnehmen bedeutet, sie nicht mehr abzulehnen, sondern völlig anzunehmen. Ohne dich selbst unter Druck zu setzen, kannst du beginnen, die passende Technik für dich auszuprobieren. Körpergefühl und Vorstellungskraft werden miteinander verbunden. Du findest Übungen, die dich zentrieren, gewahr und sensibel werden lassen. Die *KR-Methode* ist ein Schulungs- und Lösungsweg innerer und äußerer Eindrücke und von verkörperten Emotionen. Durch Bearbeitung und Neuordnen des Wahrgenommenen entdeckst du Schritt für Schritt, was hinter deiner Wut, deiner Traurigkeit für eine enorme positive Kraft enthalten ist.

Dass Körper, Geist und Seele eine Einheit sind, ist allgemein bekannt. Der seelische Zustand des Menschen wird dabei jedoch noch zu wenig beachtet. Die Methoden wirken entspannend, wohltuend und harmonisierend. Blockaden lösen sich auf, die Selbstheilungskräfte werden aktiviert. Unterschiedliche gespeicherte Themen, die zu Symptomen führen, werden befreit, damit der Körper wieder zu seiner Balance findet. Jeder Körper trägt das Wissen um seine Heilung und das Potenzial dazu in sich selbst. Wir müssen nur an die ihm innewohnende Vollkommenheit erinnert werden.

»Wir tragen in uns einen tiefen Wunsch, angebunden, vernetzt und verbunden zu sein«, meint der deutsche Neurobiologe Gerald Hüther in seinen zahlreichen Vorträgen[2]. Er spricht in diesem Zusammenhang von einem Basiswunsch in uns Menschen. Wie können wir uns an unseren eigenen, wahren Wesenskern anbinden? Wie uns dabei gegenseitig auf Augenhöhe inspirieren und in Freiheit unseren Weg gehen?

Probleme lassen sich nicht durch Nachdenken lösen, sondern nur durch »Hinfühlen«. Wir suchen die Lösungen für unsere Probleme sehr gerne im Außen, anstatt in uns und unseren Körper hineinzuspüren. Dazu bedarf es zuerst einmal, eine andere Ebene der Lösung zuzulassen. Der Verstand ist bekanntlich nicht der beste Ratgeber, wenn es um die eigenen Sorgen, Ängste und Probleme geht. Er dreht sich im Kreis und findet keinen Ausweg. Die wissenschaftliche Psychologie behauptet, der Sitz der Gefühle sei das Gehirn, vor allem das limbische System. Die Auswirkungen von Seelenzuständen sind vielmehr körperlich erkennbar und fühlbar. Seele, das klingt für viele nach Jenseits und nicht sehr konkret. Doch wir verwenden den Begriff Seele regelmäßig im Alltag, um etwas Sensibles oder Tiefes auszudrücken. Dann sprechen wir von Freunden, die ein »Herz und eine Seele« sind. »Die Seele weint« oder »Das ist ein beseelter Mensch«. Und doch wehrt sich die Wissenschaft dagegen, die Seele als Faktor einzubinden, nur weil sie (noch) nicht messbar ist. Herry Merl, der Vater der österreichischen Familientherapie, spricht davon, dass sich die »Seele aufrichtet«, wenn Missbrauchsopfer wieder Vertrauen fassen. Das Wissenschaftsmagazin Spektrum[3] geht der Frage der Seele nach. Darin fasst der Psychologe Steve Ayan einige Erklärungsmodelle zusammen: Menschen verstünden »Seele« als Umschreibung für die Gesamtheit unserer geistigen Fähigkeiten. Die Seele ist nicht da, sie mag uns zwar keine Unsterblichkeit garantieren, doch dafür begegnen wir in ihr unserem eigenen Lebendigsein. In dieser Erkenntnis liegt eine enorme Befreiung: Wir müssen nicht auf den Tod warten, um das zu erfahren. Das Wunder, dass sich eine geistige Erfahrung in Materie verwandelt, vollzieht sich vielmehr in jedem Moment.

Seelenzustände selbst verändern allerdings das Gehirn. Depressionen, Schuld, Scham oder Angst werden als niedrig schwingende Gehirnwellen gemessen. Das heißt aber nicht, dass die Gefühle im Kopf sind. Denn Kopfschmerz ist ja auch kein Aspirin Mangel, das wäre doch eine etwas gewagte Aussage. Jeder Mensch hat Zugang zu einer enormen

Kraft. Diese Kraft wird durch den Gebrauch von Energie, das heißt Aufmerksamkeit, verstärkt. Aufmerksamkeit und Focus bündeln diese Energie. Vielleicht fallen dir hier Menschen ein, die beinahe wie Maschinen schwerste Gewichte stemmen, weil sie es wollen, in Notsituationen unmenschliche Kraft mobilisieren, um Leben zu retten oder wie Phönix, sich aus der Asche erhebend, meistern sie schwere Lebenslagen und gehen unbeschadet aus ihnen hervor. Andere wiederum besitzen außergewöhnliche Fähigkeiten, die uns zeigen, was alles möglich ist. Ich erinnere dich daran, dass unser Körper zu viel mehr in der Lage ist, als wir vorerst glauben.

Über seine ausgebildeten Sinne kann er intensiv wahrnehmen, was um ihn und in ihm vorgeht. Er ist ständig auf Empfang eingestellt. Nur meist sind wir für diese Informationen nicht aufnahmefähig. Viele unserer Glaubenssysteme und Prägungen hindern uns. Dabei würde es nur Training und eine neue »Spürerfahrung« benötigen, die in nur wenigen Minuten stattfinden können. Am Beispiel der atemberaubenden Künste der Shaolin-Mönche erkennen wir die Breite der körperlichen Möglichkeiten. Die Mönche beherrschen ihren Geist und lassen uns voller Erstaunen miterleben, wozu wir imstande wären, wenn wir auch unseren Körper trainieren würden. Du musst allerdings kein Shaolin-Mönch oder Lebensretter werden, doch ihre Prinzipien kannst du auf dich anwenden.

Denn vieles hat damit zu tun, mit welchen Informationen du dich unbewusst und bewusst fütterst. Unser Nervensystem und unser Zellwasser sind täglich millionenfach mit Informationen konfrontiert, die weiterkommuniziert, verarbeitet und gespeichert werden.

Für unsere Gesundheit ist es daher von zentraler Bedeutung, dass die Informationsverarbeitung und die energetischen Stoffwechselprozesse in der Zelle möglichst störungsfrei stattfinden können.

Dass Informationen in uns permanent wirken und sie

auch relativ gut zu harmonisieren sind, erforschte schon der Wiener Elektrotechniker Erich Körbler Ende der 1980er Jahre, er begründete die Neue Homöopathie und ist aus heutiger Sicht als einer der Vorreiter einer modernen Energie- und Informationsmedizin zu sehen. Wir verdanken seiner Grundlagenforschung die Neue Homöopathie. Der Zugang, worin der Mensch aufgrund seines weit verzweigten Nervensystems eine gute Antenne und seines hohen Wassergehaltes ein hervorragendes »Speichermedium« ist. Deshalb reagiert er so sensibel auf biologisch unverträgliche Informationen von technisch generierten elektromagnetischen Feldern (Elektrosmog).

Trainiere deine Intuition und rufe Informationen aus dem Feld ab!

Der treue Hund spürt, wenn es dem Herrchen nicht gutgeht. Mütter fühlen die Befindlichkeit ihrer Kinder. Intuitiv erwachen sie selbst aus tiefen Schlafphasen. Wir sprechen vom »Siebten Sinn« und meinen dabei ein Feld, das wir wahrnehmen. Das Bauchgefühl, die Intuition, wird immer gesellschaftsfähiger. Der italienische Neurowissenschafter Giacomo Rizzolatti[4] entdeckte die Spiegelzellen, sie veranlassen, dass wir mit unserem eigenen Organismus einen Teil dessen spüren können, was sich im Körper eines Mitmenschen abspielt, der sich in unserer unmittelbaren Gegenwart befindet: das *morphische Feld*.
In der Aufstellungsmethode erleben wir genauso dieses *Feld der repräsentierenden Wahrnehmung*. Wir nehmen das, was im Feld passiert, *nur über den Körper wahr* – und nicht über den Verstand.

Ein Beispiel: Das leibliche Verstehen erlebt Josef als Repräsentant einer Aufstellung, der als Ehemann und Vater in einer fremden Familie auf einem Platz steht. Sein Körper ist von der Frau abgewandt. Der Blick geht zu Boden. Der Körper spürt den Zug in eine andere Richtung. Traurigkeit breitet sich aus, doch es ist nicht die von Josef. Er fühlt einen starken Zug zum Boden. Empfindet eine Leere im Rücken, die ihn hindert sich aufzurichten oder seinen Blick zu heben. Sein Körper reagiert und fühlt sofort, schneller als sein Geist folgen kann. Gut, dass er in einer fremden Rolle ist, meint Josef, nachdem er sich wieder »entrollt« hat und ganz bei sich ist.

Er erfasst in der Rolle, wie verbunden und frei zugleich er ist, denn wenn er körperlich etwas verändert, reagieren die Menschen in seinem Umfeld mit. Er verinnerlicht, wie Antworten, ohne zu denken entstehen, frei von seinen eigenen Gedanken. Seine körperlichen Symptome verschwinden durch räumliche oder sprachliche Veränderungen im aufgestellten System.

Genauso empfinden wir, wenn wir zum Beispiel ein erwünschtes Ziel, eine energieraubende Situation oder unser ursprüngliches Wesen mit Bodenankern in den Raum legen, so wie ich es in der Methode des *»Self-Walks«* beschreibe. Körperlich können wir dann die Hindernisse in dieser szenischen Abbildung als Druck, Last, Enge oder einem Gefühl der Angst empfinden. Wir nehmen körperlich intensiver wahr, weil wir der Seele Raum geben, sich auszudrücken. Durch das Aufstellen wird spielerisch ein ganzheitliches Verstehen und Handeln geübt, wir begreifen und lernen, wie Kinder das tun und trainieren damit unsere Wahrnehmung und unsere Intuition.

Der Begriff »Seele« wurde vor gut hundert Jahren durch den Begriff »Feld« ersetzt. Rupert Sheldrake hat wie kein anderer dieses Feld beforscht und seine Experimente der »Morphogenetischen Felder« veränderten Herangehensweisen vieler Studenten und Wissenschaftler bei ihren eigenen Forschungen. Auch wenn die traditionelle Wissenschaft die Natur und den Körper als Maschine betrachten, die man in

Einzelteile zerlegen muss, um sie zu verstehen, reden Mystiker, Schamanen und heute auch viele Quantenphysiker von diesem Feld als Beziehungsgefüge. Das Gespür dafür können wir trainieren. In der Intuition beginnt der Dialog zwischen mir und dem Feld. Wir verstehen mehr, als wir begreifen. Wie eine Melodie, die wir schon gehört haben, aber sie weder gespielt noch verstanden haben, woher sie stammt. Dies meint der Nobelpreisträger und Quantenphysiker Hans Peter Dürr, wenn er das Quantenfeld erklärt. Es steckt etwas darin, das wir nur abtasten können und in meiner Wirklichkeit ist dabei der Körper das Tastinstrument.

Daher ist die *KR-Methode* ein Training. Es geht darum, die eigene Körperwahrnehmung und jene des Feldes miteinander zu verbinden. Die Verbindung mit dem großen Informationsfeld baut sich gleichzeitig auf. Beim »Self-Walk« ertasten wir Schritt für Schritt das Körpergefühl aus dem zeitlosen Raum. Es ermöglicht uns, Informationen aus dem Feld zu holen und mit dem eigenen Herzen zu koppeln. Verändert sich im *»Self-Walk«* das Körpergefühl, zum Beispiel, wenn das Herz heftiger zu schlagen beginnt, jemand plötzlich wackeliger am Boden steht oder Symptome wie Kopfschmerz, Würgen oder Schwindel fühlt, lösen wir mit den passenden Techniken, wie ich sie in der *KR-Methode* beschreibe, auf. Die Blockaden und die Symptome verschwinden. Die Informationen aus dem Feld gleichen einem kraftvollen Lichtpool, einem Speicher, einem Reservoir, das ein Licht auf unsere seelischen Erfahrungen wirft und aus dem wir gesunden können. Wer seine ins Stocken gekommene eigene Schwingungsfähigkeit über die *KR-Methode* und den *»Self-Walk«* wieder aufnimmt, kann seine Lebenskraft voll für sich nutzen. Mit einer geschulten Körperwahrnehmung, der Intuition und der sinnlich-leiblichen Wahrnehmung können wir Themen einladen und Ordnung in eine Situation bringen.

Drei Übungen, die dich mit deinem Körper verbinden

Erlaube dir für einen Moment in deinen Brustraum hinzuspüren. Wie fühlt sich dein Brustraum im Augenblick an? Eher geweitet, eher eingeengt? Eher leer oder eher voll? Wie gut gelingt es dir, tief zu atmen? Aus dem Brustraum heraus wahrzunehmen, lässt sich mit Leichtigkeit erlernen! Der Brustraum ist die Stelle nicht nur des körperlichen Herzens, sondern auch des seelischen Herzens oder wie ich es nenne dem »Herz-Gehirn« des Menschen. Deswegen sage ich: Probleme lassen sich nicht durch Nachdenken lösen, sondern nur durch »Hin-Fühlen«. Ich lade dich, liebe Leserin, lieber Leser, ein, jetzt einen anderen, einen neuen Weg zu versuchen. Nimm wahr, was du in deinem Herzensraum spürst, in der »Kammer der Wahrnehmung«, der Urkraft von uns Menschen. Lerne deinen Körper in seiner individuellen Ausdrucksform kennen. Überwinde die Hürden und lerne einen Körperdialog, um die Zeichen des Körpers erst einmal zu spüren. Sie dann auszudrücken, braucht zusätzlich Ermutigung.

Übung 1: Dankbarkeitsdialog mit deinem Körper

Setze dich an einen ruhigen Platz, stelle deine Fußsohlen auf den Boden und atme entspannt ein und aus. Beachte dabei besonders, durch die Nase aus und einzuatmen.

Schließe die Augen.

Atme tief ein und lange aus. Dein Ausatmen sollte dreimal so lange dauern wie dein Einatmen. Spüre, wie sich dein Körper im Moment anfühlt. Gibt es Stellen, die entspannt sind? Gibt es welche, die das nicht sind?

Verbinde dich mit deinem Körper und danke ihm, dass es ihn gibt.

Lenke deine Aufmerksamkeit nach und nach auf jene Körperteile, bei denen du weißt oder bemerkst, dass sie schmerzen oder verspannt sind. Bedanke dich erst ein-

mal bei deinem Körper, dass er dir das alles zeigt und du es jetzt erkennen kannst. Fühlst du, wo und wie dein Körper zu dir spricht?
Bewerte nicht, was du wahrnimmst, auch wenn du nichts bemerkst. Alles ist gut so, wie es ist. Manchmal benötigt diese Art von Körperdialog ein wenig mehr Zeit und gelegentlich auch Geduld, um konkret fühlen zu können, was gerade im Körper vor sich geht.

Übung 2: Dein »Papier-Körper-Dialog«
Meistens hilft es nach ein paar Minuten des »Hinhörens«, die Empfindungen aufzuschreiben.
Schreibe auf, was dir in den Sinn kommt, ohne deine Gedanken zu zensurieren oder zu bewerten. Erlaube dir, deinen Empfindungen ungehindert freien Lauf zu geben. Gestatte dir, deinem Herzensraum ungefiltert Ausdruck zu verleihen. Es ist nicht notwendig, ein literarisches Kunstwerk zu verfassen. Notiere einfach deine Empfindungen.
Notiere alles mit einem wohlwollenden, warmen Blick auf dich und deine Körperempfindungen. Wie wäre es, wenn du dir jetzt gleich ein Blatt Papier holst und mit deinem persönlichen »Papier-Körper-Dialog« beginnst.
Erleichtere dir den Einstieg mit der folgenden Frage, die du in der Mitte des Blattes aufschreibst: »Wenn mein Körper völlig frei von allen Belastungen wäre, was wäre dann anders?«

Spannungszustände – Ursprung vieler Probleme

»Bewusste Menschen wollen verstehen, was ihre Symptome hervorruft. Sie wollen eine tiefe Heilung. Sie wollen die Verantwortung für ihr Leben übernehmen. Sie wollen Therapeuten als Partner in Augenhöhe. Sie wollen sich weiterentwickeln, ihren Sinn finden und leben. Sie wollen erfahren, was das Leben wirklich sein kann. Und sie wollen eine Medizin in Anspruch nehmen können, die zeitgemäß und erfolgreich ist«, das sagte Uwe Albrecht, Gründer der »inner wise«-Methode, die ich regelmäßig in meiner Praxis erfolgreich einsetze.

Wenn die Aufmerksamkeit weg vom Denken hin zum Fühlen und dann in den Körper gelangt, spürst du die Spannungen, den Körperdruck oder die Schmerzen, die du irgendwann erlebt hast. Statt bei Magenschmerzen ein Magenmittel zu nehmen, kannst du verstehen lernen, was wirklich heilen möchte. Wenn dann die Aufmerksamkeit auf den Magendruck gelenkt wird, entstehen beinahe »automatisch« Einzelheiten als Bilder im Kopf. Die Bilder lassen energetische Verbindungen sichtbar werden. Wie kommt das?

Das vegetative Nervensystem regelt unter anderem den Herzschlag, die Verdauung, die Körpertemperatur. Wir reagieren auf Aufregung und Anspannung, ohne bewusst Einfluss darauf zu haben. In der *Körper-Resonanz-Methode* verbinde ich altes und neues Wissen über den Einfluss von Energiefeldern, Chakren, Meridianen, Zellbewusstsein und Licht. Der Körper ist im Wesentlichen ein Informationskörper der Frequenzen aussendet. Er erzeugt ein messbares elektromagnetisches Feld um uns herum. EEG und EKG Geräte sind wohl die bekanntesten Messgeräte in der Medizin. Seit mehr als 30 Jahren werden diese Frequenzen auch mithilfe von und Biofeedback-Geräten gemessen. Sie finden mehr und mehr Einzug in die medizinische Praxis und unterstützen erfolgreich die Patienten auf ihren Heilungsweg.

Jeder Gedanke erzeugt innere Bilder. Je nach Bildqualität verbinden wir damit gespeicherte Gefühle. Die neuronalen Netze »feuern«, das heißt, sie senden sofort elektrische Ladungen aus. Diese lösen eine chemische Reaktion im Körper aus. Je höher die magnetische Ladung ist, umso fühlbarer erzeugt der Körper ein elektromagnetisches Feld. Wir alle haben schon einmal bei Stress oder Kummer Druck am Herzen wahrgenommen. Druck, der sich als chemische Reaktion im Körper und elektromagnetische Energie äußert.

Denke an folgende Situation: Es gab einen Konflikt zwischen einem Ehepaar oder in einem Team, mit dem du zusammenarbeiten möchtest. Kannst du diese energetische Spannung spüren? Die Spannung ist für alle greifbar. Vielleicht schwappt die Stimmung sogar auf dich über und du gehst verärgert aus der Begegnung.

Wir senden und empfangen ständig magnetische Energie und erzeugen so unser Erleben. Wenn wir unser Energiefeld klären, führt das zur Veränderung der Information im Feld. Krankheit oder Depression, Gedanken an die Vergangenheit, Sorgen über die Zukunft haben einen Einfluss darauf, wie viel Kraft durch dich fließt. Die Erfahrungen des Lebens können uns niederdrücken. Menschen, die eine starke Ausstrahlung besitzen, leuchten richtig. All das können wir spüren. Wir können uns aufmachen und über unsere Sinne suchen, was in uns leuchtet.

Verschiedene Emotionen haben unterschiedliche Frequenzen. Zum Beispiel schwingen Freude, Dankbarkeit, Liebe oder Wertschätzung höher und schneller als Stress, Angst, Scham oder Zorn. Unsere täglich erzeugten Emotionen hinterlassen eine energetische Signatur im Mentalkörper, sie wirken wie ein Dauerauftrag für dein alltägliches Erleben. Der Neurowissenschafter Joe Dispenza spricht von *Emotionen als Energie in Bewegung.* Jede Energie ist Schwingung und jede Schwingung ist Träger von Informationen. Auf Basis unserer persönlichen Gedanken und Gefühle senden und empfangen wir ständig Informationen. Unsere Gefühlsspeicher wirken wie eine Blaupause, auf allen Ebenen. Diese Speicher sind nur durch uns selbst beeinflussbar. Erinnerungen und Problemdenken ziehen unsere ganze Energie in die Depots der Vergangenheit. Alte, »gespeicherte« Verletzungen zum Beispiel lösen dann dieselben körperlichen Zustände aus, die wir damals empfunden haben. Denn die Schwingung der seelischen Spannung bleibt gelagert. Erinnere dich an deine Prüfungsangst! Wenn du heute wieder in eine ähnliche »Bewertungssituation« kommst, taucht sie ungebeten wieder auf. Genauso ist es mit generellen Ängsten, mit Panik, mit körperlichen Symptomen unterschiedlichster Art. Alles unterliegt den Prinzipien von Blockade und Fluss, Disharmonie und Harmonie, Ladungen und Freiheit, Ungleichgewicht und Gleichgwicht. Die Erinnerungen, ob positiv oder negativ, sind in unserer Zelle gespeichert. Das Energiefeld und der Mentalkörper sind von diesen aufgeladenen Elektronen der Beschränkungen, Blockaden, engen Vorgaben, Mustern und traumatisch bedingten Veränderungen blockiert.

Über die Techniken *Körper-Resonanz-Methode* lernst du, diese Energien wieder wahrzunehmen. Es ist in der Regel nicht notwendig, sich alte, emotionale Traumata ins Bewusstsein zu holen. Der Körper kümmert sich um die Verarbeitung der zugrundeliegenden Themen. Er reagiert nur mit deutlichen Symptomen.

Ich selbst konnte mich nicht damit abfinden, dass meine chronische Schilddrüsenentzündung, Hashimoto[5] genannt, ausschließlich mit der Gabe von Hormonen zu lösen wäre. Statt über einen längeren Zeitraum Tabletten zu schlucken, suchte ich mögliche Ursachen in mir. Ich löschte unendlich viele innere Belastungen, den Schock, der von meinem Unfall herrührte, Konflikte mit Menschen aus meiner Vergangenheit. Aber auch diffuse Zusammenhänge, die ich manchmal nur als Gefühl wahrnehmen und nicht erklären konnte, woher sie stammten. Ich wurde immer geschickter, den Widerhall in mir und meinem Körper nachzuspüren.

Meist ist es nicht erforderlich, womit das Thema zusammenhängt anzusprechen, der Gedanke daran reicht Denn, was gefühlt wird, zählt, so bleibt die Aufmerksamkeit bei den Reaktionen deines Körpers und der Verstand kann pausieren und muss sich nicht einmischen. Teilweise machen logische Erklärungen die Situation nur schlimmer. Viele meiner Klientinnen stecken bis zum Rand voller Erfahrungen, wie und warum sie so sind, doch ihr Leben war deshalb nicht einfacher. Mit den Techniken der *KRM* konnte ich innerhalb weniger Sitzungen zu vielen Veränderungen verhelfen. Denn die Ursache eines Problems zu erkennen, ändert in der Regel nicht sein Wirkung, sondern verstärkt mitunter den Problemfokus. Weil jede Erzählung innere Bilder aktiviert und damit das neuronale Netz der Erinnerung, unsere »Autobahn« im Kopf. Entziehen wir dem Problem die energetische Grundlage, verändert sich die Situation.

Als Unterstützung benutze ich kinesiologische Testungen aus unterschiedlichen Schulen. Sie erleichtern uns beiden, dem Klienten und mir selbst, den Verstand beiseite zu lassen und völlig frei die Sprache des Körpers zu erfassen. Wenn sich die Spannungszustände lösen, entsteht wieder eine starke Verbindung zwischen dem Energiekörper und dem stofflichen Körper.

Mit jedem Entfernen der Hindernisse verbesserte sich meine Schwingung. Glück, meine eigene Energie und Licht-Informationen durchfluteten ungehindert meine Zellen. Alte Traumata lösten sich auf. Gespeicherte hinderliche Bilder wechselten bewusst zu positiven. Durch das stärkere Erleben erhöhte sich meine Schwingung. Die DNA der Zelle, die Hardware, die durch Licht gesteuert wird, veränderte die Impulse der Zellteilung. Das Feld um mich änderte sich und Menschen in meiner Nähe, reagierten anders auf mich und ich auf sie. Das Prinzip der Resonanz stellte sich als korrekt heraus. Wie eine kleine Kompassnadel stellte sich mein innerer Kompass in eine Vorzugsrichtung ein. Beim Kompass ist es die magnetische Nord-Süd-Richtung, parallel zum magnetischen Feld und seinen Feldlinien der Erde. Bei mir waren die Kraftquellen für meine Zukunft, Gesundheit, Leichtigkeit und Freude. Meine entzündlichen Schilddrüsenwerte sanken von Monat zu Monat.

Um die Techniken der *Körper-Resonanz-Methode* selbst einzusetzen, kannst du mit dem von dem Arzt Uwe Albrecht entwickelten, kinesiologischen Armlängentest arbeiten. Der Test basiert auf einem neurologischen Reflex, bei dem sich auf der einen Seite die Muskeln entspannen und auf der anderen Körperseite anspannen. Dadurch haben die Arme unterschiedliche Längen. In einem Videoclip *https://innerwise.com/de/videos Audio 004* oder *Audio 003*, kannst du den Armlängentest Schritt für Schritt selbst erlernen. Genauso kannst du in Kürze alle Übungen der Körperresonanz auf meiner Webseite *www.mutmachinstitut.at/Videos* nachsehen.

Die Wurzeln und Grundlagen der Körper-Resonanz-Methode

Die *Körper-Resonanz-Methode* verbindet auf natürliche Weise die Erkenntnisse der modernen Quantenphysik, im Besonderen die der neuen Medizin, der Psychologie und der Neurowissenschaft. Sie enthält wirkungsvolle Elemente aus der Traumatherapie, der Eye Movement Desensitization and Reprocessing Methode (EMDR) und der Emotional Freedom Technik (EFT), unterschiedliche kinesiologische Testungsverfahren, Visualisierungsübungen und Imaginationen aus der Wertimaginations-Methode (WIM) nach Uwe Böschemeyer, Miniaturen der systemischen Aufstellungsarbeit der Familientherapie aus dem Syst-Institut in München, schamanische Ritualarbeit, hawaiianische Rituale und Feeldhealing-Methoden. Außerdem verwende ich die »inner Wise«-Apotheke, eine intuitive Medizin für das 21. Jahrhundert nach Uwe Albrecht und Weisheitslehren aus vielen Kulturen. Meine persönlichen, zahlreichen Erfahrungen während meines eigenen Heilungsprozesses runden die Methodenvielfalt ab.

Für dich, liebe Leserin, lieber Leser, schreibe ich die unterschiedlichen Techniken auf und lade dich ein, über dein inneres Abfragesystem deinen individuellen Weg, zur Befreiung von deinen Lasten zu finden.

Ein offenes Herz erleichtert die Seelennot. Ich habe verstanden, und vielleicht klingt das in manchen Ohren etwas fremd, dass wir, wenn wir gegen etwas kämpfen, die Energie dahin lenken, wogegen wir eigentlich sind. Dass alles, was wir erleben, wir selbst mit unserem »Biomagnetismus« kreiert haben.

Der britische Mathematiker und Ökonom John Maynard Keynes meinte: Die größte Schwierigkeit der Welt besteht nicht darin, die Leute zu bewegen, neue Ideen anzuwenden, sondern alte zu vergessen.

Auf Basis dieses »Alten«, Vergangenen erzeugen wir wiederholt unsere Zukunft.

Sieben Techniken zum Verfeinern deiner Körper-Resonanz

Die hier angeführten Techniken sind die Bausteine der *Körper-Resonanz-Methode*. Schritt für Schritt löschen sie negative Erinnerungen. Sie nehmen alten Prägungen ihre Kraft. Energetische Informationen verlieren damit ihre Wirkung und die Klienten fühlen sich deutlich entlastet. Mit jeder Erinnerung tauchen Symptome, Druck und Spannungen oder Emotionen auf. Während du eine der Techniken anwendest, lösen sich Blockaden im energetischen System. Sofort merkst du eine wohltuende und harmonisierende Erleichterung.

Der Ursprung jeglichen Leidens liegt in unserem Denken und Fühlen. Wenn du intensiv an eine markante Situation in deinem Leben zurückdenkst oder die Gründe dafür überlegst, reagiert dein Körper meistens mit deutlichen Signalen, gleich ob sie angenehm oder unangenehm sind.

Beginne daher mit deinem Body-Scan, dadurch stellst du eine Verbindung vom gedachten Problem zur Körperempfindung her. (Der Body-Scan und die anschließend genannten Techniken werden auf den nächsten Seiten ausführlich erklärt.)

- Technik 1: Klopfübung: Soforthilfe und Entspannung bei Unruhe, Angstzuständen.
- Technik 2: Umkehr von negativen Glaubenssätzen und hinderlichen Überzeugungen
- Technik 3: Intuitives Wahrnehmen trainieren
- Technik 4: Selbstcoaching-Methode, um heftige Gefühlsregungen zu entspannen
- Technik 5: Die 10-Sekunden-Verankerung deiner positiven Gefühle
- Technik 6: Die 4-Minuten-Flammen-Übung zur gezielten emotionalen Reinigung
- Technik 7: Das schamanische Rückgabe-Ritual, an das große »Ganze«

Wenn der Erfolg nicht dauerhaft anhält, empfehle ich dir eine professionelle Unterstützung in Anspruch zu nehmen.

Beginne zuerst mit der Erdungsübung aus dem Kapitel: Basis für sensible Menschen, deine Erdung: Denn jeder Körper trägt das Wissen um seine Heilung und das Potenzial dazu in sich. Es ist nur nötig, ihn an seine innewohnende Vollkommenheit zu erinnern. Du rufst damit die Integration ins Leben, lernst das »Entweder-Oder« in ein »Sowohl-alsauch« zu verwandeln. Du entdeckst Neues und entwickelst deine eigene innere Haltung weiter.

Geist kreiert die Materie. Wenn wir die Empfindungen verändern, entsteht Entspannung, das heißt »das Ende der

Spannung«. Der *Spannungszustand der Muskulatur* nimmt ab. Die Schulter- und Nackenmuskulatur entkrampft sich. Die *Atmung* verändert sich. Wer entspannt ist, atmet langsamer, gleichmäßiger und tiefer. Die Atmung geht mehr in den Bauch und fließt leichter. Das Herz schlägt langsamer, die *Pulsfrequenz* nimmt ab und der *Blutdruck* sinkt. Im Zustand der Entspannung lassen sich veränderte *Hirnströme* feststellen, besonders bei den Alphawellen. Dadurch gelingt es dem Körper auch, andere medizinische oder therapeutische Maßnahmen anzunehmen. Denn neue innere Bilder werden wirksam, ein neues neuronales Netz im Gehirn wird geknüpft. Dieses sendet hilfreichere Informationen an das System »Körper«. Später unterstützen dich die neuen inneren Bilder, um den Prozess in deinem Inneren zu verankern. Dieser Prozess verändert das Ganze. Ein lebendiger Austausch findet wieder statt. Körper und Geist kommunizieren neu und kreieren andere Erlebnisse.

Body-Scan – »unbrauchbare« Gefühle und Gewohnheiten erkennen

Stimme dich auf dein Thema ein. Diese Einstimmung dient dazu, dein Energiesystem wahrzunehmen, ehe du dich selbst und die Blockierungen lösen kannst. Denke an eine Situation, die dich belastet, oder rufe dir eine Person in Erinnerung, mit der du dir mehr Kontakt oder Harmonie wünscht. Nimm deine auftauchenden körperlichen Symptome zuallererst achtsam wahr.

– *1. Schritt: Bestimme das Thema, eine Situation, die dir immer wieder mulmige Gefühle oder Stress macht.* Was bewegt dich in diesem Moment am meisten? Welche Gedanken belasten dich gerade besonders? Welches Bild kommt dir in den Sinn? Fällt dir dazu ein prägender Satz ein? Was verbindest du mit diesen Gedanken? Konzentriere dich auf die Vorstellung, die Situation, die Sache, die Bilder und die Sätze, die dich am meisten bekümmern!

– *2. Schritt: Benenne dein Gefühl zu deinem Thema.* Spüre, während du dich auf eine herausfordernde Situation konzentrierst, dein dabei in dir auftauchendes Gefühl. Vielleicht empfindest du Wut, Ärger, Empörung, Angst, Stress, Beunruhigung, Trauer, Verlustangst, Hilflosigkeit, Ohnmacht, Verwirrung, sich am falschen Platz fühlen, Schuld, Scham, Kränkung, Beleidigung, Entwürdigung, Ekel, Hass, Abscheu, Widerwillen. Vielleicht fühlst du ja auch gar nichts. Oder vielleicht eine andere Emotion?
Nun bestimmst du, wie hoch das Ausmaß deiner subjektiven Berührtheit tatsächlich ist. Bitte bewerte dabei die Intensität deines Gefühls auf einer Skala von null bis zehn, wobei null keine Intensität bedeutet, zehn die höchste vorstellbare Intensität.

– *3. Schritt: Erfasse deine körperlichen Empfindungen! Energiekörper-Scan.* Wo spürst du in deinem Körper eine Art Resonanz oder ein Echo deiner Emotion? Wie spürst du diese körperliche Empfindung? Ist es eine Art Druckgefühl, ein Ziehen, Wärme, Kälte oder eine andere Empfindung an einer Stelle deines Körpers? Oder nimmst du gar nichts wahr? Konzentriere deine Wahrnehmung auf die Stelle im Körper.
Hier ein Beispiel: Maria skizzierte ihr Problem so: *»Mein kleiner Sohn ›spiegelt‹ mir mein unbewusstes Thema unmittelbar wieder. Er ist quengelig und trotzig, ist den ganzen Tag grantig und durch nichts zu beruhigen. Wenn das der Fall ist, dann schläft er auch nicht ein und es dauert oft Stunden, bis er endlich zur Ruhe kommt. Mir fiel auf, dass er immer dann, wenn ich mein inneres Vertrauen zu mir oder zu meinem natürlichen Fluss verlor, so ist. Er nervt mich, wenn ich mich mehr mit mir selbst beschäftige, nachdenke, mich in Proble-*

men und Sorgen vergrabe. Damit zeigt er mir, wie wenig Vertrauen ich in das Leben habe und dass ich diese Qualität für mich entwickeln soll.« Als Maria das Thema und die körperliche Empfindung festgestellte, zeigte sich physisch ein ausgeprägtes, bedrückendes Gefühl im Bauchraum. Gleichzeitig tauchten bei ihr Schuldgefühle und Unsicherheit auf.

– *4. Schritt: Die Abfragetechnik. Finde mit Fragen die Wurzeln deiner Emotionen:* Lass bei den folgenden Fragen deine ersten Impulse aus deinem Innern zu, ohne lange nachzudenken.

  Ist das Gefühl, das du empfindest, ein altes oder ein neues Gefühl?

  ☐ Altes ☐ Neues

  Gehört dieses Gefühl dir oder hast du es von jemanden anderen übernommen?

  ☐ Meines ☐ Übernommen

  Bist du bereit es zu transformieren und loszulassen?

  ☐ Ja ☐ Nein

  Gibt es daraus für dich noch etwas zu lernen?

  ☐ Ja ☐ Nein

  Bist du bereit, dieses Gefühl völlig loszulassen?

  ☐ Ja ☐ Nein

  Wenn du dich bei den Fragen 1 bis 4 schon leichter fühlst, dann gehört das Gefühl bestimmt nicht zu dir. 98 Prozent deiner Gefühle, Emotionen und Gedanken sind nicht deine eigenen! Sie gehören jemand anderem. Du hast sie unbewusst übernommen und als für dich »wahr« akzeptiert. Wenn du diese Wahrnehmungen ausbalancierst oder zurückgibst, fühlst du dich leichter und unbeschwerter. Du wirst *du selbst*!

  Bleib bitte mit der Aufmerksamkeit bei deinem Körpergefühl. Jede Reaktion deines Körpers ist wertvoll. Nach dem Auffinden der mentalen energetischen Blockade sei mit deiner Wahrnehmung dort vollkommen präsent.

Erläuterung zum Thema Lernen: Bei der Frage 4 bedeutet Lernen nur einen kurzen intentionalen Blick auf die Lernaufgabe zu richten, egal ob du das Lernthema benennen kannst oder nicht. Lasse das Gefühl dazu einfach fließen. Das, was wir lernen müssen, braucht keinen Namen und keine Beschreibung, es fließt als Erkenntnis in dein System.

Nach einem erfolgreichen Body-Sscan kannst du nun eine der folgenden Techniken zur Entlastung deiner körperlichen Empfindungen anwenden.

Die meisten meiner Klientinnen und Klienten erleben den Kontakt zum Energiekörper nicht als befremdend, sondern als völlig natürlich. Sie haben ähnliche Reaktionen bereits oft erlebt, haben diese aber übergangen. Nun ist es das erste Mal, dass sie diese Empfindungen als Chance zur Erleichterung erkennen. Sie begreifen, dass sie das Recht haben, endlich befreit zu werden. Gefühle, wie sich gelähmt vor Angst und Überforderung, Panik oder am Rande eines Burn-outs zu fühlen, lösen sich. Wir ersetzen nicht die Medizin, sondern ergänzen sie. Je mehr spezifischen, emotionalen Ballast du abwirfst, umso weniger innere Konflikte belasten dein Körpersystem. Das Maß der persönlichen Zufriedenheit und des inneren Friedens steigt und das Maß deines gefühlsbestimmten und körperlichen Leidens sinkt. Sei dir bitte bewusst, dass es möglicherweise Situationen und Themenbereiche geben wird, in denen die Anwendung dieser Methode nicht funktioniert. Doch sei dir auch einer Schlüsselerkenntnis bewusst: Die Ursache aller negativen Emotionen ist eine Störung im körpereigenen Energiesystem!
Wie du innere Harmonie findest und dein Leben in Fluss kommt, ist einfach: Die hier beschriebenen Techniken sind eine Auswahl zum Entkoppeln, Löschen, Entspannen und zur Umkehr hinderlicher Glaubenssätze. Ich wende sie erfolgreich in meinen Begleitungen an. Wähle aus den unter-

schiedlichen Praktiken eine, die dich unterstützen könnte. Um Prägungen aus deiner Vergangenheit loszulassen, dich von Druck und Anspannungen zu befreien, Panik und Angst zu besiegen oder energetische Blockaden abzugeben oder zu entspannen.

Technik 1: Klopfübung: Soforthilfe und Entspannung bei Unruhe, Angstzuständen

Ich empfehle eine abgewandelte Form der emotionalen Freiheit (EFT – Emotional Freedom Techniques) die sich an Gary Craigs Methode anlehnt. Sie entspannt und wirkt besonders befreiend bei innerer Unruhe, Angstzuständen, Stress, Panik, körperlichen Beschwerden, Rückenschmerzen, Schuldgefühlen, Schlaflosigkeit, Selbstzweifeln und undefinierbaren Körpergefühlen. Dabei handelt es sich um ein Modell des standardisierten Klopfens von Akupressurpunkten unter Nutzung aller Meridiane ohne irgendeine Art vorheriger Diagnostik. Die Grundannahmen bezüglich geistiger und körperlicher Gesundheit ist hier wie bei anderen Richtungen der Meridiantherapie, dass diese Energiebahnen dafür im Körper stimuliert werden müssen..

Als Reaktion auf einen Reiz von außen wird eine unbewusste oder auch bewusst wahrnehmbare Erinnerung an ein unverarbeitetes, belastendes Ereignis aktiviert und ausgelöst, das die damit verbundene Emotion oder das körperliche Verhalten wieder entspannt und entkoppelt.

Die Klopfmethode kann sowohl mit der rechten als auch der linken Hand durchgeführt werden. Klopfe mit den Spitzen von Zeige- und Mittelfinger, du kannst auch die ganze Hand dazu verwenden. So stimulierst du die Akupressurpunkte verlässlicher. Klopfe kräftig, aber nie so heftig, dass du blaue Flecken bekommst. Beklopfe jeden

Punkt fünf bis neun Mal. Die meisten Klopfpunkte liegen auf beiden Seiten des Körpers. Deshalb ist es gleichgültig, welche du wählst oder ob du während der Sequenz die Seite wechselst.

Dein Erinnerungssatz wird zur positiven Affirmation: Wiederhole diesen Satz während du klopfst mindestens dreimal.

»Auch wenn ich diese/n/s _______ habe, liebe und akzeptiere ich mich voll und ganz so wie ich bin.«

Setze bitte *dein Körpergefühl* in die Leerstelle ein. Im Fall von Maria war das folgendermaßen: »*Auch wenn ich dieses Schuldgefühl im Bauch habe, ich liebe und akzeptiere mich voll und ganz!*« Oder: »*Auch wenn ich kein Vertrauen in das Leben habe, ich liebe und akzeptiere mich voll und ganz.*«

Beklopfe den Punkt in der Mitte der Brust (die Thymusdrüse), zehn Zentimeter unterhalb der u-förmigen Mulde. Die Stelle, an der sich das Brustbein (Sternum), das Schlüsselbein und die erste Rippe treffen. Du fühlst den Punkt unterhalb des Grübchens. Bitte immer mit offenem Mund klopfen.

Dann folge dem Ablauf von Punkt eins bis Punkt fünf und beklopfe etwa siebenmal, jeden der folgenden Energiepunkte und wiederhole an jedem Punkt deinen Erinnerungssatz.

- *Klopfpunkt 1*: in der Mitte zwischen der Kinnspitze und dem unteren Rand der Unterlippe.
- *Klopfpunkt 2*: in der kleinen Mulde zwischen der Nasenunterseite und dem oberen Rand der Oberlippe.
- *Klopfpunkt 3*: am Ansatz der Augenbraue, etwas über und leicht seitlich der Nase (Nahe der Nasenwurzel.)
- *Klopfpunkt 4*: Augenbrauenpunkt. Auf dem Knochen an der Außenseite des Auges.
- *Klopfpunkt 5*: auf dem Jochbein unter dem Auge, etwa zwei Zentimeter unterhalb der Pupille.

Beklopfe diese Punkte zirka siebenmal und wiederhole an jeder Stelle deinen Erinnerungssatz, bis sich deine Empfindungen und die körperlichen Symptome fühlbar erleichtern.
Das Klopfen auf der Thymusdrüse, am Kinn, unterhalb der Nase, an der Nasenwurzel, oberhalb der Braue, neben dem Auge, unter dem Auge, unter der Oberlippe, und *auch* mit den Händen neben dem Brustkorb (der »Pinguin«) führen fast immer zu einer Auflösung des Problems. Innere positive Bilder verändern sich und es tritt eine emotionale Besserung ein.
Einen interessanten Effekt des Klopfens entdeckte der Freiburger Mediziner Dietrich Klinghardt. Er weist in seinen Vorträgen darauf hin, wie sich mithilfe der Klopfmethode und seiner PK-Psycho-Kinesiologie-Methode, Konflikte innerhalb kurzer Zeit lösen lassen. Besonders jener

Abb. 2: Klopfpunkte

Teil des Konfliktes, bei dem das autonome Nervensystem durch Schock und Trauma blockiert ist. Seine Erfolge ermöglichten Dietrich Klinghardt die biochemische Ebene zusätzlich einzubeziehen, was ihm in seiner Arbeit bei schweren Krankheiten enorme Heilerfolge einbrachte. Er erkannte mithilfe von unterschiedlichen Bluttests, dass erst das *Lösen eines Konfliktes* es ermöglicht, das autonome Nervensystem zu aktivieren und damit den Körper in die Lage zu versetzen zu entgiften. Der Mediziner erkannte in seinen Forschungen über viele Jahre hinweg die Blockade in der Zellmembran. Doch schon nach einer Dreiviertelstunde seiner PK- und der Klopftechnik waren die Zellen bereit, das Schwermetall freizugeben, welches dann ausgeleitet werden konnte. Nach einer gründlichen Ausleitung der Schwermetalle gelang es ihm noch leichter, alle psychischen Programme zu löschen. Seine Patienten gesundeten sogar von zum Teil langjährigen chronischen Erkrankungen. Wenn also die Zellmembran entgiftet ist, richtet sich das gesamte Energiesystem des Körpers wieder auf Gesundheit und Lebensenergie aus. Diese Tatsache spricht aus meiner Sicht schon dafür, sich mehr um die psychische Entlastung zu bemühen.

Technik 2: Umkehr von negativen Glaubenssätzen und hinderlichen Überzeugungen

Glaubenssätze sind tief verankerte Überzeugungen über die Welt oder uns selbst. In diesem Sinne sind alle Glaubenssätze Aussagen, die etwas eine Bedeutung, Wertung oder Ursache bzw. Wirkung zuschreiben. Unser Denken und Handeln sowie unsere Wahrnehmung der Realität werden von ihnen sehr stark beeinflusst. Möchtest du dein Leben positiv verändern, so ist es hilfreich und wichtig, dir deine Glaubenssätze bewusst zu machen. Dabei unterscheide ich zwischen offensichtlichen Glaubenssätzen, die man jeden Tag teilweise ausspricht oder laut denkt, und den nicht so offensichtlichen, unbewussten Überzeugungen, deren Entstehung weit in die Kindheit zurückreichen kann.

Beispiele für Glaubenssätze: »Alle Menschen wollen mir Böses.« – »Ich muss immer hilfsbereit und freundlich sein.« – »Ich bin es nicht wert, ein glückliches Leben zu führen.« – »Ich habe es nicht verdient reich zu sein.« – »Nur wenn du viel leistest, kannst du überleben..«

Eine bewusste Veränderung von Glaubenssätzen geschieht nicht einfach so. Zu allererst braucht es deine Entscheidung, sie verändern zu wollen, da diese sich über Jahre oder Jahrzehnte eingeprägt und sich mit Emotionen und Erinnerungen verknüpft haben. Daher reicht es häufig nicht aus, sich einfach zu sagen: »Ich möchte jetzt statt xy an wz glauben.«

Um den gewünschten Glaubenssatz zu ändern, ist es zielführend, die damit verknüpften Emotionen zu neutralisieren.

– Umkehr von negativen Glaubenssätzen und hinderlichen Überzeugungen: Das Unterbewusste hat jede Menge »Betriebsanleitungen« als Glaubenssätze und Überzeugungen angelegt. Die Funktion der Umkehrung kann so erklärt werden, dass du willentlich, unbewusste Überzeugungen umschreibst. Wie im Beispiel vorher beschrieben, wird der Satz ins Positive verändert. Man nennt das eine psychologische Umkehrung deines Erinnerungssatzes, wie vorhin: »Auch wenn ich diese lästigen Magenschmerzen habe, liebe und akzeptiere ich mich voll und ganz.« Oder wie im Fall von Maria: »Auch wenn ich Schuldgefühle habe, liebe ich und akzeptiere mich voll und ganz!«
– Das negative Gefühl anzunehmen und zu akzeptieren, ist ein zentraler Schlüssel, um die Emotionen auszugleichen. Hier einige Beispiele für die Umkeh-

rung negativer Glaubenssätze: »Ich bin es nicht wert, ein glückliches Leben zu führen.« – »Ich akzeptiere mich, auch wenn ich dieses Gefühl habe. Ich bin es wert, dass es mir gut geht.«; »Ich habe es nicht verdient reich zu sein.« – »Auch wenn ich anders denke, ich erlaube mir, in Fülle zu leben.«

– Formuliere deinen Glaubenssatz und finde für dich deine passende neue Affirmation.
  »Auch wenn ich, ... Ich sage Ja zu mir/zu meinem Körper/zur Leichtigkeit.«
  »Ich akzeptiere, dass es so [xy] . . . . ist und sage Ja zur Veränderung/Ja zur Liebe . . . »
  »Auch wenn ich diese/s/n . . . . habe, akzeptiere ich mich voll und ganz. Ich öffne mein Herz und bin bereit, meinen Schutz aufzugeben.«
– Wiederhole die neue positive Affirmation dreimal mit Nachdruck, während du gleichzeitig beständig deinen »wunden Punkt« massierst. Diese Stelle findest du von der u-förmigen Mulde oberhalb deines Brustbeins (Sternum) aus. Die Stelle, an der der Krawattenknoten eines Mannes sitzen würde. Gehe etwa zehn Zentimeter in Richtung Nabel nach unten und dann zehn Zentimeter nach links oder rechts. Massiere diesen Bereich mit deinen Fingern innerhalb eines Fünf-Zentimeter-Radius, indem du mit der Hand kreisend von innen nach außen massiert. Die richtige Stelle ist manchmal ein bisschen empfindlich, daran erkennst du ihn. Laut Craig fühlt sich der »wunde Punkt« meist wund an, wenn man ihn zu kräftig massiert, weil es dort oft zu lymphatischen Stauungen kommt. Durch das Massieren lösen sich die Stauungen auf. Glücklicherweise verteilt sich die gestaute Lymphe nach ein paar Behandlungen und das wunde Gefühl verschwindet. Du kannst die Stelle ohne Besorgnis massieren. Während der Massage des wun-

den Punktes empfiehlt es sich, den Druck so zu gestalten, dass keine unangenehmen Schmerzen entstehen. Die Empfindung sollte auf jeden Fall angenehm sein. Ansonsten vermindere den Druck ein wenig.
»Ich akzeptiere mich, trotz meines Vorurteils voll und ganz. Ich und sage Ja zur Liebe.«
»Auch, wenn ich diese/s/n ....
habe, akzeptiere ich mich. Ich öffne mein Herz und bin bereit, meinen Schutz aufzugeben.«
»Ich liebe und akzeptiere mich, auch mit meinen Fehlern. Ich bin dankbar für alle Erfahrungen und lasse die Vergangenheit los.«

- Beende die Übung mit folgenden Satz, den du laut und bewusst dreimal aussprichst: »Ich nehme all meine Energie, die in dieser Zeit gebunden ist in mich selbst zurück. All meine Energie, aus all meinen Zellen, die gebunden ist, sende ich dorthin zurück, wo sie hingehört. Jetzt. Danke.«
  Wie ein Magnet, der nach und nach in seiner Wirkung nachlässt, und irgendwann das Eisenstück fallen lässt, bewirkt die emotionale Entladung eines Glaubenssatzes und seiner verknüpften Erinnerungen, dass dieser bald losgelassen wird. Danach ist der Weg frei für neue Ideen und Wünsche.

Technik 3: Intuitives Wahrnehmen trainieren

Diese Übung empfinde ich als besonders vergnüglich. Sie stammt aus der »inner Wise«-Schatzkiste des Berliner Arztes Uwe Albrecht. Er ist Arzt und Pionier der energetischen Medizin. Sein Credo: Heilen ist für jeden Menschen erlern- und vertiefbar. Energetische Heilweisen sind für ihn das Wieder-Erlernen und -Erkennen aller Ebenen des Seins und diese wieder in den natürlichen Zustand des Lebensflusses zu bringen.

Dabei plädiert Uwe Albrecht dafür, die eigene intuitive Wahrnehmung zu schulen, um die Impulse aus allen Ebenen des Seins wahrzunehmen. Die diagnostischen Möglichkeiten der bestehenden Medizin können nur die Struktur, über Ultraschall, CD und Röntgen und die Biochemie, über Labortest erfassen. Dort sehen die Mediziner leider oft erst etwas, wenn es zu spät ist. Seine Idee des Heilens bezieht die Rhythmen, die Gedanken, die Emotionen, das Energiefeld, die Seele und die unbekannte Ebene mit ein. Seine moderne und sehr erfolgreiche Medizin verwendet nur noch Informationen und Energien zur Heilung.

Diese Übung unterstützt dich in deiner Wahrnehmungsfähigkeit und trainiert dich darauf, deinen inneren Impulsen zu vertrauen.

Gehe abends in eine Straße mit Einfamilienhäusern. Bleibe vor einem stehen, schließe die Augen und spüre dich. Fühle deinen Stand, deinen Atem, dein Energiefeld, deine Gefühle, deine Mimik. Stelle dir vor, drei Jahre in dem Haus zu leben, und beobachte dich wieder. Dann gehe zum nächsten Haus und mache die gleiche Übung.

So lernst du nicht nur deine Nachbarschaft kennen, sondern du trainierst deine Wahrnehmung. Den Menschen geht es in den Häusern nicht anders, als du es in dir fühlst. Du beginnst über deine Intuition den Teil eines Eisberges, der unter der Wasseroberfläche schwimmt, aufzunehmen. Du trittst in Kontakt mit deiner inneren Weisheit, deinem Unbewussten, deinen Gefühlen, vereinfacht gesagt: mit deinem Herz.

Technik 4: Selbstcoaching-Methode, um heftige Gefühlsregungen zu entspannen

– *Augenbewegungen: Die Wurzel dieser Selbstcoaching Technik stammt aus der EMDR-Methode, EMDR steht für* Eye Movement Desensitization and Reprocessing. Sie wurde ursprünglich von der Psychologin Francine Shapiro entwickelt und ist eine hoch wirksame Technik heftige Gefühlsregungen auszubalancieren. *Francine Shapiro* eindeckte diese Methode nahezu zufällig und ist überzeugt, dass die eigentliche Ursache für unser Leiden darin liegt, *wie* unsere Erinnerungen an frühere Ereignisse im Gehirn abgespeichert wurden. Und *genau das ist änderbar!* Ich setze diese Technik unglaublich wirkungsvoll bei heftigen emotionalen Erinnerungen ein. Sie wirkt hervorragend bei festsitzenden, hinderlichen Überzeugungen und Erfahrungen durch extremen Stress.

Diese Selbstcoaching-Methode hilft dir, Kreativitäts- oder Arbeitsblockaden zu lösen. Mikrotraumata wie Kränkungen durch andere oder eigene überzogene Leistungsansprüche, die einen unklaren Ursprung haben, finden Erleichterung. Durch die Augenbewegung werden im neuronalen Netz des Gehirns die problematischen Bilder oder emotionalen Speicher ausbalanciert.

Die Methode gilt als besonders effektiv zur Behandlung von Stress und Belastungen. Nach einer erfolgreichen Anwendung fühlen sich die meisten Menschen deutlich entlastet. Gefühlte Angespanntheit und Stressempfindungen klingen spürbar ab.

Neurobiologisch werden über die Links- und Rechtsbewegung der Augen, die Speicher von der rechten und linken Gehirnhälfte ausbalanciert. Die Aktivität des parasympathischen Nervensystems steigt und sorgt für Entspannung und die Herzfrequenz sinkt. Durch den langsamen Takt und die Augenbewegung von links nach rechts werden die emotionalen Datenspeicher angesteuert und von Überdruck befreit. Die Speicher der erlebten Erfahrungen entspannen sich.

Das Öffnen der »Schleusen« löst und lockert deutlich und spürbar.

Damit du die Methode für dich am besten einsetzen kannst, beschreibe ich einige Beispiele: *Julia erzählt mir über ihre Beziehungskrise. Sie wird dabei unruhig und kämpft mit den Tränen. Tatsächlich tauchen kurze Zeit später am Hals und am Dekolleté rote Flecken auf. Auf der Brust fühlt sie einen Druck. Sie zeigt immer wieder auf diese Stelle und meint, es ist so belastend. Später empfindet sie einen Stich in der Mitte beim Herz.*

In diesem Falle erleichterten die Augenbewegungen die heftigen Gefühle. Nach der Übung konnte Julia entspannt eine Lösung ihrer Probleme finden.

Alexandra erzählt mir von einem belastenden Schuldgefühl. In unterschiedlichsten Situationen hat sie den Eindruck: *»Da habe ich etwas falsch gemacht! Selbst im Urlaub schießt es mir glühend durch den Körper, und ich habe den Eindruck, etwas Wichtiges vergessen oder unterlassen zu haben. Tatsächlich gibt es für mein Schuldgefühl keinen erkennbaren Grund. Während ich darüber spreche, wird mir gleich ganz heiß.«*

Auch hier fand Elisabeth eine sofortige Entlastung ihres Gefühls über die Augenbewegung. Danach konnten wir ein neues Lösungsbild in ihr entwickeln. Durch die fühlbare innere Balance kam es zu keinen Gefühlsausbrüchen dieser Art mehr.

– *So funktioniert deine Selbstcoaching Methode:* Nimm innerlich dein Thema und deine Emotion(en) wahr. Spüre deine körperliche Empfindung, wie ich es beim Body-Scan beschreibe, auch eine Nicht-Empfindung ist möglich! Denn manchmal schützen wir uns durch unseren verschlossenen Gefühlszugang vor fremden Einflüssen. Diese Übung kannst du für dich allein durchführen. Sprich vorher diesen Satz laut aus: *»Ich erkläre meine absolute Absicht, mich zu transformieren* *und erfahre Freude, Spaß und Leichtigkeit.«* Fühle dabei, ob dir dieser Satz ernst ist. Deine Einstellung zu einer möglichen Erleichterung unterstützt und fördert deinen Erfolg.

- *Der Vorgang des Selbstcoachings durch Augenbewegungen:* Suche dir *zwei Punkte* in einem Abstand von ein bis zwei Metern an der Wand. Fixiere mit den Augen einen der Punkte, ein Bild oder eine Figur. Bewege dann während der Übung, deinen Blick zwischen den Punkten hin und her. Achte darauf, nicht deinen Kopf zu bewegen, sondern nur deine Augen. Welche Höhe dir angenehm ist, kannst du selbst herausfinden. Das Tempo, indem du deine Augen hin und her bewegst, empfinden die meisten im zwei Sekundentakt als angenehm. Klienten führen Sets von 20 bis 30 Bewegungen durch.
- Du kannst deine Augen auch zu einer eigenen Berührung bewegen – durch ein *Klopfen mit den Händen auf die Oberarme.* Die Arme liegen dabei über Kreuz am Oberkörper. Folge nur mit den Augen der linken und rechten Handberührung, halte dabei deinen Kopf gerade und bewege ihn nicht.

  Oder: Lege deine Handflächen auf deine Oberschenkel und beginne abwechselnd deine Arme leicht zu heben und wieder zurück auf deine Oberschenkel zu legen. Folge mit den Augen den leichten Klopfbewegungen, ohne den Kopf zu bewegen.

  Durch eine fremde Unterstützung kannst du eine Art »Katzenmilchtritt« auf den Schultern des anderen durchführen und nur mit den Augen den Bewegungen folgen, ohne den Kopf zu bewegen.

  Durch Streicheln der Ohren am Ohrläppchen und -eingang können die Augen mitbewegt werden, so als ob du die Ohren »sehen« könntest. Dabei kann auch noch eine auditive Stimulierung anregt werden.

Nach der Übung bedankt sich dein Körper meistens mit einer befreiten Reaktion. Entweder gelingt es dir, wieder tiefer durchzuatmen oder du spürst eine Entspannung an jener Körperstelle, die sich vor der Übung als angespannt gezeigt hat. Meist stellt sich ein Gähnen, Lächeln, Grinsen und gar Lachen ein. Manchmal tauchen Tränen auf, um kurz darauf in ein Gefühl der Entspannung und eine Beruhigung der Gemütslage zu münden. Atme dabei tief ein und lasse beim Ausatmen los und entspanne dich.

Frage dich nach der Übung: Was hat sich innerlich verändert? Beobachte deine Emotionen, dein Körpergefühl, wenn du jetzt an dein Thema vom Anfang denkst. Welche Assoziationen kommen automatisch in deinen Sinn? Schreibe dir deine Impulse dazu auf.

Alexandra erlebte nach der Augenbewegungs-Technik eine enorme Entspannung. Das Thema rührte sie nicht mehr zu Tränen. Im Alltag fand sie einen anderen, leichteren Zugang, Gespräche, die vorher ins Stocken geraten waren, flossen nun, und es entwickelten sich Lösungen. Elisabeth erzählte mir Wochen später, dass ihr unangenehmes Gefühl nie wieder aufgetaucht war. Meistens verschwinden die körperlichen Symptome sofort. Selbst wenn ich die Klientinnen bitte, noch einmal an ihr belastendes Thema zu denken, werden normalerweise keine emotionalen Reaktionen mehr wahrgenommen. Wenn du an dir selbst diese Technik anwendest, wiederhole diese Übung mehrmals und führe sie bewusst langsam durch. Manchmal benötigt es einige Selbstversuche, um eine völlige Befreiung zu spüren. Gib bitte nicht zu schnell auf!

Technik 5: Die 10-Sekunden-Verankerung deiner positiven Gefühle

Bei Anwendung der »9-Gamut-Folge« nach Gary Craig werden positive Gefühle und die Ergebnisse dieser Verankerungen in allen Bereichen des Gehirns gespeichert. Sie zielt auf eine Feinabstimmung des Gehirns ab, die durch bestimmte Augenbewegungen, Summen und durch Zählen erreicht wird. Nervenbahnen werden dabei stimuliert und aktivieren Teile der rechten und linken Gehirnhälfte, wenn man die Augen bewegt. Die 9-Gamut-Folge nimmt zehn Sekunden in Anspruch, während derer unter ständigem Beklopfen eines Energiepunktes der Handreflexzone, des Gamut-Punkts, die neun Aktionen durchgeführt werden. Jahre der Erfahrung haben gezeigt, dass diese Gamut-Folge enorm wirksam ist und deine Fortschritte auf dem Weg zu emotionaler Freiheit beschleunigt.

Der Gamut-Punkt beziehungsweise die Handreflexzone befindet sich auf dem Handrücken der rechten oder linken Hand befindet zwischen Ringfinger und kleinem Finger.

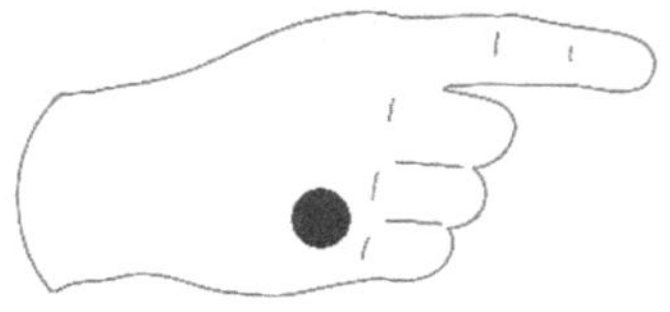

Führe folgende »Aktionen« hintereinander durch während du gleichzeitig den Gamut-Punkt klopfst.

1. Augen schließen.
2. Augen öffnen.
3. Scharf nach rechts unten blicken, ohne den Kopf zu bewegen.
4. Scharf nach links unten blicken, ohne den Kopf zu bewegen.
5. Mit den Augen Kreise beschreiben, so als wäre deine Nase der Mittelpunkt einer Uhr und du versuchst alle Zahlen der Reihe nach abzulesen.
6. Wie Nummer 5, nur mit den Augen Kreise in entgegengesetzter Richtung beschreiben.

7. Summe zwei Sekunden lang eine Melodie (entw. deine Lieblingsmelodie oder einfach ein »Happy Birthday«)
8. Zähle rasch von 1 bis 5.
9. Summe nochmals zwei Sekunden lang deine Melodie.

Die Reihenfolge kannst du beliebig abändern.

Technik 6: Die 4-Minuten-Flammen-Übung zur gezielten emotionalen Reinigung

Diese Methode stammt aus der Heilarbeit russischer Schamanen und ich stelle dir diese nützliche Übung in einer abgewandelten Form gerne vor. Durch deine Vorstellungskraft werden dein Körper und dein Geist von alten, schweren und negativen Energien in dir befreit. Sie funktioniert so:

Setze dich bequem auf einen Sessel. Stelle dir vor, dass eine Flamme vor dir erscheint. Die Energie dieser Flamme wird sich auf dich übertragen. Erlaube dem Flackern der Flamme, sich in dir auszubreiten. Schließe dabei deine Augen und lass die Vorstellung zu, dass die Flamme in deinem Körper alles Negative verbrennt. Stelle dir vor, dass die reinigende Wirkung auf all deine Gelenke, Knochen, alle Wirbel und alles Bindegewebe wirkt. Alles, was im kollektiven Gedächtnis deiner Ahnenreihe gespeichert ist, wird nun entfernt. Alle Zurückweisungen, alle Enttäuschungen werden aus der Erinnerung der Zellen verbrannt. Alle Scham, alle Angst und aller Schmerz lösen sich aus deinem zellulären Gedächtnis. Wem es schwerfällt, sich mit einer Flamme zu verbinden, der kann sich einen Fluss vorstellen, dessen Wasser durch den Körper strömt. Alle Hindernisse werden mit dem Wasser weggespült.

Stelle dir nun vor, dass über deinem Kopf eine Lichtquelle steht. Ein heller Lichtstrahl erfüllt deinen gesamten Körper und dieser wird von dem Licht förmlich aufgetankt. Lass die spürbare Kraft bis in dein Herz fließen und stelle dir vor, wie du sie aufnimmst und alles abgibst, was dich hindert. Deine Zellen werden mit der Frische des Lichtes aufgefüllt. Sie schwingen jetzt in allen Farben des Regenbogens. Sprich innerlich folgende Sätze: »Mein ganzer Körper ist von der alten Energie gereinigt. Ich bin umgeben vom durchscheinenden Licht. In meiner DNS pulsiert jetzt die neue Energie. Ich erlaube mir, dass diese Kraft immer stärker wird und in mir zu vibrieren beginnt.«

Stelle dir nun weiter vor, wie das Licht tiefer in deinen Körper sinkt und durch deinen Körper bis in die Erde fließt. Du kannst dir das so vorstellen, als würde eine feste Wurzel bis tief in die Erde dringen. Du kannst dabei Hinderliches abgeben und Förderliches aufnehmen. Verbinde auch die Erdkraft mit deinem Herzen. Fühle die Angebundenheit in deinem Herzen, genauso wie oben mit dem Universum und unten mit der Erde. Ohne dich anzustrengen, nimm und gib, und stelle dir vor, wie es von selbst fließt, ohne Zutun. Nach wenigen Minuten fühlst du dich durchdrungen von einem Leuchten und einer neuen vitalen Kraft.

Diese vierminütige Mini-Übung kann dir enorm helfen, wenn du dich über eine Situation intensiv geärgert hast. Dein Zorn und deine Wut verschwinden in Kürze. Viele meiner Seminarteilnehmerinnen berichten mir, wie sie nach der »Flammen-Übung« (oder der »Wasser-Übung«) und der dreifachen Verbindung voller Vitalität und Freude zurück an ihren Arbeitsplatz kamen. Es gelang ihnen besser, notwendige Grenzen zu ziehen und sie fühlten sich wieder motivierter.

Probiere diese Methode einfach aus, um herauszufinden, wie dir diese Übung deinen Alltag erleichtern kann.

Technik 7: Das schamanische Rückgabe-Ritual, an das große »Ganze«

Gewinne neue Kraft und gib Übernommenes, Belastendes zurück zum Ursprung – das ist meine absolute Lieblingstechnik, sie ist das Herzstück der *KR-Methode*. Das liegt daran, dass sie simpel, aber enorm wirksam ist. Übrigens wie fast alles, was wirkt. Es geht darum, das Übernommene oder Getragene zu »extrahieren« und abzugeben. Mit dem Ritual wird das Unbewusste beauftragt, wieder eine neue und harmonische Ordnung herzustellen und Entbehrliches erneut an einen »guten Platz im Ganzen« zu geben. Das »Ganze« steht dabei für die Matrix, das Universum, das Quantenfeld oder das holistische Feld.

Die Methode basiert auf einem vom Psychologen und Philosophen Siegfried Essen entwickelten Aufstellungsformat und einer schamanischen Ritualarbeit, die ich als Schamanin erlernen konnte.

Mit der Entdeckung des emotionalen Gedächtnisses in der Wissenschaft kam die Erkenntnis: Es gibt nur energetische Koppelungen und keine Erinnerungen. Transformiert man diese Kopplungen, verändert sich auch die Lebenssituation. Das ist im Moment alles, was wichtig ist. Nach ein paar Übungsrunden wirst du für die Einstimmung mithilfe der Body-Scan-Methode und den Fragen nicht länger als etwa *acht Sekunden* benötigen. Wenn du die Einstimmung gründlich erlernt und öfter durchgeführt hast, bist du bereit für die nächste Zutat des Grundrezepts der *KR-Methode*: Rückgabe an das »große Ganze«.

Der Ablauf:

- Bitte suche dir vorab einen Gegenstand, am besten einen Stein oder ein Symbol, das du gerade zur Hand hast. Steine und Mineralien sind wunderbare »Helfer«, um alte Belastungen aufzunehmen. Wähle jenen, der dich im Moment »anspricht«, der ist der Richtige. Bitte nimm jetzt deine Körperstelle wahr, so wie du es bereits mehrmals mit der Methode Body-Scan geübt hast. Wenn du bereit bist, konzentriere dich auf die Stelle in deinem Körper, die sich zu deinem Problem zeigt. Mag sein, dass dein Thema bei dir ein flaues Gefühl im Magen oder einen Magendruck auslöst. Vielleicht werden die Lasten, die du mit dir schleppst, als Druck auf den Schultern deutlich. Oder es schnürt dir der Gedanke an Schuld förmlich den Hals zu. Oder du fühlst eine Orientierungslosigkeit, die sich als Schwindelgefühl enthüllt. Nimm deine Empfindungen wahr.Nun erlaube dir die Vorstellung, du könntest deine Empfindung deinem Körpergefühl über deinen Atem in den Stein oder das Symbol abgeben, indem du es hineinbläst. Nimm einen tiefen Atemzug.

- Blase nun kraftvoll, am besten dreimal hintereinander die Informationen, die im Körper zu fühlen sind, in den Stein. Wenn du schwindlig wirst, atme ruhig weiter, das liegt am tiefen Ein- und Ausatmen, einem Zuviel an Sauerstoff oder einer kraftvollen Energie. Keine Sorge! Es legt sich gleich wieder. Achte auf deine Körperstelle. Hast du alles in den Stein geblasen? Wenn du noch etwas fühlst, wiederhole dein Ausblasen. Denke daran: Atem ist Leben! Dein erster Atemzug lässt dein Leben beginnen und dein letzter Atemzug es aushauchen.
- Suche dir einen Platz im Zimmer, im Garten oder in der Natur, der für dich symbolisch für das »Ganze« steht. Egal wo du den Stein danach hinlegen möchtest, er ist ein Symbol, etwas in eine neue Ordnung zu bringen. Lege ihn an diesem Ort ab.
- Sprich dabei folgende Sätze laut und langsam und sehr bewusst aus: *»Ich habe es kreiert, und ich trans-*

formiere es jetzt!« «Ich gebe es jetzt zurück ans Ganze, an alle Beteiligten und an all jene, denen ich es zumute, es zu tragen, zurück bis zum Ursprung meines Wesens. Jetzt!« »Ich lösche in mir alle meine Gefühle von Ohnmacht und Resignation, die mein Herz eingefroren haben. Und lasse all meine alten Geschichten der Aussichtslosigkeit, der Hilflosigkeit und Handlungsunfähigkeit los. Jetzt!«

– Wiederhole diese Sätze mehrere Male, bis du eine deutliche Erleichterung in dir wahrnimmst. Achte dabei darauf, dass dich die Sätze innerlich »berühren«. Ein einfaches »Dahinsagen« zeigt meist keine Wirkung. Sprich sie bewusst und langsam, klar und deutlich und aus deinem Herzen aus. Während du die Sätze aussprichst, lösen sich in dir vorhandene Blockaden auf, die Selbstheilungskräfte werden aktiviert und du nimmst im Körper eine deutliche Entlastung wahr. Gib alles zurück, was du in den Stein geblasen hast. Die Worte helfen dir dabei. Die Besonderheit ausgesprochener ritueller Sätze beschreibe ich im Kapitel 10: »Das Erinnerungswissen der Zellen«. Lass den Stein einige Tage in der Sonne oder an dem Platz liegen, ehe du ihn wiederverwendest.

In den meisten Fällen wird deutlich, wie diese Rituale den notwendigen Abgrenzungsprozess unterstützen, dem Klienten dazu verhelfen, das Fremde und Übernommene abzugeben und das verlorene oder noch nicht entdeckte »Eigene« wieder zurück zu erhalten. Sich wieder als Kind fühlen, die Eltern als Eltern wahrnehmen und von ihnen als Kind wahrgenommen werden und gleichzeitig bei sich zu sein, sind dann durchaus heilende Erfahrungen, wenn Getragenes wieder zurück zum Ursprung wandert.

Deine Schwingung erhöht sich und du bereitest dich für dein »Zellen-Update« vor.

Mit jeder der oben angeführten Übungen veränderst du dein biomagnetisches Feld. Der Mensch ist ein wahres Wunderwerk. Es braucht nur etwas Mut, um ihn mit einem anderen elektromagnetischen Feld aufzuladen. Wir öffnen unseren Willen, lösen das Ego von Bewertungen und einem unbedingten Wollen und verbinden uns selbst mit der ursprünglichen Essenz. Durch klare, angstfreie Emotionen erzeugen wir das zukünftige Erleben.

Der Neurowissenschaftler Joe Dispenza berichtete nach einem seiner Intensiv-Workshops davon, wie ein Großteil seiner Teilnehmerinnen kurz nach dem Seminar unter grippeähnlichen Symptomen litt. Er führte die Reaktion auf eine Schwingungserhöhung und die Reaktion der Zellen auf dieses Update zurück.

Seine Forscherantwort: Die in den Zellen befindlichen Mikrotubuli sind hohle, aus Protein bestehende Skelettstrukturen, ähnlich einem Gerüst. Sie befördern durch kleine Tunnels Nährstoffe und hochsensible Frequenzen in die Zellen. Normalerweise schwingen sie so langsam wie eine Trommel, erhöhen dagegen wie eine Antenne ihre Vibration bei Stimulation. Wenn sich die Person in einer höheren oder schnelleren Verfassung befindet, wie es bei Meditationen oder nach den oben beschriebenen Techniken und Imaginationen der Fall ist, sendet sie mehr Licht und kohärente Energie aus. Da alles Licht Energie und Frequenz ist, werden Informationen durch Wellenfrequenzen eingeschwungen. Ähnlich wie bei einem Radiosender. Die Zellen stellen sich harmonisch auf die Schwingung ein. Diesen Zustand bezeichnen wir als Gesundheit. Die Zellschwingung ist in Balance. Die Zellfrequenz fließt höher und die chemischen, biologischen und genetischen Prozesse werden aktiviert. Die Schwingung der Zelle setzt daraufhin Abfallstoffe frei und scheidet Giftstoffe aus. Im Prinzip öffnet sich die Zelle und gibt alles Ungesunde aus der Vergangenheit ab. Es werden viele Abfälle freigesetzt. Es kommt zu energetischen Frequenzveränderungen. Grippeähnliche Symptome können auftreten. Das ist etwas Gutes, nichts Schlimmes. Auf Zellebene findet eine Reorganisation statt.

Daher kommt es in Zeiten erhöhter energetischer Persönlichkeitsbildung zu einem vermehrten Detoxprozess. Denselben Effekt stellte auch der Neurologe Dr. Klinghardt fest und er empfiehlt eine unterstützende Austeilung der Metalle im Körper. Das ist durchaus ein Segen. Betrachte es wie die Häutung einer Schlange: Du wirfst ab, was nicht mehr benötigt wird. Die Vergangenheit, die nicht mehr notwendig ist, wird »verbrannt«. Unnötige Erinnerungen werden gelöscht und mit neuen Informationen überschrieben. Zellen kommen in eine neue Schwingung. Alles vibriert mit einem kraftvollen Licht. Du strahlst und bist frei. Dein Immunsystem wird gestärkt. Alte Muster werden entlassen. So geschieht es auch, wenn dein Körpersystem mit deinem ursprünglichen Wesen, das ich in einem späteren Kapitel beschreibe, in Kontakt tritt. Die kraftvolle Energie verändert dich bis tief in die Zellen und setzt Prozesse in Gang, die auf das gesamte Körpersystem Einfluss nehmen. Was die Forschung heute belegt, wissen uralte Traditionen und mystische Lehren. *Der Geist ist der Wirt des Körpers* und ein mächtiges Instrument. Der Wissende ist der König des Daseins und bestimmt sein Leben und seine Gesundheit. Er ist frei!

9. Kehre heim zu deinem ursprünglichen Wesen!

»Etwas Wunderbares entwickelt sich in mir«, meinte Marlene auf dem »Self-Walk« zu ihrem ursprünglichen Wesen. »In meiner Innenwelt nehme ich Bilder wahr. Ich stehe vor einem inneren Tor, das ich noch durchschreiten soll. Jetzt fasse ich Mut und schreite hindurch. Ich bin in einer anderen Welt angekommen. Da, wo ich gerade bin, kommt es mir vor wie in einem 5-D-Film. Wow, ich nehme alles gleichzeitig wahr, Bewusstsein und Liebe! Ich erkenne einen Faden, der sich durch mein Leben durchzieht, aber nur rückwärts, nicht vorwärts. Vorwärts kann ich ihn nicht erkennen, weil ich die freie Wahl habe, meine Zukunft selbst zu entscheiden. Deutlich kann ich es fühlen, ich habe die Wahl. ... Nach dem nächsten Schritt ist es leider nicht so angenehm – aber ich halte stand«, meint sie, »wenn ich mein Licht strahlen lasse und warte, ohne etwas zu bewerten, da verändert sich der Zustand. Jetzt komme ich richtig an. ... Cool, was ist das? Ich fühle mich wie in einer Blase, gefüllt mit Leichtigkeit, Freude, als Teil des Ganzen, als ein Tropfen im Ganzen. So leicht, wie eine Seifenblase und voller Farben, stabil, aber dennoch graziös. Ich kann überall hin. Keine Bewertungen und keine Last, nur Leichtigkeit und trotzdem bin ich Teil des Ganzen. Jeder meiner Schritte hat Auswirkungen auf andere. Ich erkenne meine Ver-

antwortung darin, ohne daran zu zerbrechen. Ich handle aus Liebe und voller Bewusstsein. Über mein Herz bin ich angebunden und kann immer wieder zu diesem Zustand zurückkehren und bin dann in dieser neuen, anderen großartigen Welt.«

Einssein mit unserem ursprünglichen Wesen, mit uns selbst ist ein natürlicher Grundzustand.

Es ist ein Geschenk, wenn du es dir erlauben kannst, in der vollkommenen Verbundenheit, in deiner Essenz deines ursprünglichen Wesens und den schöpferischen Energien einzutreffen, dieses Gefühl bis in deinen Zellkern zu empfinden und vollständig zu dir selbst zu finden.

Lass uns zu Beginn den Begriff »ursprüngliches Wesen« ein wenig genauer beleuchten. In meinem Weltbild sehe ich unser Menschsein in seiner Wurzel und in seinem Ursprung als einen genialen Entwurf. In diesem Entwurf sind wir völlig frei von Problemen, Blockaden und Schwierigkeiten. Dort existieren weder Raum noch Zeit. Es gibt keine Unterscheidungen zwischen den Dingen, keine Bewertungen, sondern dieser *Ursprung ist ein Zustand*, der *nur sinnlich wahrgenommen werden kann.* Für diesen unendlichen Raum gibt es Empfindungen, für die ich genau genommen keine Worte habe. Fest steht jedoch, wenn wir uns in diesem Raum aufhalten und unseren Wesenskern aufnehmen, steht uns unerdenklich viel Energie zur Verfügung. Jedes urteilsfreie Hineingehen, so wie ich bin, getragen und geliebt, öffnet uns für den Raum.

Als ich in einer Weiterbildung die Aufstellungsmethode »Ich und »Selbst« von Siegfried Essen, Psychologe, Theologe und Philosoph, erlebte, tauchte in mir zum ersten Mal ein inneres Wissen über das ursprüngliche Wesen auf. Ich erinnere mich an diesen Moment, etwas, das ich nie gelernt und worüber ich nie gelesen hatte, war plötzlich ganz präsent. Meine Gedanken begannen zu galoppieren, so vertraut war mir der Name und das, was ich spürte. Es war wie ein Nach-Hause-Kommen und doch viel intensiver, so wie ich es nie zuvor erlebt hatte. Ich konnte die Aktivität in meinem Kopf nicht stoppen. Meine Neuronen und deren »Verschaltungen« waren hochaktiv. Bilder über Bilder tauchten in mir auf und würden ein großartiges Video abgeben, wären wir in der Lage, unser »Kopfkino« bildhaft darzustellen. Was ich fühlte, stand so außerhalb von dem bisher Erlebten. Im Einklang mit dem ursprünglichen Wesen spürte ich in jeder meiner Zellen Stärkung, Sicherheit und völlige Freiheit. Ich wusste glasklar, in dieser Verbindung gibt es keine oder bedeutend weniger Krankheiten, Kriege oder Machtspiele. Menschen würden aufhören, an Bewertungen von Gut, Böse, Richtig und Falsch und an die Idee von Getrenntsein zu glauben. Neugierde, Freude und Achtsamkeit würden den Platz von Illusion von Schuld und Sühne tauschen. Aus den Opfer-, Retter- und Täter-Spielchen würden wache, bewusste Menschen heraustreten, die zum Wohle aller für einen lebenswerten Planeten eintreten. Und wir könnten unser persönliches Erleben kraftvoll, liebevoll und leicht gestalten. Wir wären verantwortungsvolle Schöpfer unseres Erlebens.

Angesteckt von meinem inneren Erleben wollte ich mehr wissen, fühlen, spüren. Das Gefühl des Ursprungs jederzeit wieder abrufen können, und mich daran aufrichten. Über die philosophische Idee des »Selbst« und meinen ersten Experimenten damit fing ich einen zarten Einblick in diese Welt des ursprünglichen Wesens ein. Ich erhaschte einen »Glimbs of Gold«, einen Schimmer von etwas, das mein Leben völlig verändern sollte. Wie ein Glitzern, das sich durch eine dunkle Nacht kämpfte und das plötzlich magisch in mir wirkte.

Der Kontakt mit dem ursprünglichen Wesen erhöht das Pulsieren in jeder Zelle. Die Zellen schwingen gemeinsam und senden enorme Wellen aus. Diese verändert das gesamte Umfeld deines Körpers.

Denn hinter unserer dualen Welt von Gut und Böse,

hell und dunkel, Richtig und Falsch fand ich einen Raum, der frei von allen Bewertungen und auch frei von Urteilen ist. In diesem Feld, das viele Namen tragen kann, nämlich Quelle, Essenz, Sein, »Ich bin« oder, wie ich es nenne, das *ursprüngliche Wesen,* lebt das volle Potenzial jedes Menschen. Dort können wir Leere und Fülle zugleich wahrnehmen. Dieser Ort wird als ganz und gar heil erlebt. Eine Situation, ein Symptom, selbst eine momentan erlittene Krise, spürt sich aus diesem Blickwinkel entspannt und leicht an, wenn wir mit diesem Potenzial in Berührung kommen. Wir finden dort Antworten auf Fragen, die uns bewegen. Zweifel und Defizite lösen sich auf. Vertrauen wird erlebbar und wirkt, bis in den Alltag hinein. Es geht darum sich: sich dem Prozess des Zulassens und Geschehenlassens anzuvertrauen. Sind die Verbindungen zu unserem ursprünglichen Wesen einmal hergestellt, verankern sie sich im stofflichen Körper, das heißt, sie bleiben. Sie dehnen sich auf das ganze Sein bis tief in die Zellen aus.

Du kannst dir das so vorstellen: Menschen, die verliebt sind, strahlen Liebe aus. Menschen, die mit der reinen Essenz in Kontakt stehen, strahlen Frieden, Liebe und Leichtigkeit aus. Sie leben ihr volles Potenzial. Solche Menschen sind nicht nur glücklich, sondern auch gesund. Das ursprüngliche Wesen erhebt uns aus dem Ego in ein Selbst, verbindet uns mit etwas Größerem, in ein höheres Bewusstsein. Wir verändern uns bis tief in die Zellen.

Wenn so ein Glückszustand oder Zustand der Leichtigkeit anhält, werden wir beinahe zu einem »über-natürlichen« Menschen. Wären viele mit diesem kraftvollen Bewusstseinsfeld in Kontakt, würde es vermehrt »sinnvolle Zufälle« geben, das, was C. G. Jung »Synchronizität« nennt.

Rein strukturell betrachtet ist es einfach, den Weg zurück zu unserem ursprünglichen Wesen zu gehen. Du findest eine Schritt-für-Schritt-Anleitung gleich im nächsten Kapitel 10. Die meisten tanken sich in diesem bereits erwähnten

Gefühl geradezu völlig auf. Es ist wie die Geburt von etwas Neuem und doch ein Wissen von Nach Hause-Kommen« in eine ursprüngliche Version des Selbst. Ein absolutes Wiedererinnern an etwas, das wir tief in uns kennen und das immer schon da zu sein schien, das wir jedoch vergessen haben.

Es gibt Menschen, die ihre innere Suche beginnen, ohne zu wissen, warum sie so aktiv werden. Eine Sehnsucht in ihrem Herzen veranlasst sie, nach diesem Teil Ausschau zu halten. Um später zu erkennen, dass es immer da gewesen ist. Manch einer ist ein Leben lang auf der Suche nach diesem Potenzial, dem Wesenskern, nach dieser Essenz, tief in uns. Dieses namenlose, authentische Selbst hat nichts mit deiner Herkunft, deiner Familie, mit deinem Namen, nichts mit deiner Rolle im Leben zu tun. Diese authentische Kraft entspringt einer universellen Quelle, die keinen Namen hat, die durch nichts zerstört werden kann. Die in sich vollkommen ist. Möglicherweise ist es die »göttliche Quelle«, das würde ich gerne jeden nach seinem Glauben benennen lassen. Für mich ist es das Angebunden-Sein an etwas, das keine Erfahrungen in sich gespeichert hat und daher kein Leiden wiederholen muss. Ich nenne es das *ursprüngliche Wesen*. Du hast es verdient, in deinem Strahlen, in deinem Licht anzukommen!

Der »Self-Walk« zurück zum ursprünglichen Wesen

Die *Methode, die ich den »Self-Walk« zum ursprünglichen Wesen* nenne, ist eine Weiterentwicklung der Aufstellungsmethode mit Bodenankern, Zeitlinienarbeit aus dem NLP, und schamanischen Techniken. Gemeint sind Symbole oder Karten, die auf dem Boden platziert werden und wichtige Meilensteine beschreiben. Wie die Karten vorzubereiten sind, erkläre ich noch ganz genau. Man kann sich somit direkt auf die Karten stellen. Das erlaubt den Klientinnen, einen Raum zu »betreten« und ihn zu erfühlen. Zumeist kläre und arbeite ich an ursprünglichen Familiengeschichten. Dabei unterstützen die bereits beschriebenen Techniken der *Körper-Resonanz Methode*, um etwas zurückzugeben, sich von Übernommenen zu befreien oder Kränkungen und Ängste zu entlasten. Je nach Erfahrung stärken die Techniken auf deinem persönlichen Weg zum ursprünglichen Wesen, diese Energie voll und ganz aufzunehmen. Der Walk dauet so lange, bis wir tief bis zu den Wurzeln der Erinnerungen der Zelle vordringen und auch die darin gespeicherten uralten Erinnerungen löschen. Wie du deinen eigenen »Self-Walk« durchführst, beschreibe ich im nächsten Kapitel. Das Feld des ursprünglichen Wesens, des eigenen Wesenskernes ist immer da, selbst wenn wir den Kontakt mit ihm verloren haben.

Während des Prozesses des »Walkens« wird der Raum von Neuem geöffnet. Frieden und Entspannung breiten sich aus. Sofern wir mit diesem Feld in Verbindung bleiben, entsteht eine geheimnisvolle Kraft in uns selbst. Wenn du diese Heimat wiedergefunden hast, bist du bei dir in deinem ursprünglichen Wesen angekommen. Deine Zellen, deine gesamte DNA, füllen sich mit der Kraft aus jenem Raum auf und verändern dein biomagnetisches Feld. Das Glücksgefühl im erlebten Zustand setzt alle biochemischen Prozesse in Gang. Das Gehirn schüttet Hormone aus und aktiviert bis zu 1400 chemische Prozesse, die im Körper wirken. Dein System wird aufgerüttelt, um glücklich und frei zu sein. Die positiven Gedanken, Emotionen und Überzeugungen aktivieren innerhalb von drei Sekunden bis zu eintausend Proteine und Hormone, die im ganzen Körper wirken.

Was die Wissenschaft der Epigenetik heute anschaulich erklärt, verändert unsere Zellen. Durch die hohe Ausschüttung von Proteinen und Hormonen setzt eine intensiv erlebte, neue Realität ein, die aus der Kraft des ursprünglichen Wesens entsteht. Wir können unser Leben bewusst mitgestalten. Die Informationen, die unsere Zellen umgeben, haben unser Leben geformt. Zellen leben in einer Umgebung, die sie prägt. Die neue Information des ursprünglichen Wesens beeinflusst diese Zellen.

Fünfzig Billionen Zellen, die in einer Gemeinschaft existieren, bestimmen deine Umwelt, deine chemische Zusammensetzung, deine Zellen und dein Schicksal – es sind nicht deine Gene, die dein Leben bestimmen. Mit der richtigen Haltung und einer Offenheit dem Leben gegenüber kann sich dein Leben völlig verändern.

Das neue Bewusstsein und der Kontakt mit dieser unendlich befreienden Kraft definierten die Entwicklung deiner Zellen. Das Gehirn ist der Chemiker und bestimmt, welche Chemikalien ausgeschüttet werden. Die inneren Bilder

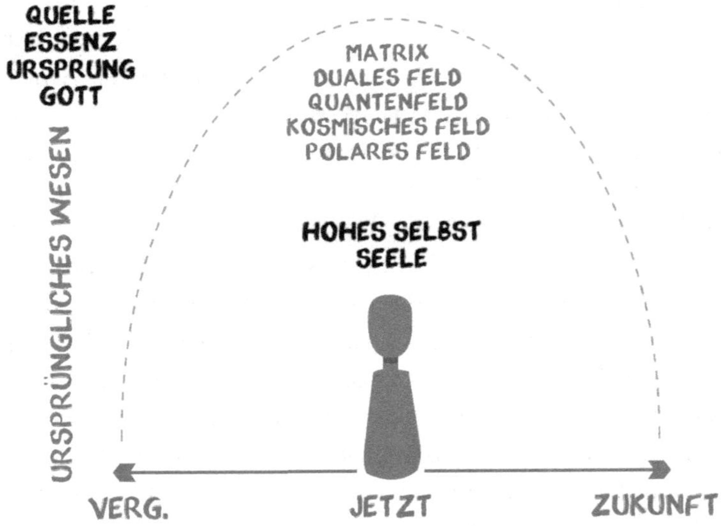

Abb. 3: »Ursprüngliches Wesen außerhalb der dualen Welt«

und die sinnliche Erfahrung in diesem Glücksmoment üben eine Wirkung auf das gesamte Körpersystem aus. Serotonin, Dopamin und andere Hormone verändern die Zellen in ihrem Nährmedium. Diese Umgebung beeinflusst deine Zellen, nicht nur die physische Umgebung, sondern die chemischen Botenstoffe kontrollieren unsere Gene. Gene sind nicht unser Schicksal! Das betont Bruce Lipton in seinen Forschungen besonders eindrücklich.

Wir hören im Kontakt mit dem ursprünglichen Wesen auf, nach den Programmen der Matrix zu leben. Einsamkeit, Traurigkeit, sich ausgeschlossen oder nicht verstanden fühlen, wandeln sich in Harmonie oder es wird ein möglicher Lösungsweg deutlicher erkennbar. Wir können leichter aus Bewertungen aussteigen und sie sein lassen. Verletzungen des Egos heilen. Nach und nach agieren wir aus unserem tiefsten Wesenskern. Wir fühlen uns anders verbunden mit der inneren Weisheit, die beruhigt und ganz sicher macht im Tun. Wir kommen in einen meditativen Zustand, vertrauen einer Stimme tief in uns, die sagt: Alles ist gut! Deine Wahrnehmungen, die Umstände und die Bewertungen verändern sich dadurch. Was fällt uns leichter, als uns mit unseren Ahnen auszusöhnen, wenn es nötig ist, weil wir Klarheit über die Zusammenhänge und Verstrickungen erhalten. Alles, was dich schmerzt, im Verhalten eines Zweiten, erkennst du als äußere Manifestation eines verdrängten Schattens in dir. Denn im »Self-Walk« verändern wir die inneren Bilder und die inneren Erlebnisse und es verwandelt sich unser Erleben. Nimm dabei mit offenem Herzen an und bleibe im Jetzt im Moment des Fühlens, ganz präsent. Die Vorstellung, Herrschaft über unsere innere Chemie zu haben, die uns gedeihen lässt, ist ein wahrhaft selbstermächtigendes Gefühl.

In diesem Zusammenhang liefert uns auch Joe Dispenza wunderbare Forschungsergebnisse. Er konkretisiert und bezeichnet die Membran der Nervenzelle als den Ort, an dem eine interne Kommunikation angestoßen wird. Ionen leiten elektrische Signale sofort von der Zellmembran ins Zellinnere und laden dadurch die gesamte Zelle positiv auf. Ich verwende dazu immer das Bild einer Radioantenne; man sieht nicht, was empfangen wird, kann das Resultat aber als Musik hören. Dieser Ionenfluss dauert nur fünf Millisekunden, aber das reicht aus, um einen elektrischen Stromfluss zu generieren, das Aktionspotenzial zwischen Zellinnerem und Zelläußerem. Dabei handelt es sich um ein kräftiges, elektromagnetisches Feld. Das heißt, ist das Gehirn aktiv und sind wir mit unserem Herzen in diesem Glücksmoment voll präsent, dann »feuern« Millionen von Neuronen gleichzeitig auf unsere Zellen und produzieren dann ein messbares Feld. Mithilfe der Elektroenzephalografie (EEG, von altgriechisch enképhalos, deutsch ›Gehirn‹, gráphein, deutsch ›schreiben‹) messen Wissenschafter die Aktivität des Gehirns und bilden sie dann grafisch ab.

Noch deutlicher wird das Phänomen der Veränderung, wenn die Messungen mit einem Magnetenzephalographen, der MEG-Technik, durchgeführt werden. Mit Sensoren und Magneten, die über den Schädel und dem Gehirn eine 3-D-Karte erstellen, beweisen Neurowissenschafter, im Besonderen um das Team von Joe Dispenza, wie die Veränderung der elektrischen Ströme aktiver Nervenzellen stattfindet. Wenn sich innere Glaubenssätze umwandeln, findet diese Veränderung auch außerhalb des Kopfes statt und ist dort messbar. Das beweist, dass Gedanken Schwingung und Resonanz erzeugen können. Was so viel heißt, wie dass alles, wirklich alles, was ich aussende, zu mir zurückkommt. Das ist das natürliche Konzept dieser Welt. Wenn wir diesen Gedanken weiterdenken, bedeutet das: Ich habe die Wahl, etwas Anderes auszusenden. Mit dem Resultat: Glückliche Menschen sind nicht nur glücklich, sondern auch gesund.

Dieses innere persönliche Erleben, mit dem ursprünglichen Wesenskern in Kontakt zu treten, ist ein machtvolles Werkzeug. Je öfter dieser innere Erlebensmoment im meditativen Zustand wiedererinnert wird, desto eindrucksvoller entwickelt sich das gedachte und gefühlte innere Erleben zum eigenen Schicksal.

Denn wer Tag für Tag dieses positive und kraftvolle Erleben von Neuem aktiviert, durchdringt seine Zellen mit einer »Powerbank«. Die täglich gefühlten Emotionen senden ein immer stärkeres biomagnetisches Feld aus, bis wir ganz in diesem Seinszustand ankommen. Gedanken werden leichter, Gedankenschwere nimmt ab. Du wirst stabiler, sicherer, positiver.

Lena erzählt mir: »Beim letzten heftigen Hustenanfall meines Kindes, Verdacht auf (Pseudokrupp), blieb ich ruhig und ich wusste, was ich tun muss. Ich war sicher, was ich ihm geben soll, die Kraft meines ursprünglichen Wesens vermittelt mir Sicherheit und eine Art Weisheit. Sie beruhigt mich und macht mich ganz gefestigt in meinem Tun. Unhinterfragt gebe ich dann meiner Tochter die richtigen homöopathischen Mittel und Stärkungen, damit ihr Hustenanfall in der Nacht abklingen kann.«

Maria erzählt mir: »Mein regelmäßiger Kontakt mit meinem ursprünglichen Wesen unterstützt mich im Umgang mit HSP-Kindern. Ich kann Kindern unglaublich helfen, ihren Wahrnehmungen zu vertrauen. Mein Zugang zu meinem eigenen intuitiven Wesen ist klar und kraftvoll. Es tut mir gut, so damit verbunden zu sein.«

Materie folgt dem Geist und die Epigenetik wird zum Ingenieur deines Erlebens. Der innerlich erlebte Moment, die Verbindung mit deinem Wesenskern, prägt sich intensiv in das Gehirn, genauer, in die neuronalen Verschaltungen ein. Das Gehirn kann nicht zwischen der tatsächlichen Erfahrung und den bloßen Gedanken unterscheiden. Aus neurochemischer Sicht sind tatsächliche Erfahrung und bloße Gedanken dasselbe und der Körper und das gesamte Empfinden verändert sich so, als hätte das Ereignis, egal was diesem zugrunde lag, bereits stattgefunden.

Meine Erfahrungen rund um meine Phantomschmerzen, meinen unbeweglichen, »vielfach« genagelten Arm und meine Beweglichkeit nach meinem Motorradunfall waren sehr ähnlich. Tag für Tag richtete ich meine Gedanken auf Heilung aus. Ich bildete alle nötigen Bilder dazu aus und erlebte, fühlte und spürte sie täglich in meinem Inneren. Ich sah mich, wie ich wieder gehen, tanzen und mich unbehindert lebendig bewegen konnte. Mein Herzenswunsch, geheilt zu leben, wurde zu einer stark vibrierenden Kraft. Jener »Powerbank«, die zwei Jahre später Realität werden sollte. Ein Leben ohne Schmerzen und ohne Behinderung. Sogar mein Gehirn tankte sich mit jeder neuerlichen inneren Erfahrung auf und ich fand wieder Zugang zu meiner Erinnerungsfähigkeit und zu meinem Gedächtnis. Heute weiß ich, es war ein ähnlicher innerer bildlich, chemischer Prozess, wie ich ihn oben beschrieben habe. Ähnlich bemerken wir den Kontakt mit unserem eigenen ursprünglichen Wesen.

Tag für Tag formt sich damit deine Realität. Du bist dieser neue Seinszustand und dadurch Schöpfer deiner Wirklichkeit.

Bist du neugierig geworden und stellst du dir vielleicht selbst die Fragen: »Wer bin ich in meiner Tiefe? Wie wird sich meine Kraft des ursprünglichen Wesens anfühlen?«

Jeder von uns hat dieses Potenzial in sich. Das ursprüngliche Wesen baut die Brücke zwischen dem längst Vertrautem und dem möglicherweise völlig Neuen und unterstützt einen Zustand, in dem du alles verändern kannst. In dieser Kraft fühlst du dich sicher. Du erkennst: Ich trage sämtliche Informationen in mir. Ich brauche nur etwas Mut, um mir selbst zu vertrauen. Der Mut hilft dir, in einen anderen Level des Bewusstseins zu gelangen und, ungeachtet aller Widerstände, deiner inneren Führung zu vertrauen. Mit deiner Wesenskraft lernst du Spiritualität in Alltagssituationen oder im Beruf in Beziehung zu setzen.

Wie oft hast du so etwas schon gelesen oder gesagt bekommen? Wie oft hat es dir dann doch an Mut und Erfahrung und Routine gemangelt? Und genau da liegen fast immer die kleinen Stolpersteine, die leichter zu beseitigen sind, als die meisten sich vorstellen können. Solche Hürden sind gespeicherte Prägungen oder Erinnerungen, die dich bremsen.

Wie in einer Blaupause sind sie in der Matrix aufbewahrt. Sie lenken unser Schicksal, weil wir sie wie ein riesiger Magnet anziehen. Doch diese Programme kannst du grundlegend löschen oder zumindest so weit transformieren, dass du aus deinem Selbst handelst und weniger aus deinen gespeicherten Programmen. Du wählst andere Möglichkeiten für dich. Es fühlt sich dann nicht mehr an, als ob eine Fliege unentwegt und mit aller Kraft gegen eine Fensterscheibe fliegt. Wir Menschen handeln oft genauso. Wir tun mehr vom Selben, wir meinen, über Wissen Erkenntnisse zu Themen zu finden und vergessen dabei, die Wurzel, den Ursprung unserer Erinnerungen, zu bearbeiten. Diese Wurzeln sitzen tief im Zellgedächtnis.

Das gilt auch für das »Gedächtnisfeld«, das wir aus unseren Familiensystemen übernommen haben. Wenn du an deine Herkunftsfamilie denkst, spürst du da ein leichtes Unbehagen oder vielleicht auch Trauer? Ging dir die Wärme ab? Lenkten Oberflächlichkeiten oder Routine deinen Alltag? Oder warst du einem hohen Leistungsdruck ausgesetzt, der dich heute noch prägt? Mag sein, dass dir klar ist, dass eine Belastung vorhanden ist, die dir in deinem Leben schlichtweg schwer mitgespielt hat. Nimmst du wahr, was aus der Familie kommt, und was du von wem übernommen hast? Welche Gemeinsamkeiten aus deiner Familie bei dir vorhanden sind? Registrierst du, dass du mehr als einen »Schatten« hast, der dich in deinem Vorwärtskommen beeinflusst? Oder merkst du, wie sich alte Familiengeschichten oder Themen wiederholen und du daran gar nichts ändern kannst?

Es ist eine reine Geduldsfrage, die unterschiedlichen Situationen nur mit dem Bewusstsein lösen zu wollen. Deine Versuche, sie mit dem Verstand zu analysieren, scheitern an etwas, das mächtiger ist als dein Köpfchen. Das Etwas nenne ich dein »matrisches Feld« und deine Zellerinnerungen. Sie wirken wie ein riesiger Magnet, der mit allem schwingt, was darin gespeichert ist. Es geht in Resonanz mit diesem impliziten Gedächtnis, einem Verhaltensgedächtnis aus der Vergangenheit. Solche Resonanzen sind Verhaltenserinnerungen und werden im wirklichen Leben wiederholt und übertragen, ohne dass wir uns dessen bewusst sind. Siehe dazu Abb. 5 auf Seite 193: »Speicher wirken bis in die Vergangenheit anderer Existenzen zurück«

Wie kannst du dir so eine Wiederholung vorstellen?

Eine Klientin erzählte mir von einem bereits viele Jahre andauernden Erbschaftsstreit, der zum Nachteil und Schaden der weiblichen Familienmitglieder ausgetragen wurde. Die Frauen kämpften jahrelang um ihr Recht und standen vielen Intrigen, Lügen und Falschaussagen gegenüber. Ein machtvolles, patriarchales System von Abwertungen des grundsätzlichen Frauseins hatte Auswirkungen auf die Nachkommen. Sie erzählte: *»Frauen waren in unserer Familie immer komplett wertlos. Erst als ich als Erwachsene meinen Doktortitel verliehen bekam, wurde ich von meinem Großvater (an)gesehen und (an)erkannt. Vorher war ich für ihn nicht sichtbar und wurde von ihm nicht bemerkt. Ich erkannte darin die ›bedingte Liebe‹, die Liebe, die mit der Wertigkeit von Frauen zu tun hat. Das zeigte sich in unserer Familie vor allem in der Diskussion um den Nachlass, bei dem Frauen keine Erbrechte zuerkannt wurden. Am liebsten wollte ich alle diese alten Geschichten auslöschen, die Angepasstheit, die Orientierung an patriarchalen Systemen und die Fassade, die immer nach außen gerichtet ist. Für mich war das keine Liebe, sondern eine extreme Abwertung. Die fehlende Leichtigkeit, die Eigendefinition* *über Leistung und das Gefühl, als Person nichts wert sein zu dürfen, erlebte ich als sehr belastend. Ich hatte, kurz gesagt, den Eindruck, in meiner aktuellen Beziehung keinen Wert zu haben und nur eine ›Mini-Rolle‹ als Familienmitglied zugesprochen zu bekommen. Ich sollte einfach funktionieren. Die Stellung der Frau war aber auch in unserer Ursprungsfamilie ein Thema. Mehr und mehr nahm ich das auch in meiner jungen, neuen Familie wahr.«*

Tatsächlich zeigte sich bei unserer gemeinsamen Arbeit, dass Frauen dieser Familie in allen Generationen immer wieder um ihr Erbe betrogen worden waren. Es gab außerdem Frauen in den Ahnenreihen, die herabgewürdigt und hintergegangen wurden. Zum Beispiel wurde einer Tochter das Geburtsrecht ihres Erbes einfach aberkannt. In früheren Generationen war es durchaus üblich, Mädchen zu verkaufen, um die Erbfolge nicht zu gefährden. Natürlich gab es auch Frauen, die verzweifelt gegen diese patriarchale Welt ankämpften. Doch ihr Leiden wurde nie gelöst. Aus dem Blickwinkel der systemischen Familientherapie und aus einigen schamanischen Lehren wissen wir, dass wir die Informationen aus zirka sieben Generationen in uns tragen. Daher können auch Unbeweglichkeit, Entkräftung und Handlungsunfähigkeit typische Auswirkungen solcher oder ähnlicher Familiengeschichten sein. Sie wirken bis in heutige, junge Familien hinein. Frauen der nachfolgenden Generationen erleben Ähnliches in unterschiedlichen Zusammenhängen. Die Bandbreite solcher Folgeerscheinungen reicht von leidenschaftlichen Gerechtigkeitskämpfen, Leiden unter einem Gefühl der Unfreiheit, tatsächlicher Unterdrückung, Zwängen bis hin zu undefinierbaren Ängsten.

Wie bringst du Bewegung ins System und kannst das Gefängnis der Matrix verlassen?

Jeder Mensch ist einmalig und jede Phase eines Menschen stellt ihn vor nicht vergleichbare Herausforderungen. Deshalb ist es vernünftig und effizient, Wahlmöglichkeiten zu entwickeln. Durch richtige Fragestellungen öffnen sich dann neue Türen. Wie schon eine alte Lebensweisheit sagt: »Wenn sich eine Tür schließt, öffnet sich eine andere.« Dann entstehen auch neue Lösungen. Es formt sich eine neue Sicht der Welt oder es tun sich Alternativen auf. Vergangenheit, Gegenwart und Zukunft bilden in uns ein System. Die unterschiedlichen Zeiten wirken auf einander. Dabei ist es unerheblich, genau zu wissen, wie die Geschichte war, es reicht nachzudenken, wo etwas zu verändern ist. Daher lege ich wenig Aufmerksamkeit auf die Problemschilderung, sondern konzentriere mich mehr auf die Fragen, auf die Ausnahmen, auf das »Stattdessen« und vor allem, wo im Körper das Gefühl abgespeichert wurde. Im Kapitel 8 beschreibe ich die *Köper-Resonanz-Methode*, die den Beginn der Reise zum ursprünglichen Wesen darstellt. Meine Haltung während der Begleitung meiner Klienten ist voller Offenheit und Wertschätzung. Ich schaue nach, prüfe und wähle aus, was uns, meinem Klienten und mir die jeweilige Situation anbietet. Das Herzstück bleibt aber immer fokussiert darauf, dass der innere Ort, aus dem wir handeln, verändert werden soll.

Ich glaube nicht daran, dass die Welt nur in einer linearen Zeit existiert, vielmehr passiert alles in einem ewigen Moment eines unendlichen Raumes. Zeit ist aus meiner Sicht eine Illusion und wird nur in der dualen Weltsicht als real erlebt. Alles findet gleichzeitig statt. In der Matrix sind die Erinnerungen über Äonen von Leben als Energiefelder gespeichert. In unserer dreidimensionalen Welt manifestieren sich diese Informationen in einem solchen Umfang, dass wir es uns kaum vorstellen können. Felder organisieren sich als nicht sichtbare Faktoren (Meme) in unserer Realität. Das heißt, dass ungelöste Familienthemen, Generationskonflikte, verstorbene Seelen oder Seelenanteile, gewollte oder ungewollte Fehlgeburten bis in mehrere Generationen wirken, Ereignisse aus unterschiedlichen Lebensepochen können Auswirkungen in Form von psychischen oder physischen Krankheiten und Symptomen haben. Es ist möglich, diese Informationen, die sich in der Zelle wiederfinden, zu überschreiben. Der Arzt Hans Hein beforschte die Meme als intelligente Felder, die uns einen Zugang ermöglichen, um Verstrickungen zu finden und zu erlösen. Hierzu ist es unabdingbar, die Idee von »Zeit und Raum«, von Getrenntheit und der Vormachtstellung des Verstandes aufzugeben. Der Unterschied von Zellerinnerungen und Emotionen, die im Herz-Gehirn gespeichert sind, bedeutet, zwischen gespeichertem altem Wissen und jenen Erfahrungen, die aus diesem Leben stammen, zu unterscheiden. Intuition und der herzintelligente Umgang sind das stärkste Mittel, um mit diesen Feldern und deren Informationen umzugehen. Intuition und systemisches Wissen hilft, die Kopplungen und die Verstrickungen mit dem Problem zu löschen.

Im Anschluss lade ich dich ein, selbst einige Übungen und Experimente mit deinen Themen, Fragen oder Anliegen zu wagen.

Starte mit maximaler Aufmerksamkeit zu deinem Körpergefühl und erkenne das magnetische Feld!

Die erlebten Empfindungen, wenn du zum Beispiel an ein Problem, eine brennende Frage oder ein Symptom, das dich selbst betrifft, denkst, geben dir die Hinweise darauf, was deine Zellen, dein Herz, dein Gehirn an Erinnerungen gespeichert haben. 95 Prozent basieren auf unbewussten Programmen, du musst sie deshalb nur absichtlich und ausdrücklich beobachten. Unser Gehirn verkoppelt und verknüpft weltmeisterlich Bilder mit der entsprechenden Emotion und speichert sie ab. Dadurch entstehen intensive neuronale Verschaltungen, die wir, wenn wir das Gehirn im Scanner betrachten würden, als Aktivität in Form eines »Aufflackerns« erkennen könnten.

Welche Dinge kommen leicht und mühelos? Wobei kämpfst du? In diesen Fragen ist die unmittelbare Beschaffenheit eines Programmes, das dir nicht dient, erkennbar.

Du hilfst dir selbst, wenn du dir ein tatsächliches Bild für eine Wunschsituation oder ein Problem wählst. Denn Bilder sagen mehr als Worte. Vielleicht findest du beim Durchblättern unterschiedlicher Magazine Bilder, die passend sind. Suche dir bitte eines für eine positive Situation, einen Wunsch oder ein Ziel aus. Ein anderes Bild für deine Hürden, deine Krankheit oder deine Hindernisse. Lege sie vor dich hin und beginne zuerst mit dem Bild, das dich sofort innerlich bewegt. Atme entspannt und achte in dir darauf, welches Körpergefühl auftaucht. Nimm dein Körpergefühl wahr, ohne es zu bewerten. Also zum Beispiel einen Druck auf der Brust oder ein enges Gefühl in der Magengrube. Nimm es bitte einfach nur wahr, denn es ist, wie es ist, ohne Bewertung.

Dein »Kino im Kopf« ruft fortwährend die gleichen Reaktionen hervor.

Negative Emotionen haben eine intensivere neuronale Verschaltung als positive, denn Stresshormone sind die kraftvollsten Proteindünger für die Nervenbahnen. Sie sichern bereits seit Urzeiten unser Überleben. Ohne es zu beabsichtigen, brennen sich stressgeplagte oder als Angst erlebte Gefühle in unser Gehirn sehr stark ein. Das Bild des negativen Gefühls und die Emotion selbst bilden so einen Speicher im Gehirn, der immer dann reaktiviert wird, wenn wir über die Vergangenheit und die Erlebnisse nachdenken und grübeln. Wenn wir Aspekte oder Teile davon in unserem Leben wiedererkennen. Oder wenn wir an unsere negativen Gefühle immer wieder denken, dann aktivieren wir unsere Langzeiterfahrung und die dazugehörigen Stresshormone. Denn Emotionen sind stets Aufzeichnungen der Vergangenheit. Solche Gedanken- und Gefühlsschleifen konditionieren unseren Körper. Du kannst das selbst verändern, dazu gleich mehr.

Probiere es gleich einmal aus!

Nimm dir nun eines deiner gewählten Bilder und lege es vor dich hin. Erinnere dich an die für dich sehr unangenehme oder an die sehr angespannte Situation. Schau dabei das Bild an. Lass dir dabei einfach Zeit und tauche in das Gefühl dazu ein. Achte darauf, wie dein Körper sich verhält und welche Stelle deines Körpers auf diesen unangenehmen Zustand reagiert! Nimm sie bewusst wahr. Wenn du gut wahrnimmst und du möchtest deine unguten Gefühle mildern oder durch positive Empfindungen ersetzen, empfehle ich dir die Technik 4 aus Kapitel 8. Es ist eine wunderbare Selbstcoaching-Methode, um Gefühlsregungen und Körperempfindungen zu entspannen. Es hilft dir, wenn du deine Erfahrungen mit dieser Übung für dich aufschreibst.

Genauso wie du dir negative Zustände vorstellen kannst, kannst du dir auch *Glücksmomente deines Lebens vorstellen.* Zum Beispiel: dein erstes Rendezvous, deine Hochzeit, die Geburt eines deiner Kinder. Nimm dir ein Bild, das du dazu besitzt oder ein anderes Symbolfoto, das deinen glücklichen Moment ausdrückt und fühle in dir: Wo reagiert jetzt dein Körper? Du wirst bemerken, dass alles gespeichert ist und im Körper Reaktionen auslösen wird.

Das Gestern erschafft das Morgen.

Die gespeicherten Erinnerungen und Gefühle erzeugen automatisch ein magnetisches Feld und ziehen stets ähnliche Erfahrungen an, das heißt, sie wiederholen unweigerlich Ereignisse. Daher braucht es Unterstützung, um die Spuren der Vergangenheit zu löschen und die Zukunft nicht mit der Wiederholung der Vergangenheit zu beginnen. Die *Erinnerungen und Emotionen sollen voneinander getrennt wahrgenommen* werden, so Gerald Hüther, Neurobiologe und Autor, in seinen Publikationen und Vorträgen. Das Ankommen im Jetzt und ein Leben im Moment sind die Schlüssel für Leichtigkeit. Nur so öffnen sich die Sinne für Empfindungen. Neues, Fremdes, Gedanken, Ideen, Gefühle oder Impulse können dann besser wahrgenommen werden. Wenn wir den Augenblick erfühlen lernen, kommt auch der Kontakt mit unserem ursprünglichen Wesen leichter zustande. Ein wichtiger Lernschritt, der uns nicht immer leicht gelingt.

Trau dich! Sei mutig! Entscheide dich dafür, dich von allen Strukturen deines alten Bewusstseins zu lösen!

Der Lohn für den Mut, Altes auszuräumen, berührt tief im Herzen. Jene, die mit ihrem ursprünglichen Wesen in Kontakt treten, ergießen sich in Tränen der Freude, so tief empfinden sie die Genugtuung, endlich aus der Spirale des leidvollen Erlebens aussteigen zu dürfen. Die Zellen erinnern sich und unser gesamtes System schwingt und verbindet sich wieder mit dem, was wir ursprünglich waren, mit dem Kern unseres Seins, der Quelle, der Essenz!

Der Körper ist nichts anderes als Geist, Licht und Energie. Irgendwann hat sich diese Erscheinungsform entschieden, sich als Körper auf die uns bekannte irdische Reise zu begeben. In der dualen Welt beginnen die Verflechtungen, Verstrickungen und Ausdrucksformen der Polarität. Wir nehmen diese Welt als Tag und Nacht, als Hell und Dunkel, als Gut und Böse, männlich und weiblich wahr und leben selbst in dieser Ausdrucksform der Gegensätze. Als Seelenwesen wählen wir unsere nächsten Lern- und Erkenntnisschritte und tauchen immer wieder in diese Form der Verkörperung ein. Als Kleinkind verbindet sich alles in uns mit dem Umfeld, in das es geboren wird. Es verknüpft sich mit dem Familiensystem und dessen Biografien. Es nimmt wie eine Parabolantenne Schwingungen, Emotionen, Erinnerungen und Speicher auf. Wie ein Kaleidoskop fügt sich die Energie aus dem Feld zusammen und formt unser Erleben. Mein Mann meinte einmal: »Mein Körper ist nur geliehen. Er gibt meiner Seele ein Zuhause.« Wir formen diese Bleibe mit dem, was wir aufnehmen, sowohl mit der Ernährung als auch aus geistig-energetischer Sicht. Ich meine sogar, der Körper weist uns hin, welche Wahl wir getroffen haben. Er strotzt vor Gesundheit oder spricht über Schmerzen, Anspannung oder Entspannung zu uns. Symptome und Krankheit sind aus meiner Sicht der »Dialog«, den die Seele wählt, wenn sie über unseren Körper kommuniziert. Die alten Geschichten kommen damit ans Tageslicht.

Wer jetzt denkt, »Aha, ich bin also selbst schuld an meiner Erkrankung, ich habe da etwas falsch gemacht«, der irrt. Ihn möchte ich ermutigen, die Gedanken von Schuld, von Richtig oder Falsch zu lassen und eher in Kategorien von Möglichkeiten, Chancen und Lernschritten zu denken. Somit eher den Bezug zu sich selbst umzugestalten. Stelle dir eine Frage zu deinem schmerzenden Zustand in deinem Körper oder einer Verspannung, die sich jetzt besonders zeigt. Zum Beispiel: Welche Botschaft sollte ich darin erkennen? Was braucht meine schmerzende Stelle jetzt von mir? Oder Fragen wie: Was will ich erkennen? Welche Möglichkeit eröffnet sich dadurch für mich? Wo kann ich wachsen? Was braucht mein Köper wirklich? Was will meine Seele ausdrücken? Wie kann ich mir besonders liebevolle Zuwendung geben? Egal was dich gerade bewegt. Vielleicht benötigst du etwas ganz anderes, als du zuerst mutmaßt? Du verfügst über eine menschliche Datenbank an Erfahrungen, Gedanken, Talenten, Fähigkeiten und Gefühlen. Nimm wahr, wo etwas aus dem Gleichgewicht geraten ist, und entscheide, wie du wieder mit dir in Kontakt treten kannst. Lass dir Zeit, oft benötigen wir ein öfters »Zeit nehmen« für uns selbst, um zu erkennen, welche Impulse unser Körper gibt. Erlaube dir mindestens 15 Minuten bei dir zu sein und auf deine innere Botschaft zu hören. Es kann sehr überraschend sein, das zu entschlüsseln, was dein Körper braucht.

Nichts davon ersetzt den Arzt, doch es kann dir helfen, mit den schmerzenden Regionen deines Körpers fruchtbar in Kontakt zu kommen. Lasse diese tiefe Begegnung mit deinem Körper regelmäßig zu und komme so in den Kontakt mit dir!

Wir benötigen dazu nur ein wenig Training und Achtsamkeit, um die Körperreaktionen auch wahrzunehmen, die wir im Alltag meist von uns schieben. Es ist wie das Lernen einer Sprache, das Lernen der Sprache deines Körpers. Eine Metamorphose, die zuallererst von den bestehenden Erfahrungen ausgeht. Von jenen Lebenssituationen, die jetzt, im Moment, bewegen und rütteln und uns eigentlich nur erinnern wollen, zu unserem ursprünglichen Wesen zurückzukehren. Die Öffnung für die Frequenzen von Liebe, Mitgefühl und innerer Stärke bewirkt eine Erhöhung der eigenen Schwingung. Wenn du an deiner spirituellen Entwicklung und am Ausbilden deiner Hellsinne bewusst arbeitest, wirst du konkrete Veränderungen wahrnehmen.

Ich selbst konnte mich, wie erwähnt, nicht damit abfinden, dass meine chronische Schilddrüsen-Entzündung, ausschließlich mit der Gabe von Hormonen zu lösen wäre. Statt ein Leben lang Tabletten zu schlucken, suchte ich mögliche Ursachen in meiner inneren Datenbank. Was war aus dem Gleichgewicht geraten? Wo wollte mich mein Körper aufmerksam machen etwas ins Lot zu bringen? Ich löschte unendlich viele innere Konflikte, mein Unfalltrauma, den Schock darüber, so heftig aus meinem erfolgreichen Leben gerissen zu werden. Transformierte alte Belastungen, Zusammenhänge und Geschichten, die in mir Widerhall fanden.

Mit jedem Entfernen meiner Hindernisse verbesserte sich meine Lebenskraft. Glück und Licht-Informationen durchfluteten meine Zellen. Alte Traumata lösten sich auf, gespeicherte Bilder veränderten sich. Die DNA meiner Zellen, die Hardware, die durch Licht gesteuert wird, begann zu leuchten, so erhielten meine Zellen andere Impulse für die Zellteilung. Das Feld um mich veränderte sich und andere Menschen ließen mich anders reagieren. Meine Blutwerte reduzierten sich schrittweise, die Gabe der Schilddrüsenhormone ist heute nur noch ganz gering. Ich erkenne rascher, wann ich wieder aus dem Lot gerate und verschiebe dann meine Prioritäten.

Wie eine kleine Kompassnadel stellt sich mein innerer Kompass wieder in meine Wunschrichtung ein. Beim richtigen Kompass ist es die magnetische Nord-Süd-Richtung. Damit stellt sie sich parallel zum magnetischen Feld und seinen Feldlinien der Erde. Bei mir ist es mein inneres Gesundheitsbild.

Konkrete Anleitung für deinen persönlichen »Self-Walk«

Für diese Übung benötigst zwei bis vier Quadratmeter, auf denen du dich frei bewegen kannst. Weiters brauchst du zwei leere Karten oder leeres Papier, etwa in der Größe A5, das ist das halbe A4-Format. Dazu suche dir noch zwei oder drei runde, handtellergroße Steine oder Symbole aus Holz oder Metall. Du benötigst sie, wenn auf deinem Weg Informationen und Erinnerungen zu löschen sind. Nimm einfach die, die dich spontan ansprechen. Du kannst sie nach der Übung wieder anderweitig verwenden, du musst sie nach der Übung einfach nur reinigen, indem du sie mit Wasser abspülst, in die Sonne legst oder für ein paar Tage in der Natur deponierst. Du darfst dir für diese Übung individuell lang Zeit nehmen. Gehe die Übung bewusst langsam an und in Begleitung einer ruhigen Meditationsmusik, die du dir vorher aussuchst. *Bevor du beginnst, denke daran, dass du den* »Self-Walk« jederzeit wiederholen kannst, wenn du den Eindruck hast, dass beim ersten Mal nicht alles erlöst wurde oder wenn dein Körper auf ähnliche Erlebnisse immer noch heftig reagiert.

Anleitung Self-Walk

- Schreibe auf eines der vorbereiteten Kärtchen oder auf ein Blatt Papier das Wort »*Jetzt*«, und auf ein zweites Kärtchen die Wörter »*ursprüngliches Wesen*«. Diese Karten werden als Bodenanker in den Raum gelegt. Dabei entscheide dich, wo im Raum für dich die Gegenwart ist und wo im Raum sich für dich die Vergangenheit befindet. Schließe bitte für einen Moment die Augen. Vertraue einfach den ersten inneren Impulsen, die auftauche, wo du die Karten auf den Boden legen möchtest. Die ersten sind fast immer die richtigen. Richte deine Aufmerksamkeit nun auf deinen Atem, auf die Hände, auf deine Füße.
- Bevor du die Karten auf den Boden legst, »informiere« die Karte über deinen Atem, wofür sie steht, für das Jetzt, den Augenblick und atme mit drei tiefen Atemzügen auf die Karte aus. Damit verbindest du dein Inneres mit dem Bodenanker. Atem ist Leben. Wir beginnen unser Leben mit dem ersten und beenden es mit dem letzten Atemzug, der Atem trägt also alle wichtigen Lebensinformationen in sich.
- Lege die Karte dann so im Raum ab, dass dabei noch für die zweite Karte Platz bleibt, die du in einer Linie und in angemessenem Abstand von etwa ein bis zwei Metern Entfernung ablegen kannst. Danach nimmst du auch die Karte »*ursprüngliches Wesen*« in deine Hand, atmest wieder mit drei Atemzügen deine Information hinein. Ein Teil von dir weiß, was dieses ursprüngliche Wesen sein kann, bestimmt nicht dein Verstand, daher erlaube dir über deinen Atem diese energetische Information zu übertragen. Danach legst du sie in der zuvor beschriebenen Entfernung vor oder hinter die erste Karte. So, das war es auch schon, du hast jetzt den Rahmen für deinen »*Self-Walk*« gelegt.

Jetzt kannst du mit deinem Körper den ersten tiefen Kontakt herstellen. Stelle dich auf die Karte »*Jetzt*«, so dass dein Rücken in Richtung »*ursprüngliches Wesen*« zeigt. Spüre deine Füße, mit denen du auf der Karte stehend den Boden berührst. Fühle dazu auch deinen Atem und stell dir dabei vor, wie mit jedem deiner Atemzüge Wurzeln aus deinen Fußsohlen in die Erde wachsen. Nimm dir dazu Zeit, so lange, bis du fest und sicher auf dem Boden stehst. So lange, bis du gut verwurzelt bist, richtiggehend verankert, den Kontakt deiner Fußsohlen präsent und satt auf der Erde spürst. Solltest du wider Erwarten völlig durcheinander oder geistig abwesend sein oder dich unaufmerksam fühlen, praktiziere als Einstimmung auf diese Übung einige Tage davor die Erdungs- und Wurzelübung aus Kapitel 6. Das tust du am besten gleich in der Früh nach dem Aufstehen. Je öfter du das machst, umso besser wird dir dein »Self-Walk« gelingen.

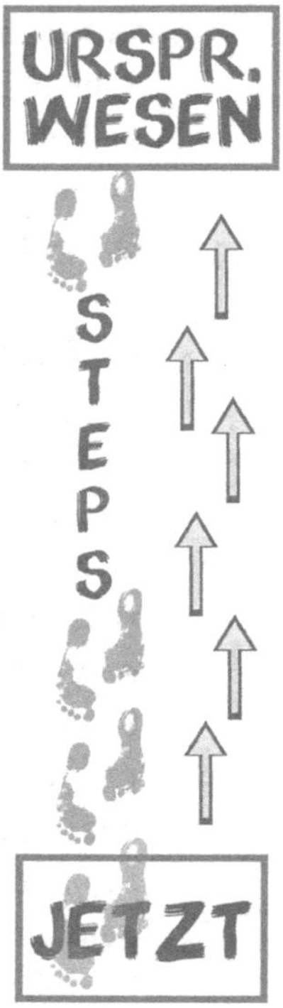

– Nun aber wieder zurück zum festverwurzelten Stand! Wenn du gut und fest verwurzelt bist, deine Fußsohlen sich auf dem Boden so richtig gut festgesaugt haben, mache den ersten Schritt nach hinten, langsam und bewusst. Beende den ersten Schritt damit, dass deine Füße wieder parallel nebeneinanderstehen. Spüre in dich hinein und beobachte bei jedem Schritt, den du gehst, was sich dabei in dir, in deinem Körper und an der Stelle des Bodens, mit dem du Kontakt hast, verändert.

- Du kannst deine Empfindungen auch gerne zu Papier bringen oder auf dein Handy sprechen, damit du dich später dadurch leichter erinnerst und Hindernisse aus dem Weg räumen oder Klärungen findest kannst. Manchmal erhältst du sofort Impulse. Das können Bilder sein, die in dir auftauchen, Sätze oder Erlebnisse. Auch körperliche Empfindungen können stärker werden. Du stehst vielleicht unsicherer, dir wird plötzlich leicht schwindlig, dein Atem wird flacher oder du bekommst Herzklopfen. Du kannst es sofort bemerken, manchmal dauert es etwas länger. Egal wie lange es dauert, nimm deine Impulse ernst! Dein Körper weiß nämlich genau, was er braucht, um Lösungen und Befreiungen herbeizuführen. Unser wunderbarer Körper gibt uns klare Anweisungen, was zu tun ist, wenn wir uns auf seine Signale einlassen.
- Gehe nun behutsam Schritt für Schritt zurück zum Kärtchen, zu dem du mit dem Rücken stehst. Am besten mit geschlossen Augen. Notiere dabei stets deine Empfindungen und folge deinen intuitiven Impulsen. Vielleicht willst du ja auch die eine oder andere Technik der *KR-Methode* einsetzen, die zu deinen momentanen Empfindungen passt. Oder es passt jetzt, einen der Clearing-Sätze auszusprechen, die du im Kapitel 10 »Erinnerungswissen der Zellen«, um alte Lasten zu löschen, findest.
- Setze die nächsten Steps nach hinten, so lange, bis du beim Kärtchen *»ursprüngliches Wesen«* angekommen bist. Noch ein Hinweis: Versuche, deinen Weg mehr zu erfühlen, anstatt ihn einfach nur zu gehen.

Übung Fortsetzung: Ankommen im ursprünglichen Wesen

Äußerlich: Wenn du auf der Karte »ursprüngliches Wesen« angekommen bist, prüfe bitte bewusst noch zwei Schrittchen zurück oder nach vor und fühle, ob du wirklich richtig bist.

Innerlich: Gehe diese Schritte, die du jetzt äußerlich tatsächlich gegangen bist, auch noch einmal geistig durch. Stell dir einfach vor, dass du diese Schritte gingest, um noch einmal zu spüren, dass du richtig angekommen bist. Vielleicht macht das einen Unterschied. Vielleicht nur einen kleinen. Wenn du erkennst, dass du korrekt stehst, sprich folgende Sätze laut aus:

»Ich verbinde mich jetzt mit der wahren Essenz meines ursprünglichen Wesens. Diese fließt in mein Herz und ich aktiviere mein inneres Wesen in mir. Mit meinem Bewusstsein öffne ich mich dafür, um eine neue Erfahrungsebene zu bereisen und mich mit der Einheit, der vollkommenen Freiheit, zu verbinden.«

Fülle nun deine Zellen mit der Essenz deines Wesens, des Ursprungs, des originalen Seins, mit deinem Potenzial! *Jetzt!*

Indem du in einem ruhigen, meditativen Zustand bist oder bleibst. Versuche, deinen Geist ruhig und deine Augen geschlossen zu halten. Du wirst die Verbindung fühlen können. Vielleicht ist dein erster Versuch noch nicht »weltmeisterlich«, aber Übung führt ja bekanntlich zur Meisterschaft.

Achte darauf, welche Bilder bei dir an dieser Position auftauchen. Gibt es einen Impuls, ein Gefühl, das dir besonders stark bewusst wird? Hörst du dabei Klänge oder Musik? Gehe auf jede Einzelheit ein. Fühle die Emotion so klar und deutlich wie möglich. Sehr häufig tauchen Empfindungen von intensiver Liebe, tiefer Dankbarkeit, immensem Staunen, lebendiger Freude, riesiger Begeis-

terung, außergewöhnlicher Ehrfurcht auf, um nur einige wenige zu nennen. Lasse dich auf das Gefühl ein, so intensiv wie möglich. Nimm wahr, was du bewusst empfindest, lass dazu Bilder in dir auftauchen.
Fixiere deine Gefühle, um sie immer wieder abrufen zu können. Lege deine Hände auf jene Stelle am Körper, von der aus du dich immer wieder an diese Gefühle erinnern möchtest und setze damit einen äußeren »Anker«. Jedes Mal, wenn du diese Geste wiederholst und die Hände an dieselbe Stelle legst, wird es dir leichter fallen, dich an das intensive Gefühl deines ursprünglichen Wesens zu erinnern. So wird es dir nicht schwerfallen, die Erfahrung wieder und wieder abrufen zu können. Besuche, so oft du es dir gestattest, diesen inneren Platz. Je öfter du deinen Körper daran erinnerst, umso realer wird dein Erleben und dein Herz öffnet sich. Das ist die Zellmembran, das eigentliche Gehirn der Zellfunktion. Daher stellt die sinnliche Speicherung in unserem Körper eine enorme Kraft und Hilfe dar, die Erfahrungen in den Alltag zu integrieren.
Wenn du das Gefühl mit einer Geste in deinem Körper gespeichert hast, öffne deine Augen und nimm das Gefühl deines ursprünglichen Wesens aus diesem Feld mit in die Gegenwart. Die »*Jetzt*«-Karte liegt noch vor dir auf den Boden. Gehe zügig und bewusst nach vorne zu diesem Kärtchen und bleibe auf der Karte stehen.
Atme nun dreimal tief und lang mit offenem Mund ein und aus. Trinke danach viel stilles Wasser, um all deine gelösten Informationen aus deinem Körper auszuschwemmen. Denn diese Transformation geht ganz tief in deine Zellen.
Danach beende die Übung.

»Es ist, als ob ich mich gleichzeitig durch die Zeit vor- und zurückbewege, mein Rücken füllt sich mit Kraft, vorher hat er wehgetan und das ist nun weg!«

»Ich habe das Gefühl, hinter mir steht ›etwas Riesiges‹, ich kann es nicht benennen. Es ist so neu, ich habe den Eindruck, so viel Positives, Schönes, Helles, noch nie erlebt zu haben. Dieses Gefühl ist ganz, ganz toll! Ich bin ein Teil des Ganzen. Trotzdem traue ich mich noch nicht wirklich, Teil von diesem ›Etwas‹ zu sein.« Ich fragte nach, was es brauchen würde, um es annehmen zu können. *»Die Liebe und die Leichtigkeit, vor allem aber die Selbstliebe. Mich annehmen wie ich bin, dann wäre es möglich, ein Teil davon zu sein.«*

»Ich fühle mich so frei! So ein fantastisches Gefühl! Mein inneres kleines Kind hüpft und ist glücklich. Ich bin so lebendig! Bin innerlich frei!« Und plötzlich kommt der Satz: *»Ich BIN!« »Wow, das ist SEIN, so bezaubernd, so still, so klar!«*

»Ich empfinde mich in einem strahlenden Kokon. Hier fühle ich mich getragen und leicht. Ich bin ganz entspannt und würde gerne lachen. Wie klar und selbstverständlich ich die Leichtigkeit in mir empfinde. Ich habe das Gefühl, um mich herum ist alles orange und ich fühle mich wie ein Phönix, der seine Schwingen erhebt. Großartig!«

Während der Begleitungen erinnere ich mich, wie in zahlreichen Büchern die Befreiung von Pegasus, dem geflügelten Pferd der griechischen Mythologie, das Kind des Meeresgottes Poseidon und der Gorgone Medusa, beschrieben wird: Durch seinen Flügelschlag verbindet er das Irdische mit dem Göttlichen. Durch seine Schwingungen reinigt er die Verunreinigungen, die durch die Matrix entstanden sind. Dadurch wird auf allen Bewusstseinsebenen das eigene Selbst erfahrbar als reine, unverfälschte, eigene Erfahrung. Wie passend diese Beschreibung zum Erleben des ursprünglichen Wesens ist!

Gleichzeitig mit dem wunderbaren Bild des Pegasus erinnere ich mich an das unfassbare Credo von Hans Peter Dürr, deutscher Physiker am Max-Planck-Institut, Friedensnobelpreisträger und Träger des Alternativnobelpreises. »*Ich habe mein ganzes Forscherleben damit verbracht, zu fragen, was hinter der Materie steckt. Am Ende gilt: Es gibt keine Materie!*«[6] Er beschreibt wie kein anderer die Welt. Sie funktioniert aus seiner Sicht eben nicht wie ein Uhrwerk, weil die Materie nicht auf Materie aufgebaut ist. Er ist überzeugt davon, dass im Grunde keine noch feinere Form von Energie für die Entstehung der Realität verantwortlich ist, sondern eine Art Software, er nennt diese auch den kreativen Geist. Mir scheint, mit dem Erfühlen des ursprünglichen Wesens sind wir dieser Software für die Entstehung der Materie einen großen Schritt näher gekommen … und können unser Leben frei gestalten.

Erfahrungen werden zur gelebten Realität

Wenn wir uns erst einmal mit unserer Seelenkraft, dem ursprünglichen Wesen, verbunden haben, können die erfahrenen Gefühle Realität werden. Die Emotion mit ihrer hohen Energie ist die magnetische Ladung, die du in das Feld der Matrix aussendest. So erzeugst du eine elektromagnetische Signatur, die aus deinem Herzen strahlt. Diese erhabenen Gefühle nähren und lehren dich, dir selbst mehr zuzutrauen, Neues zu kreieren, dich zu verbinden, dich sicher zu fühlen, dankbar sein zu können. Im Gegensatz zu den Stressemotionen, die eher Energie abziehen, geben diese tiefen Emotionen, die aus dem Herzen und aus einem anderen Feld kommen, Kraft in das Energiefeld des Körpers ab. Energie, die bis tief in deine DNA, in deinen Zellen wirkt. Das Herz öffnet sich und erfährt mehr innere Ordnung und Kohärenz. Über den Begriff Kohärenz kannst du an einer anderen Stelle im Buch, im Kapitel 7 «Herzkohärenz leben heißt herzbasierend leben«, mehr nachlesen.

Es entsteht also ein messbares Magnetfeld. Wie wir schon vielfach gehört haben, ist Energie Frequenz, und jede Frequenz oder Schwingung ist Träger einer Information. Das von dir ausgesendete, neue elektromagnetische Signal zieht die elektromagnetischen Frequenzen aus dem matrischen Feld an, die schwingungsmäßig dazu passen. Dieser Effekt wird in der Quantentheorie als Beobachtereffekt erklärt. Dazu findest du im Buch des Physikers Ulrich Warnke, »Quantenphilosophie und Spiritualität« viele passende Studien. Je kraftvoller das Gefühl des ursprünglichen Wesens in uns lebendig ist, umso mehr verwirklicht sich diese Kraft. Hier trifft eine Formel voll und ganz zu: Aktion ist Reaktion, was so viel heißt wie: »Good by, Zufall!«

Wer in seinem ursprünglichen Wesen fest verankert ist, benötigt keine Wahrsager, Channel-Medien oder andere Botschafter, die dir deine Zukunft vorhersagen. Du kannst dich selbst fragen, was deine eigene Wahrheit ist. Ziehe dein innerstes Wesen zurate und fühle jeweils den Unterschied in deinen Zellen. Nach einem gelungenen *»Self-Walk«* weißt du, wie sich kraftvolle Energie anfühlt. Du hast selbst die Wahl, welche Entscheidung du triffst. Lasse dich auf die Veränderungen ein und bleibe am Ball, um deine erlebte neue Kraft im Alltag zu verankern. Mit der Erinnerung an dein Original, dem »Download-Programm«, befreist du dich selbst und dein Bewusstsein von Abhängigkeit und Unfreiheit.

Wenn du den Eindruck hast, deine Reise zu deinem inneren Wesen nicht allein zu schaffen, kann ich dich gerne begleiten. Alle Informationen dazu findest du auf meiner Webseite *www.mutmachinstitut.at/persönliches Coaching.*

Zeichen für deine Schwingungserhöhung

- *Dein Hunger-Gefühl verändert sich:* Entweder reduziert sich dein Hunger, du fühlst ihn vielleicht gar nicht oder er ist phasenweise sehr ausgeprägt vorhanden. Gleichzeitig spürst du, dass du immer weniger tierische Produkte zu dir nehmen willst. Dein Körper reagiert auf tierische Nahrung negativ. Dein Essverhalten ist stark mit deinen Emotionen gekoppelt.
- *Auf dem Weg zu deinem ursprünglichen Wesen sind emotionale Extreme möglich*: Energieerhöhung läuft immer in Auf und Abs ab und ist nie eine gerade Konstante. Das bedeutet, es gibt Phasen, in denen du dich extrem gut, im *»Flow«*, fühlst. Und dann gibt es wieder Phasen, wo du, sogar zum Teil grundlos, einfach leer und zerbrochen bist.
- *Menschen reagieren eigenartig auf dich:* Es kann sein, dass dir auffällt, dass Menschen eigentümlich auf dich reagieren. Entweder ziehen sie sich zurück oder sie fühlen sich von dir extrem angezogen. Je nachdem, wo sich die Menschen in ihrer Entwicklung befinden, kannst du auf sie positiv oder negativ einwirken. Bleib dabei aber immer entspannt! Denn nur selten hat das etwas mit dir selbst zu tun.
- *Möglicherweise zeigt deine Haut ungewöhnliche Reaktionen:* Auf energetischer Ebene passieren viele Dinge. Darauf kann vor allem die Haut markant reagieren. Die Haut ist unser wichtigstes Ausscheidungs- und Kontaktorgan. Daher kann es zu Hautunreinheiten oder zu Hautreizungen an unterschiedlichen Körperteilen kommen.
- *Menschenansammlungen lösen in dir Stress aus:* Du wirst für alle Energien um dich herum immer offener und empfindsamer. Es kann dazu kommen, dass du es

kaum mehr unter vielen Menschen aushältst, denn jeder ist Energie und du nimmst Energie sensibler wahr als früher. Unter Umständen ist diese »geballte Ladung« Energie zu viel an Information für dich.

- *Deine Verbindung zur Flora und Fauna wird intensiver:* Die Schwingungen von Tieren und der Aufenthalt in friedvoller Natur erinnern dich an dein spirituelles Zuhause. Es zieht dich dahin, um gemeinsam mit Flora und Fauna auf der Frequenz von Liebe zu schwingen. Das fühlt sich für dich gut und stimmig an.
- *Du wirst empfindsamer gegenüber Geräuschen und Gerüchen:* Gerüche und Geräusche sind nichts anderes als Schwingungsfrequenzen. Durch deine Schwingungserhöhung öffnest du dich mehr diesen Energien. Es kann sogar sein, dass du Geräusche und Gerüche wahrnimmst, die eigentlich nicht vorhanden sind. Das bedeutet, du beginnst deine Hellsinne einzusetzen und die Energie zu »lesen«. Sei dabei nicht irritiert! Ich habe schon Fälle begleitet, die plötzlich ein Summen im Ohr hatten, das sich aber bald wieder aufgelöst hat.
- *Du reagierst auf Berührungen:* Sowohl im Positiven als im Negativen reagierst du intensiv auf Kontakte. Du spürst möglicherweise bei der Umarmung mit einer anderen Person die Intention dieses Menschen. Und falls diese nicht von Herzen kommen sollte, kann diese Form der Umarmung Stress in dir auslösen. Gleichzeitig wirst du aber liebevollen Berührungen gegenüber zunehmend offener und sensibler.
- *Die lineare Zeit verliert immer mehr und mehr an Bedeutung für dich:* Vielleicht erinnerst du dich an Momente in deinem Leben, wo du dich wie in einem »Zeitloch« gefühlt hast. Die Zeit will zum Beispiel einfach nicht verstreichen. Dann wiederum scheint es dir, als ob die Zeit nur ein Wimpernschlag ist und Monate wie Wochen verstreichen. Du erlebst vieles sehr rasch und

sehr intensiv. Dein Verstand kann diesen Erfahrungen gar nicht mehr folgen.

- *Du begegnest Synchronizität:* Synchronizität bedeutet, dass sich die Dinge eigenständig fügen und lösen, ohne dein Zutun. Diese »glücklichen Zufällen« wechseln durchaus mit Phasen ab, wo die Energie vielleicht nicht so fließt. Vertraue auf den Prozess und du wirst merken, dass das Quantenfeld mit dir kooperiert.

10. Das Erinnerungswissen der Zellen – Déjà-vu der Vergangenheit

»Wenn ich an meine Kindheit zurückdenke, habe ich mich immer schon ins Leben kämpfen müssen, das ist bis heute so geblieben!«, vertraut mir Andrea an.

Marion beteuert: *»Ich bin als Kind immer gebremst worden.« Ich hörte Standardsätze wie: »Es geht so nicht.« »Das kannst du/man nicht machen.« Doch genau das hat mich angespornt, eigentlich förmlich aufgestachelt, es anderen zu zeigen. So habe ich einen starken Willen, vielleicht sogar eine ›Dickkopf‹ zu entwickeln begonnen. Heute, als Erwachsene, sehe ich darin einen Segen und gleichzeitig einen Fluch.«*

Margarethe erinnert sich an ihre Pubertät: *»Ich war zehn Jahre alt und hatte zu dieser Zeit eine zickige Phase. Meiner Mutter gefielen meine Streiche nicht, sie ärgerte sich über mich. Doch statt mich anzuschreien oder mir mit Strafe zu drohen, tat sie nichts. Wenn sie wütend auf mich war, schrie sie nicht, sondern schwieg mich an. Sie reagierte dann weder auf Versöhnungsangebote noch auf banale Fragen. Ich kam mir vor wie Luft und rückblickend war das mehr als grausam. Das ist sicher einer der Gründe, warum ich es kaum aushalte, wenn mir die Gelegenheit genommen* *wird, mich auszusprechen oder wenn ich keine Klarheit in mir herstellen kann.«*

In den ersten sechs bis sieben Lebensjahren nehmen wir alle Informationen über unsere Familie und die Gesellschaft am intensivsten auf. Es handelt sich dabei um eine Hirnfunktion, die ähnlich wie Hypnose funktioniert. Alles, was sichtbar und unsichtbar an energetischen Mustern vorhanden ist, wird aufgenommen. Tief in unserem Unbewussten wirken die aufgenommenen Speicher. Aus diesen gespeicherten Programmen entstehen unsere Wahrnehmungen, unsere Glaubenssätze und Emotionen.

Die Hirnforschung hat herausgefunden, dass die Zahl der Nervenzellkontakte bis zum sechsten Lebensjahr so groß ist wie nie wieder im späteren Leben. Von diesem Überangebot bleiben all jene Verbindungen erhalten, die durch individuelle Erfahrungen intensiv genutzt werden. Danach verkümmern alle Kontakte, die nicht benutzt wurden. Ohne es zu bemerken laufen in späteren Jahren diese alten Prägungen in uns ab und beeinflussen uns bis tief in unsere Zellen.

Ab dem achten Lebensjahr erreicht das Kind eine neue Entwicklungsphase: Seine Denkweise ist nun wesentlich rationaler geworden. Es unterscheidet zunehmend zwischen sich selbst und den anderen und versteht, dass Menschen unterschiedliche Meinungen haben. Die Hand-Auge-Koordination entwickelt sich weiter und das Kind probiert die neu erlangten Fähigkeiten in vielerlei Hinsicht aus. Es lernt zwischen dem achten und zwölften Lebensjahr über Resonanz Dinge nachzuahmen. Diese Prägungen wirken sich auf unser Verhalten aus. Jene Aufzeichnungen und Emotionen aus der Vergangenheit lassen uns nicht den jetzigen Moment voller Möglichkeiten genießen, sondern uns aus diesen gespeicherten Prägungen reagieren. Wie eingangs erwähnt, wird dann ein »Nein« zur Kampfansage. Ein »Das geht so nicht« zum unbedingten Wollen. Oder Schweigen reaktiviert ein tiefes Gefühl von Bestrafung. Unser persönliches Lernthema ziehen wir wie ein Magnet in unser Leben, denn Emotionen sind letztlich hoch schwingende magnetische Kräfte. Es wirkt das Prinzip der Resonanz.

Das Unbewusste übernimmt immer dann die Führungsrolle, wenn wir uns entweder ausschließlich auf der Verstandesebene befinden, über das Morgen nachdenken oder nicht im Jetzt präsent sind. Also überall dort, wo wir mit der Vergangenheit, der Zukunft, mit unseren Sorgen oder überhaupt mit etwas völlig Anderem beschäftigt sind. Wenn wir meinen, alles mit bewusstem Denken unter Kontrolle zu haben, passieren meist unvorhergesehen Situationen. Dann nimmt das Unterbewusstsein seine Programme und spult ab, was ihn ihnen gespeichert ist. Das muss nicht schlimm sein.

Die Vergangenheit bildet unsere Zukunft

Auf dieser Grundlage des sich ständig wiederholenden Denkens und Erlebens analysieren wir sogar Gegenwart und Zukunft. Wer sich an einen Vorfall oder ein bewegendes, negatives Erlebnis immer wieder erinnert, es durchdenkt, es erzählt, stabilisiert diesen Zustand. Die Emotionen, der Schmerz, die Wut, der Hass, Ärger, Sorgen, Hoffnungslosigkeit, Groll, Überforderung, Angst oder Frust werden stets von Neuem durchlebt. Dieselben Verschaltungen werden im Gehirn aktiviert und immer tiefer eingebrannt. Wir erzeugen und wiederholen aus chemischer Sicht stets dasselbe »Drama« und erleben es dann in der Realität. Zeit, Vergangenheit, Gegenwart und Zukunft sind logische, verstandesmäßige Ordnungen und reine Illusion.

»Jedes Mal, wenn du versucht bist, in alten Mustern zu reagieren, frage dich, ob du ein Gefangener der Vergangenheit sein willst, oder ein Pionier der Zukunft«, schreibt

Deepak Chopra. Dem ist einfacher zugestimmt, als es umgesetzt ist. Welchen Weg man wählt, hängt vom eigenen Glauben und individuellen Vorlieben ab. Ein Richtig oder Falsch gibt es nicht. Und wahrscheinlich auch kein Kürzer oder Schneller. Was bei dem einen funktioniert, klappt beim anderen nicht. Trotzdem sind die Anleitungen und Techniken, die im Kapitel 8 »Du, dein Körper und das Prinzip der Resonanz« beschrieben werden, eine enorme Hilfe, die Spuren der Vergangenheit zu transformieren und alte Informationen zu löschen. Je mehr Menschen sich von ihrem eignen Schmerz und dem Denken in Vergangenheiten befreien, umso schneller werden die Informationsspeicher des Schmerzes und der Bedrückungen des kollektiven Feldes der Matrix erlöst. Du wirst dir deines Selbst bewusst und zum eigenen Schöpfer deines Erlebens. Rupert Sheldrake, Biologe und Buchautor, belegt in seinen Experimenten, welch großartiges Feld die Seele ist. In seinen naturwissenschaftlichen Modellen erklärt er die Welt über die spirituellen Erfahrungen: Das Feld der Angst wird von den Nachrichten über Katastrophen auf der ganzen Welt genährt. Immer mehr Menschen beschäftigen sich mit angstmachenden Szenarien und stärken damit diese Angstfelder. Wird das Informationsfeld kräftiger, wirkt es auf uns *alle* intensiver. Dabei können wir entscheiden. Wir haben die Wahl, welche inneren Gedanken wir wählen und welchen Informationsbildern wir vertrauen oder irrtümlicherweise unsere Angstenergie schenken. Wir könnten das Feld des Glücks, der Freiheit und der Selbstbestimmtheit nähren und das den Dingen innewohnende Potenzial suchen. Das verborgene Potenzial des Menschen können wir mit einem Diamanten vergleichen. Diamanten entstehen durch Druck und Energie und erlangen durch Bearbeitung Brillanz.

Wir leben in einer Zeit, in der schnelle, gleichzeitig sanfte, aber auch hocheffektive Methoden zur Erleichterung innerer Spannungen dringend benötigt werden. Zum Beispiel ist die energetische Psychologie wie eine Art Superlearning. Jede energetische Veränderung von Glaubenssätzen und inneren Prägungen, magst du ihnen auch Jahre lang gefolgt sein, ändert dein Verhalten und deine Erfahrungen in diesem Leben. Im Laufe des Begleitens meiner Klienten erfuhr ich viel über alte Verhaltensmuster und deren Wiederholungen. Fragen über die eigene Herkunftsfamilie lösen nicht selten Unbehagen, tiefe Trauer, ein Gefühl fehlender Wärme, Oberflächlichkeit, überzogenen Leistungsdrucks und sonstiges mehr aus. Die meisten Menschen erkennen anfangs nicht, woher ihre gegenwärtigen Spannungen stammen. Wichtig zu wissen ist, dass alle Informationen aus vergangenen, unbewusst wirkenden Familiengeschichten auch aus unterschiedlichen Zeiten im Quantenfeld vorhanden sind.

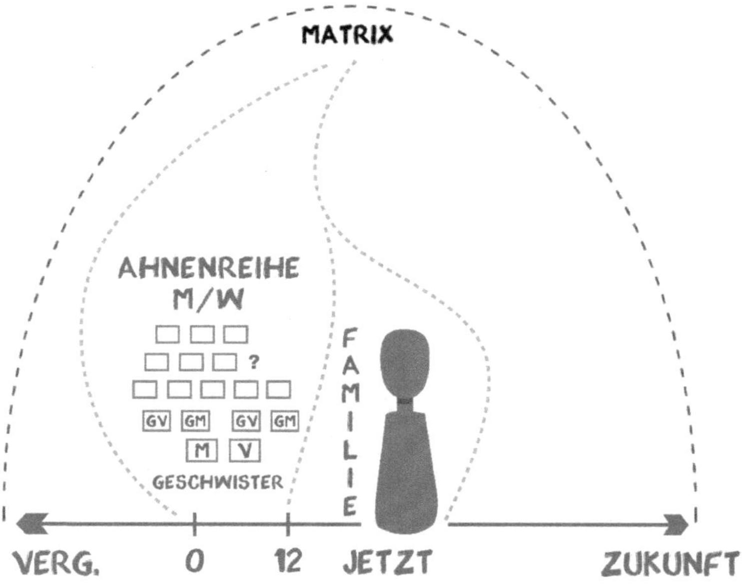

Abb. 4: »Speicher unserer Familiengeschichte, wirken in uns«

Wir nehmen wie Radiowellenempfänger über die Synapsen und die Nervenzellen, die wie Antennen funktionieren, die Informationen aus der Umwelt auf und transportieren sie vom Gehirn in den ganzen Körper.

Oft wurzeln in Geschichten, Erfahrungen oder offenen Fragen tiefe Hintergründe. Wenn mir Klienten ihre Anliegen, ihre Symptome oder ihren Krankheitsverlauf erzählen, gebe ich all diesen Erzählungen respektvoll Raum. Meine Empfangsantennen sind dabei weit offen. Meine Intuition ist dann meine untrüglichste Ratgeberin. Nicht nur kurze Zwischensätze, auch winzige körperliche Veränderungen können Signale eines verinnerlichten unbewussten Themas sein. Der gemeinsame Raum des Gesprächs und das Gewahrwerden körperlicher Zeichen ermöglichen es, »verkörperte« Themen zu erkennen. Nicht selten öffnet sich so ein »Raum der Begegnung« dafür, verdrängte Signale des Körpers überhaupt erst zu erkennen. Ein flacherer Atem, die große Last auf den Schultern, der Druck auf der Brust werden oft bewusster wahrgenommen, lenkt die Klientin ihre Aufmerksamkeit darauf.

Der Atem – Ausdruck unmittelbarer Lebensbewegungen

Gehen die Klienten über diese Symptome hinweg, wird die körperliche Wahrnehmung erst im echten »emotionalen Ernstfall« registriert und sind dann viel schmerzvoller. Unsere eigene Geschichte und die Geschichten unserer Ahnen sind in unserem Körper gespeichert. Wenn sich in diesem Körper das Zellgedächtnis als Krankheit oder als Disbalance ausdrückt, wird der Körper nicht nur unser Lehrer, sondern fordert uns auch auf, uns mit uns selbst und unseren Seelenbildern auseinanderzusetzen. Der Körper übernimmt dann manchmal die Führung, vielleicht auch deshalb, weil uns die Worte fehlen, um es zu beschreiben.

Im Buddhismus gibt es eine Weisheit, die besagt, dass wir drei Gifte in uns tragen: die Gier, den Hass und die Verblendung. Verblendung bedeutet für mich auch, Nichtwissenschaftliches oder momentan noch nicht Beweisbares zu negieren. Erlauben wir uns, das Unmögliche zuzulassen, verändert sich das gesamte System Mensch. In einer veränderten Wahrnehmung wandelt sich auch die eigene Wirklichkeit. Es wird möglich, ein Leben aus der Intuition zu leben; ja, sogar selbstbestimmt und frei zu sein. Dazu gehört die Entscheidung, sein inneres Zentrum, seine Mitte und damit seine Empfindungen absolut ernst zu nehmen und für wahr zu halten. Vor allem aber jede Wahrnehmung als die zu erkennen, die sie ist, ohne sie zu bewerten. Je mehr Menschen sich dem neuen Bewusstsein öffnen und ihre Schwingung erhöhen, umso schneller können wir den *Magnetismus der Matrix aufheben*, aus dem Leiden entsteht.

Unser Leben und unser Erleben in dieser Welt sind eine Folge jener Kräfte, die wir aussenden. Dabei sind wir, wie schon mehrmals beschrieben, in der Lage, die Fesseln der menschlichen Matrix abzustreifen – ja, ähnlich wie ein biologischer Computer. Was die neue Wissenschaft über das Phänomen Matrix erzählt, kannst du im Kapitel 14 unter »Was wir aus dem Meer aller Möglichkeiten, der Matrix lernen«, vertiefen.

Das Zellgedächtnis ist in der Zellmembran gespeichertes Wissen, das dich an die Programme der Vergangenheit fesselt. Wie schwierig es ist, eine Gewohnheit aufzugeben, wissen manche. Vielleicht hast du schon öfter selbst versucht, zum Beispiel das Rauchen aufzugeben, weniger Süßes zu essen oder völlig auf Alkohol zu verzichten. Doch wie wir alle wissen, halten wir so lange durch, bis der innere »Schweinehund« uns ins Ohr flüstert: »Alles nicht so schlimm!« Dann werden wir rückfällig, selbst wenn wir wissen, dass es sich um Gewohnheiten handelt, die uns zerstören, zumindestens aber schädigen. Genauso ist es mit Verhaltensweisen oder mit Mustern, die wir vielleicht erkennen, und doch nicht ablegen können. Sie sind tief in uns eingebrannt und stammen zusätzlich aus anderen Dimensionen im Quantenfeld.

Ich erinnere mich an eine Klientin, die mit ihrer Kollegin eine sehr problematische, konfliktvolle Erfahrung gemacht hatte. Dabei wurde gegen sie auf persönlicher Ebene vorgegangen und ihre Kolleginnen wurden manipuliert. Sie legten eine Unterschriftenliste auf, die die Kündigung meiner Klientin zum Ziel hatte. Zum Glück erkannte die Führung den dahinterliegenden Konflikt und die persönlichen Beweggründe. Scheinbar gab es ein altes, wenn nicht uraltes Neidthema. Ausgelöst durch viele Kleinigkeiten, die als »bessergestellt«, »bevorzugt werden« oder »Machthunger« bewertet wurden. Letztlich kam es, Gott sei Dank, nicht zur Kündigung, aber zur »Separierung« der Streitparteien. Man meinte, damit das Problem vom Tisch gewischt zu haben. Doch der Alltag zeigte, dass es immer wieder Berührungspunkte der beiden Streitparteien gab. Es war nicht möglich, sich völlig aus dem Weg zu gehen. Wie du dir gut vorstellen kannst, waren beide von ihren angesammelten Eindrücken und den dazupassenden Reaktionen geprägt und dementsprechend sah ihr Verhalten aus. Wie ein Hologramm schimmerte diese tiefe Zerrüttung ihrer Beziehung durch. Alle Versuche der Leitung, des Teams und von externen Beratern halfen nur wenig. Denn die Bilder, die in ihren Herzen gespeichert waren, und die Erinnerungen längst vergangener Vorfälle wirkten stärker. Zusätzlich wurden die Speicher im Quantenfeld, die Quantenteilchen, aufgeladen mit diesen heftigen Emotionen. Emotionen sind eben Energie in Bewegung. Daher erklärt der Physiker und Nobelpreisträger Hans-Peter Dürr, wie diese Energie in den Quantenteilchen wirkt und beschreibt sie als »Wirks und Passierchen«. Diese in der Matrix aufgeladenen Teilchen gehen in direkte Resonanz und wirken bis in die Zellen.

Jede Begegnung der Kontrahentinnen in unserem Beispiel löste eine Kette an emotionalen Reaktionen aus. Ärger, Kränkung und übertriebene Vorsicht führten zur »Hochspannung« zwischen den beiden. Das Feld um sie wurde somit immer wieder von Neuem mit Energie aufgeladen. Erst viele Jahre später kam die Klientin zu mir und suchte Rat. Wir trennten gespeicherte Emotionen von uralten Zellerinnerungen.

Du kannst diese Methode für dich gerne selbst ausprobieren, wenn dich die Geschichte anspricht. Du findest die Anleitung als Übung *Remove-Cell-Memory-Technik*, sie ist ein weiterer Baustein der *KR-Methode.* Als die vielen Emotionen und die alten Zellerinnerungen gelöscht waren, konnten neue innere Bilder ihr Herz entspannen. In ihrem Kopf stellte sie sich Bilder einer harmonischen Begegnung vor. Ein großer Schritt, der anfangs für sie nicht vorstellbar erschien. Trotzdem dauerte es ziemlich lange, bis sie wieder vertrauen konnte. Verzeihen und sich wieder offen auf unterschiedliche Situationen mit der »Gegenspielerin« einlassen, waren für sie schier unüberwindbare Hürden. Meine Klientin ist für mich ein Paradebeispiel von Wiederholung. Wie unschwer zu erkennen ist, formten ihre besorgten und gekränkten Gedanken und die Angst vor neuerlichen Angriffen wieder neue, wenn auch wesentlich harmlosere Konflikte. Angstgedanken wirken wie Magnete im Alltag der Menschen. Jede ihrer Begegnungen war noch immer anspannt, ihr Misstrauen führte zur Wachsamkeit. Der Konflikt flackerte immer wieder leicht auf, bis auch der Verstand wirklich ja sagte und sie es wollte, alle Erinnerungen auf allen Ebenen zu löschen und zu befreien.

Laut den wissenschaftlichen Erkenntnissen des Zellbiologen Bruce Lipton, dem Autor des Buches »Intelligente Zel-

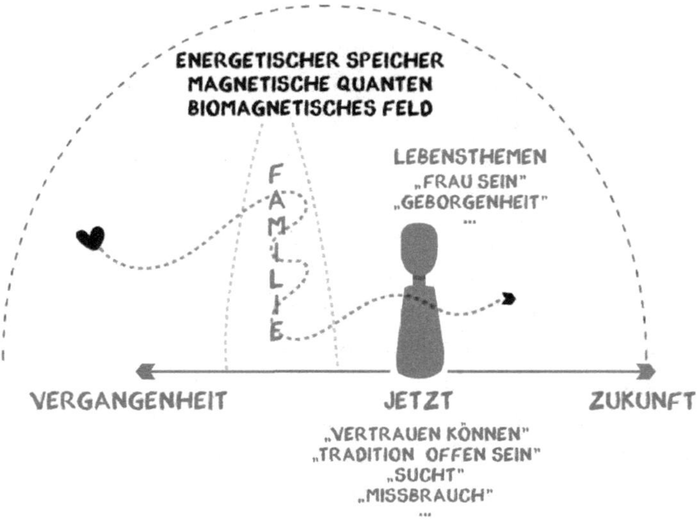

Abb. 5: »Speicher wirken bis in die Vergangenheit anderer Existenzen zurück

len«[7], können wir uns von der weit verbreiteten und in uns sehr starken Vorstellung verabschieden, dass wir von unseren Genen gesteuert werden. In dieser alten Überzeugung sind wir tickende Zeitbomben in Bezug auf Erbkrankheiten, Herz-Kreislauf-Erkrankungen oder andere mögliche Erbcodierungen. Unter dieser Annahme kann jederzeit das angelegte Schicksal unserer Ahnen bei uns zum Ausbruch oder Vorschein kommen. Was auch so viel bedeutet, dass wir die Verantwortung geistiger oder körperlicher Beschwerden durchaus gerne abgeben und Leid ertragen müssen. Diese Opferhaltung wiederlegt der Wissenschafter in seinen Forschungen. Er postuliert, dass wir nicht Opfer unserer Gene sind!

Dass die Biologie von unseren Überzeugungen gesteuert wird, nicht von unseren Genen, ist ein radikal neues Verständnis. Lipton meint, dass unsere Wahrnehmungen und unsere Umstände unsere Gene beeinflussen. Wir leben aus unseren Programmen der Matrix und nicht aus unseren tiefsten Wünschen und Sehnsüchten. Würden wir seinen Gedanken weiterverfolgen, heißt es so viel wie: Wir haben es tatsächlich selbst in der Hand, ein selbstbestimmtes Leben zu führen. Wir können aus der Opferrolle aussteigen und die beschränkten und veralteten Konzepte der Hilflosigkeit und Ohnmacht ablegen. Wir sind nicht Opfer, sondern Schöpfer unseres Lebens. Ohne unsere Programmierungen hätten wir den Himmel auf Erden. Die Macht unserer Einstellung, egal ob sie positiv oder negativ ist, ist stärker als unsere Gene. Diese Idee ermutigte mich und löste bei mir größte Hoffnung aus, mein Leben selbst bestimmen und verändern zu können.

Dem traditionellen Therapieweg liegt eine »alte« therapeutische Formel zugrunde. Sie lautet: Erkenntnis plus Willenskraft ist Veränderung! Grundlage dieses Denkens sind immer noch die hochverehrten Pioniere der Psychotherapie, Sigmund Freud, Viktor Adler und die Forscher aus dieser Zeit, deren Erkenntnisse heute noch einen Großteil des Psychologiestudiums ausmachen. Traditionelle Formen der Psychiatrie und Psychotherapie haben darin ihre Wurzel. Nach vielen Therapiestunden und zahlreichen Behandlungen wächst zwar meist das Gefühl, die Ursache eines Problems zu kennen, doch das ändert wenig: die Verhaltensmuster bleiben gleich.

Es sitzen dann durchaus erfahrene »Therapieprofis« in meinem Coachingzimmer und haben unzählige Erklärungen für ihre Themen parat. Sie wissen, warum sie so oder genau anders handeln. Zum Beispiel erzählte mir eine Frau viele sehr logisch klingende Gründe, warum sie ihren verheirateten Liebhaber nicht verlassen kann. Die Beziehung tat ihr längst nicht mehr gut, sondern wurde mehr und mehr zu einer schmerzvollen Begegnung. Es stand nur mehr körperliches Verlangen im Mittelpunkt. Die Wochenenden und die vielen Abende, an denen sie sich einsam fühlte, wurden immer unerträglicher. Trotzdem konnte sie die Beziehung nicht lösen. Bereits seit vielen Jahren rang sie nach Veränderung, war aber nicht in der Lage dazu. Sie fragte sich oft, woher diese starke Anziehung herkam, die eigentlich jeder Logik wiedersprach.

Solche für den Einzelnen unerklärbaren Fragen wurden mein zentrales Forschungsthema. Ich suchte nach Zusammenhängen und Lösungen. Der Körper war dabei ein wichtiger Helfer. Gesten, Sprache, Haltungen und die Rückgabe alter Lasten an das »große Ganze« brachten von Beginn an Erleichterung und wurden zu wirksamen Lösungen der körperlich empfundenen Symptome. Ich begriff, wie machtvoll und energetisch geladen gesprochenes Wort wirkt. Sätze, mit Bedacht gesprochen, entlasteten und entspannten auf einer sehr tiefen Ebene, die tiefer als Geist, tiefer als Körper und tiefer als Psyche zu sein schien. Mir wurde klar, dass ich gemeinsam mit meinen Klientinnen einen *unsichtbaren Schleier aus ihren Zellen und Zellzwischenräumen und aus einer energetischen Ebene entfernte*, die ich so nicht kannte.

Im Falle des geheimen Liebespaares tauchte nach einiger Zeit unserer gemeinsamen Arbeit das Thema Täuschung auf. Diese Täuschung nahm sie selbst wie einen Schleier in ihrem ganzen Ausdruck und in ihren Organen wahr. Wir begannen, die Täuschung aus der Matrix und einem zeitlosen Raum der Erinnerung zu löschen und, siehe da, die Verschleierung wurde bei jedem Besuch weniger oder verschwand dann völlig. In diesem Fall benutzte ich eine schamanische Technik, um den Schleier zu entfernen, die *Remove-Cell-Memory-Technik*, weil es zum Anliegen der Klientin passte. Mehr dazu beschreibe ich im Kapitel 10.

Christl Lieben, eine erfahrene Therapeutin und eine meiner Wegbereiterinnen beschreibt in ihrem Buch »Die Liebe kommt aus dem Nichts«[8]: »Aus der tiefsten Nacht taucht die Liebe auf und öffnet Vertrauensräume.«

Das Vertrauen wohnt in der Herzensgegend. Wer aus der Haltung des Vertrauens begleitet, fragt anders, reagiert anders und bildet mit dem Anliegen-Bringer einen Herzensraum, ein System. Egal welcher Impuls daraus entsteht, es stellt sich meist die verrückteste Idee als besonders hilfreich, nützlich und heilsam dar. Daher habe ich aufgehört zu hinterfragen, sondern folge meist diesen Impulsen und dem Fluss meiner Intuition und des Vertrauens, der mich mittlerweile sicher trägt. Übrigens viel mehr als vor meinem Motorradunfall. Meist entsteht aus diesem Impuls etwas sehr Stimmiges für die Klientinnen und Klienten. Damit erübrigt sich die Frage, ob die Geschäftswelt diese Arbeit benötigt. Auch hier arbeiten Menschen, deren Muster und Verhalten aus unterschiedlichen Erfahrungszeiten und Erfahrungsräumen zusammengetragen wurden und Auswirkungen auf ihr Berufsleben haben. Der angsteinflößende Vorgesetzte, eine machthungrige Kollegin oder ein überforderndes Arbeitsklima, all das findet seinen Ursprung auch in uns selbst. Es kann verändert werden, damit es gut weiter geht!

Viel öfter jedoch suchen Menschen meine Hilfe, wenn ihr ganzer Körper eine Krankheit oder ein Symptom entwickelt hat, bei dem der Ursprung nicht erfassbar scheint. Die tief berührenden und heilsamen Erfahrungen prägen meinen reichen Erfahrungsschatz.

Ich studierte und forschte in den neuen Wissenschaften. Antworten aus der Quantenphysik, der Neuroplastizität, der Gehirnforschung, der Epigenetik und noch viele mehr bestätigten meine Erfahrungen. Ich konnte nicht anders, als die Menschen in ihrem vollen Potenzial zu erkennen und ihnen einen Weg zu zeigen. Alle alten Programme und längst überholte Muster können gelöscht werden und bringen uns in die Lage, ein völlig selbst-ermächtigtes Leben zu führen.

Was ich tue, ist wirksam. Ich bezeichne es als Transformationsweg für Menschen.

Sei Gast deiner Gefühle!

Wenn du schon einmal eine Familienaufstellung als Repräsentanten miterlebt hast, ist das ein hervorragendes Training, um das Nichtanhaften zu üben. Es *trainiert* nämlich *das Loslassen von Gefühlen über den Körper* – und nicht über den Verstand. Der steht uns viel eher im Weg, wenn es um echte Empfindungen geht.

Wer schon mehrmals als Repräsentant bei einer Aufstellung dabei gewesen ist, dem fällt auch die Arbeit mit Bodenanker leichter. Es gelingt besser, sich nicht mehr so intensiv über seine Empfindungen und Emotionen zu definieren. Denn dieser Lerneffekt wirkt tief bis in den Alltag hinein. Das reale Leben kann uns blitzschnell von Hochgefühlen in tiefe Bedrücktheit befördern. Daher ist das Platzieren von Bodenankern eine hervorragende und wirkungsvolle Gelegenheit, in die Tiefe seiner Wahrnehmungen einzutauchen und dort zu sein, wo »magic happens«, wo die Magie geschieht.

Der erste Schritt, um dich von deinen alten hinderlichen Zellerinnerungen zu befreien, ist ein wichtiger: annehmen, was uns gerade »passiert«. Im Ablehnen oder Bekämpfen, machen wir die Situation nur noch schlimmer. Es ist, als wollten wir Feuer mit Öl löschen, wir heizen nur richtig fest ein, weil wir Energie in etwas legen. Nein, die Chance liegt im Annehmen und uns auf die Suche nach dem verborgenen Geschenk darin machen. Dieser Zugang ist kostbar und zeitlos und die Essenz, die im Buddhismus und der christlichen Botschaft zu finden ist. Leider wird sie selten in dieser Form vermittelt.

Alte Informationen löschen: Remove-Cell-Memory-Technik

- Als Erstes führe bitte deine Hände, die du locker zu Fäusten faltest, in der Mitte deiner Brust, etwa in Höhe des Brustbeins, zusammen und lege sie dort ab. Die Fingerknöchel beider Handrücken sollten dabei zusammenstoßen. Die Ellenbogen und Schultern hängen entspannt nach unten. Nun werde ganz ruhig. Konzentriere dich!
  Dann lass alle tiefen Erinnerungen, die in deinem Herz und deinem Gehirn gespeichert sind, aus deinem Inneren in deine linke Faust fließen. Meist sind es Emotionen. Erlaube dir selbst, all deine alten Speicher, die mit Herausforderungen und Gefühlen gefüllt sind, auch wenn du sie nicht kennst, hineinströmen zu lassen. Alles ergießt sich in deine linke Hand, alles, was du als Emotion, als Bild, als deine Geschichte gespeichert hast. Lass es fließen, auch wenn es nur in deiner Vorstellung passiert. Denn Energie folgt der Aufmerksamkeit. Lass sie so lange in deine linke Faust fließen, bis du meinst, dass es genug ist.
- Sobald du merkst, dass es geschafft ist, kannst du dich der rechten Hand widmen. Lenke bitte deshalb deine Aufmerksamkeit auf deine rechte Seite. Erlaube dir nun, alle Erinnerungen, die in deinen Zellen gespeichert sind und aus all deinen unterschiedlichen Lebenserfahrungen stammen können, hineinfließen zu lassen. Verlasse dich dabei auf deine Intuition! Lass es fließen, so lange, bis du fühlst, dass deine Fäuste schwer und immer schwerer werden und alles aufgenommen haben, was du in sie hineinfließen hast lassen.
- Halte nun inne! Werde ruhig! *Stoppe den Fluss* und trenne beide mit den Knöcheln aneinander liegende Fäuste mit einem einzigen Ruck voneinander. Öffne

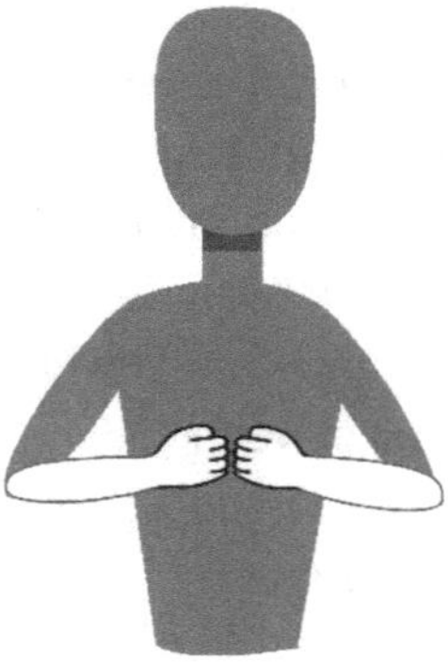

Abb. 6: Ausgangspunkt Remove-Cell-Memory-Technik

dabei bitte deine Arme und deine Hände und blicke auf die geöffneten Handflächen. Nimm Unterschiede wahr! Wie fühlt sich die linke, wie die rechte Hand an? Wie zeigt sich die Energie in deinen Händen? Welche Seite ist stärker? Welche Seite ist schwerer? Mit welcher Seite möchtest du beginnen?

- Versuche nun, deine Empfindung zu beschreiben, die in deinen Händen spürbar ist. Welche Energie taucht in deinen Händen auf? Welche der beiden Hände reagiert stärker? Welche der beiden Hände ist schwerer? Mit welcher Hand willst du jetzt beginnen, zu transformieren?
- Erfahrungsgemäß beginnen die Klienten in den meisten Fällen damit, die Unterschiede zu beschreiben. Sie berichten davon, dass zum Beispiel die linke Hand schwerer als die rechte sei, dass es sich für sie so anfühle, als ob die linke Hand eine bleierne Last tragen müsse. Andere erzählen davon, dass sie ein Bündel in der Hand hielten, das unangenehm und belastend sei.

Folge nun meinen Fragen und erlaube dir, auf deine ersten innersten Impulse zu vertrauen. So kannst du dich von Glaubenssätzen, falschen Wertvorstellungen, Überzeugungen oder auch von anderen Übernommenem befreien. Bleibe ausschließlich bei deinen Empfindungen und versuche, diese nicht zu bewerten. Es ist auch nicht nötig, das Thema zu benennen.

Stelle dir wieder die Ja- oder Nein-Fragen, um deinen Körper neu auszurichten.

- Handelt es sich um deine eigene oder von anderen übernommene Energie? Wenn du spürst, dass die Energie übernommen ist, frage dich, ob du schon bereit bist, diese Energie zu transformieren? Ja oder Nein?
- Betrifft es dieses Leben oder ein altes Leben? Ja oder nein?
- Gibt es für dich noch etwas zu lernen? Wenn ja, welche Lektion oder Botschaft ist hier vorhanden? Erläuterung zum Thema Lernen: Hier bedeutet lernen nur, einen kurzen intentionalen Blick auf die Lernaufgabe zu richten, egal ob du sie benennen kannst oder nicht. Lasse es einfach fließen, statt sie genau zu bezeichnen, denn die Lernaufgabe gelingt auch, ohne dass wir einen Namen dafür haben.
- Nimm nun einen Stein oder ein Symbol in jene Hand, mit der du zuerst »arbeiten« möchtest. Lass alle in deiner Handfläche angesammelten Gedanken, Gefühle und Energien in den Stein hineinfließen. Du kannst dir ruhig Zeit lassen, denn dieser Vorgang darf auch etwas länger dauern. Wichtig dabei ist, dass du alle Gedanken und alle Energien, ja, wirklich alle Kräfte in diesen Stein fließen lässt.
- Wenn du fertig und bereit bist, das von dir Übernommene und bis zuletzt Getragene abzugeben, suche dir einen Platz im Raum, der symbolisch für das Ganze

steht. Egal, wohin du den Stein dann legen willst, werde dir gewahr, er ist das Symbol dafür, das dir dabei hilft, alles Übernommene und von dir Getragene an das Ganze, die Matrix oder das Universum zurückzugeben.
- Lege den Stein nun an einem von dir ausgesuchten Platz ab. Damit gib alles »zurück in ein großes Ganzes bis zum originalen Ursprung«. Dabei helfen dir »Clearingsätze«, die ich im nächsten Abschnitt beschreiben werde.

Meine Methode klingt sicher in manchen Ohren vorerst provokant. Ein Klient ist mir in Erinnerung, der gesagt hat: »Ich habe zwar keine Ahnung, was Sie da tun, aber es tut mir gut!« Die Reaktionen von Max, der zu mir kam und sein Problem als »monströs«, »beschwerlich« und »sehr belastend« beschrieb, war: »Trotz meiner großen Skepsis habe ich mein Problem, so wie du mir das in der Sitzung geraten hast, einfach in das Symbol geblasen, es an das Ganze abgegeben und in einem symbolischen Platz abgelegt. Seitdem ist es völlig verschwunden. Die neuen Bilder, die wir dazu gefunden haben, wirken. Mein Thema, das ich so unangenehm erlebt habe, ist nun wie weggeblasen und seither nicht mehr wiedergekommen.«

Clearingsätze, um alte Lasten zu löschen

Entscheide je nach persönlichem Empfinden und deiner Intuition, welcher der Sätze dir bei dieser Lektion am besten helfen könnte und sprich diese Sätze zwei- bis dreimal langsam laut aus. Lass dabei dankbar all das los, was von dir nicht mehr benötigt wird. Lege während des bewussten, lauten und langsamen Rezitierens des ausgewählten Satzes den

Stein oder dein Symbol nun an den von dir ausgesuchten Platz. Bleibe dabei achtsam, was jeder einzelne Satz in deinem Körper verändert. Häufig berichten Klientinnen, wenn sie den Stein an einen Ort platziert haben, der symbolisch für das Ganze steht, nachdem sie den passenden Satz ausgesprochen haben: »Ich fühle mich, als ob ich angewurzelt wurde auf der Erde.« Oder: »Ich habe den Eindruck, als hätte ich jetzt hundert Kilo da abgelegt.« »Mein Körper fühlt sich leicht und frei an, das ist ein völlig neues Gefühl.«

Die Sätze sind Vorschläge, die du beliebig variieren kannst. Bleibe aber im Wesentlichen beim vorgeschlagenen Inhalt. Konzentriere dich beim Nachsprechen der Sätze auf den Augenblick und lasse dich nicht von Erinnerungen und Vergangenem ablenken oder von einem Problem, das dich beschäftigt, einfach vereinnahmen. Bleibe bitte in der Gegenwart, im Jetzt!

- *Satz 1 – Übernommenes zurückgeben:* »Ich gebe es jetzt zurück ans Ganze, an alle Beteiligten und an all jene, denen ich es zumute, es zu tragen, zurück bis zum Ursprung meines Wesens.« | »Ich habe es kreiert und ich transformiere es jetzt!« | »Alle Schichten in meinem Energiesystem lösen sich jetzt auf.«
- *Satz 2 – Glaubensprogramme löschen:* »All das, was ich bewertet habe mit Gut und Böse, mit richtig und falsch, lasse ich jetzt los.«
- *Satz 3 – Loslassen alter Geschichten:* »Ich lasse meine alten Geschichten der Aussichtslosigkeit und Handlungsunfähigkeit los. Alle karmischen Verbindungen, Verstrickungen und Verknüpfungen lösen sich jetzt auf. Ich verlasse die Straße des Karmas. Ich wähle die Freiheit, auf allen Ebenen bis zum Ursprung meines Wesens. Die Illusion von Schuld und Sühne, von Leid und Strafe, von Bedeutsamem und nicht Bedeutsamem lasse ich los.«

- *Satz 4 – Verstrickungen entkoppeln:* »Alle Verstrickungen in meiner gesamten Matrix transformieren sich jetzt.«
- *Satz 5 – Löschen alter Gefühle:* »Ich lösche in mir alle meine Gefühle der Ohnmacht und der Resignation, die mein Herz eingefroren haben. Ich nehme alles zurück, was ich je ausgesprochen habe, gegen mich und andere. Ich bitte um Vergebung und vergebe mir selbst. Auf allen Ebenen bis zum Ursprung meines Wesens.«
- *Satz 6 – Die Transformation:* »Die Transformation aller alten Erfahrungen fließt nun in mich und meine inneren Kinder, in alle Generationen, in alle Ahnenreihen. Alle Wunden, die durch Opfer- und Täterprogramme, durch Ursache und Wirkung entstanden sind, verabschiede ich jetzt. Die Transformation fließt zu allen Orten, Plätzen und in alle Situationen, mit denen ich jemals in Verbindung stand und löst deren Verstrickungen in mir auf. Auf allen Ebenen bis zum Ursprung meines Wesens.«

Diese wunderbaren und so heilsamen Sätze zeigen eine sehr überraschende kraftvolle Reaktion und erzielen eine enorm hilfreiche Wirkung. Ich habe sie während meiner Arbeit entwickelt; aus mehreren Methoden, die ich im Laufe meiner Tätigkeit kombiniert und ausprobiert habe. Sie verändern eine innere Haltung, vermitteln Leichtigkeit in einem schweren Moment und enorme Befreiung, wenn es sich schwer anfühlt. Mit ihrer Kraft ist eine schnelle Lösung möglich.

Ich fand ähnliche rituelle Sätze auch in verschiedenen schamanischen Techniken, der Aufstellungsmethode und bei der Methode der Logosynthese.

Was ist Logosynthese?

Die intensiv wirkende Methode ist erst seit Kurzem Werkzeug der neuen Generation der Psychotherapie. Der Entwickler dieser Methode, Willem Lammers, hat die Wirkungsprinzipien 2005 entdeckt und entwickelt das System seitdem ständig weiter. Mit kleinen kurzen Sätzen und Worten bringt man blockierte Energien im Anliegen der Klientinnen wieder in Fluss. Die Logosynthese verwendet das uralte Potenzial des Wortes, um störende Muster im Denken, Fühlen und Verhalten aufzulösen. Die Veränderung wird körperlich, emotional und gedanklich sehr rasch wahrgenommen. Schmerzhafte, belastende Erinnerungen kann man mit Logosynthese sehr effektiv ändern. Die Klientinnen gewinnen wieder ihr Vertrauen und Liebe in ihr Leben. Was einschränkt und hemmt, wird auch mit Sprache verändert. Das Aussprechen kurzer Sätze wirkt schnell, öffnet neue erstaunliche Perspektiven.

11. Zellen entgiften, Magnetismus verstärken

Angemessen über Entgiftung und die Wirkung von Schwermetallen auf unsere Gesundheit zu berichten, würde ein weiteres Buch füllen. Mir ist es trotzdem ein Anliegen, diesen Bereich zu beleuchten. Aus meiner Sicht stellt dies einen wichtigen Baustein im Speicher unserer Zellen dar. Es liegt mir am Herzen, hier weder eine wissenschaftliche Diskussion vom Zaun zu brechen, noch erhebe ich Anspruch auf Hundertprozentigkeit.

Ich selbst verdanke dem Löschen hinderlicher Prägungen, alter Zellerinnerungen und wiederholter Entgiftung die Regeneration meiner Schilddrüse. Mein »Hashimoto[9]«-Symptom, das ich mittlerweile liebevoll als meine »japanische Diven-Freundin« bezeichne, reagierte prompt und zuverlässig auf alle Versuche. Meine Intuition, der ich blind vertraue, lenkte mich sicher. Zu all den Schritten gehörte auch eine Ausleitung der Schwermetallbelastung im Körper. Meine Laborwerte sanken nach jeder Maßnahme und gaben mir ein untrügliches Feedback, auf dem richtigen Weg zu sein. Im Laufe einiger Jahre verminderte sich mein extrem überhöhter Entzündungswert der Schilddrüse auf ein normales Maß. (Ein normaler TSH Wert liegt zwischen 0,35 und 4,94 mU/l, meine Werte waren noch vor zwei Jahren bei 21,5 und sanken auf 3,77 mU/l.) Die Dosis meiner Medikamente verringerte sich beachtlich und bald lasse ich sie gänzlich weg. Druck,

Würgen und Schluckbeschwerden verschwanden zur Gänze. Mein allgemeines Wohlbefinden stieg stetig an.

Es finden in jeder Zelle unseres Körpers – und davon gibt es ca. 100 Billionen – 30.000 bis 250.000 chemische Stoffwechselprozesse pro Sekunde statt. Wie kann ein solches Feuerwerk an Energie überhaupt gesteuert werden?

Die Zell-Forscher Robert O. Becker, US-amerikanischer Orthopäde und Spezialist für Elektrotherapie, und Bjorn Nordenstrom, Chairman der Nobelpreis-Kommission, fanden heraus, dass alle akuten, aber auch chronischen Erkrankungen durch ein Absinken der Zellmembranspannung entstehen. Zusätzlich haben der Neurobiologe Dietrich Klinghardt und sein Team nachgewiesen, dass durch Ausleitung von giftigen Schwermetallen chronische Krankheitszustände rapide verbessert werden können. Auch sie bestätigten eine verbesserte Zellmembranspannung. Seit mehr als zwanzig Jahren beforschte Klinghardts Team die Wirkung von toxischen Giften in unseren Körperzellen.

Seither erschienen unzählige Studien über die in den Zellen, den Organen, im Bindegewebe, im Blut und Gehirn gespeicherten emotionalen Gifte und Schwermetalle. Zum Beispiel führen Aluminium, Fluor und Quecksilber genauso zu Vergiftungen wie die Umweltgifte Blei, Cadmium und Formaldehyd. Schwermetalle können über die Nahrung aufgenommen werden. Fast alle Fische sind damit verseucht. Zahnfüllungen, die Kombinationen aus Metallen und Quecksilber enthalten, werden teilweise heute noch in der Zahnmedizin verwendet. Trotz der Entwicklung des Bewusstseins für die Schädlichkeit von Amalgam gibt es noch viele, denen es an diesem Wissen fehlt. Der Mythos, dass solche Metalle in Zahnfüllungen festgebunden sind, ist heute längst widerlegt. Denn Quecksilber wird schon bei Zimmertemperatur flüssig und gibt Dämpfe ab. Das Gas, das dabei im Mund entsteht, kann zu enormen gesundheitlichen Schäden führen. Die empirische Forschung entdeckte zum Beispiel, dass chronische Schmerzen, Erkrankungen, wie Alzheimer, Fibromyalgie, Multiple Sklerose, Morbus Crohn, Lupus erythematodes sowie eine Unzahl an Allergien, deren tatsächliche Ursache bis heute noch immer nicht genau erklärbar ist, auch auf eine Belastung durch Schwermetalle zurückgehen. Sogar Angst, Irritierbarkeit, Ruhelosigkeit, emotionale Instabilität können Ursache von Vergiftungen, also von Neurotoxinen sein.

Klinghardt empfiehlt die Entgiftung und die Ausleitung der Schwermetalle als Vorbeugung und zur Behandlung der meisten Erkrankungen. Seine Studien belegen die Wirkung bei Schwermetallausleitungen. Bei über zwanzigtausend Patienten konnte danach eine großartige positive Reaktion festgestellt werden. Die Betroffenen zeigten eine besonders eklatante Verringerung von hohen Cholesterin- und Blutzuckerwerten sowie unterschiedliche Wertverbesserungen bei vielen Erkrankungen. Daher lohnt es sich wirklich, liebe Leser und Leserinnen, sich mit diesem Thema intensiv auseinander zu setzen und für sich eine Form der Ausleitung zu suchen. Meist hilft schon eine dreimonatige Entgiftungskur mit Chlorella-Algen, Kurkuma, Koriandertinktur und Zeolith. Bitte beachte aber, dass es dafür Profis gibt, die eine individuelle Ausleitung mit dir zusammenstellen können. Die Wirkung solcher Ausleitungen ist bahnbrechend. Du merkst es an deiner mentalen Klarheit, an schönerem glänzenden Haar, an reiner Haut. Du nimmst leichter ab, du hast insgesamt weniger Beschwerden, deine Blutwerte verbessern sich. Wenn du dich dafür interessiert, findest Videos von Klinghardt auf YouTube.

Ich möchte dich ermutigen, deine beste Version von dir selbst zu leben. Dazu bedarf es für dich aber eben auch eines gewissen Maßes von Gesundheit. Toxische Belastungen schwächen dein Immunsystem. Wie willst du frei und unbeschwert dein Leben verbringen, wenn du dich schwach, krank und nicht belastbar fühlst?

Die Ebene des physischen Körpers baut das elektromagnetische Feld auf. Starke oder weniger starke radioaktive Wellen, der Handyfunk, wireless local area networks (WLAN), Elektrosmog sind Gründe dafür, weshalb Zellen, die in ihnen gebundenen Schwermetalle manchmal nicht freigeben können. Die Zusammenhänge auf körperlicher Ebene sind maßgeblich mit dem Löschen und Transformieren deiner Zellerinnerungen verknüpft.

Jede seelisch-geistige Arbeit dient auch gleichzeitig der Gesundheit.

Eine Entdeckung von Dietrich Klinghardt ließ mich besonders aufhorchen. Er stellte fest, dass menschliche Zellen bei vorhandenen Traumata, also unerlösten seelischen Konflikten, nicht in der Lage sind zu entgiften. Es fiel den Patienten schwer, in diesen traumatösen und konfliktären Zuständen metallische Gifte freizusetzen. Das autonome Nervensystem war durch sie blockiert. Die Zelle kann sich in diesem Zustand weder öffnen noch loslassen und sich von den Giften trennen, die sie blockieren.

Jeder von uns hat einen physischen Körper, in dem die Gesetze der Biochemie wirken. Etwas Krankmachendes kommt fast immer aus unerlösten Konflikten, Spannungen oder Traumata, die sich aus unterschiedlichen Lebens- und Familienthemen formen. Im Körper gespeicherte Gifte beschleunigen den krankmachenden Kreislauf.

Ich erkannte in dieser Tatsache meinen »Missing Link« für meine Arbeit, um tatsächlich die Zellerinnerungen löschen und transformieren zu können. Daher habe ich die *Körper-Resonanz-Methode* und ihre Bausteine entwickelt, sie erleichtern den Zugang zum eigenen, vollen Potenzial.

Was für eine enorme Bereicherung! Diese Erkenntnis eröffnet uns eine Zukunft voller Hoffnung und Selbstbestimmung. Findest du das auch? Oder erschreckt dich der Gedanke, dass du es selbst in deinen Händen hast? Du steuerst dein Erleben. Du selbst bist in der Lage, Schwere in Leichtigkeit, Wut in Liebe, ein Drama in ein Lustspiel, das Opferdasein in eine Heldenreise zu verwandeln. Im Buch »Intelligente Zellen« betont Bruce Lipton, dass wir Schöpfer unseres Lebens sind. Gedanken, innere Haltungen und unser Lebensstil haben einen entscheidenden Einfluss auf unsere innere und äußere Wirklichkeit. Wer also seelische Belastungen, unbewusste und bewusste Konflikte löst und die Prinzipien, die ich in diesem Buch beschreibe, anwendet, wird von Tag zu Tag kraftvoller, glücklicher und gesünder. In seinen Büchern spricht Lipton von der »neuen Biologie«, genauer gesagt der Zellbiologie, und entkräftet die Theorie, dass wir Opfer vererbter Gene sind. Er stellte fest, dass *unser Erleben von unseren Überzeugungen, bis in die DNA unserer Zellen, gesteuert wird.*

Meine Erfahrungen und jene mit meinen Klienten bestätigten diese These. Nach einer »Detox«-Kur und Ausleitung von metallischen Giften fühlten sie sich vital, fit und voller Leichtigkeit: *»Konnte ich früher nicht ohne mindestens zwei Tassen kräftigen Kaffees in den Tag starten, vergaß ich mein ›heißgeliebtes‹ Getränk nach meiner Entgiftungskur völlig. So leistungsfähig fühlte ich mich.«*

Die Übungen im Buch helfen dir, zusätzlich deine innere Balance wiederzufinden und Blockaden zu lösen. Deine Zellmembranen lernen loszulassen, denn Loslassen ist wichtiger als Festhalten, damit sich deine Zugkräfte erhöhen, für all das, was du erschaffen willst. Wie ein kraftvoller Magnet, der alle Eisenspäne in seiner Umgebung anzieht, veränderst du dein elektromagnetisches Feld. Die Kräfte der Physik wirken dann auch in deinem Körper und deinem Geist.

Ein Beispiel für einen starken Magnetismus erlebte Franziska. Als ich sie das erste Mal sah, wirkte die schüchterne, junge Frau zerbrechlich, ängstlich und scheu.

»Ich will keinen Kontakt mehr mit Menschen haben. Lieber ziehe ich mich zurück und lebe alleine. Ich laufe zwanzigmal zur Toilette, wenn meine Kollegen rund um

meinen Schreibtisch sitzen und mit einem Kollegen Geburtstag feiern. Nur um einem Kontakt oder einem persönlichen Gespräch zu entgehen.«

Das hübsche Gesicht wirkte ernst und beinahe verbittert. Seit Langem plagte sie die Tatsache, dass sie stark sichtbare, hochrote Flecken auf Gesicht und Dekolleté bekam, sobald jemand mit ihr zu sprechen begann oder ihr Fragen stellte. Sie schämte sich wegen dieses sichtbaren Makels, trug nur noch hochgeschlossene Rollkragenpullover. Für sie war die kalte Jahreszeit eine Wohltat, der Sommer mit leichten Kleidern und tiefen Ausschnitten verstärkte nur ihren inneren Konflikt. Ihr berufliches und privates Leben rankte sich um das Verstecken ihres »Makels«. Sie schämte sich. Ängstlich versuchte sie, ihr Leben zu »kontrollieren«, damit sie so wenig wie möglich in Situationen geriet, bei denen ihre Rötungen auftauchten. Sie passte sogar ihr Berufsbild ihrem seelischen Konflikt an. Der Traum eines kreativen Berufes war damit ausgeträumt, die Ausbildung als Visagistin umsonst, so meinte sie, denn jeder kleinste Fehler trieb ihr intensiv die Schamesröte ins Gesicht. Dieser Zustand war für sie unerträglich. Sie entschied sich, lieber irgendwo in einem Büro ohne Kundenkontakte zu sitzen, als ständig einer Beschämung ausgesetzt zu sein, die sie nicht kontrollieren konnte. Kannst du dir vorstellen, welche Zukunftsperspektive diese junge Frau in sich wahrnahm?

In diesem Fall war es wohl nicht schwer zu erraten, dass sich bei der jungen Frau ein vergangenes traumatisches Erlebnis tief in ihr Herz-Gehirn eingebrannt hatte. Eine mit hohem Stressfaktoren erlebte Situation lässt den Körper reagieren. Das Herz schlägt schneller, die Pupillen weiten sich und die Atmung wird rascher, damit wir im Notfall flüchten, kämpfen oder uns verstecken können. Im Blut wird dabei vermehrt Glukose, also Zucker freigesetzt. Kalte Hände und Füße sind dabei Ausdruck des hohen Herzschlags und sichern ab, dass wir im Bedarfsfall schnell durchstarten können. Adrenalin und Cortisol, die typischen Stresshormone, überschwemmen die Muskeln. Das Gehirn wird blitzschnell in einen Stress- und Überlebensmodus katapultiert. Alles ist auf Notfall ausgerichtet. Normalerweise gelangt der Körper, wenn alles vorbei ist, innerhalb von Stunden wieder in ein normales Gleichgewicht. Dauert die stressige Situation jedoch an, kann der Körper dieses Gleichgewicht nicht mehr herstellen. Im neuronalen Netz des Gehirns wird so ein bewegendes, hochemotionales Ereignis als Bild gespeichert. Würden wir unser Gehirn in diesem Moment durch einen Gehirnscanner schieben, könnten wir leicht die enormen Energieflüsse wahrnehmen. Die Gehirnforscher sprechen von einem hochaktiven »Feuern«, das sich wie ein Schnappschuss im Gehirn einbrennt. Daraufhin wird die Szene in unserem Gehirn »eingefroren«, mit ähnlichen Situationen gekoppelt und die dazugehörige Emotion wird im Körper gespeichert. Franziska erinnerte jedes »vor Menschen stehen«, mit »Menschen reden müssen« an ihr traumatisches Erlebnis in ihrer Kindheit.

Sie wurde vom Schuldirektor vor ihren Schulkolleginnen bloßgestellt, die Scham darüber brannte sich tief in ihr Herz. Da unser Gehirn das Speicherorgan aller Erfahrungen ist, bleiben dort Erinnerungen als Bilder abgelegt. Die Aufzeichnungen der Vergangenheit, das berühmte Kopfkino, lassen uns den erlebten Schmerz, die Angst davor und das Leid stets von Neuem erleben, sobald wir über unsere Probleme nachdenken. Denn das Gehirn hat kein Zeitgefühl, es nimmt die inneren Bilder und reagiert prompt und zuverlässig, so als ob das Ereignis in diesem Moment stattfände. Allein das Nachdenken über Probleme erzeugt wieder die gleiche Flut an Stresshormonen und lässt den Körper reagieren. Irgendwann kann der Körper nicht mehr zwischen dem ursprünglichen und dem gedanklich wiederholten Ereignis unterscheiden.

Jede Emotion ist Energie in Bewegung!

Einerseits denken wir an Vergangenes und erleben es im Kopf wieder. Andererseits versuchen wir, ein Zukunftsszenario zu schmieden, das eine Wiederholung erlebter Scham verhindert, und lenken die gesamte Energie der Vermeidung auf das, was wir nicht wünschen – und verstärken es gerade damit. Die Vergangenheit wird durch die chemischen Prozesse zu einem zukünftigen Erlebnis, der Wiederholung. Auf Dauer ist das physisch nicht auszuhalten und daher schützt sich der Körper. Er verschiebt das Thema tief ins Unbewusste. Bei meiner Klientin zeigte sich, dass sie sich nicht mehr an das schambesetzte Thema aus ihrer Schulzeit erinnerte und auch keinen Zusammenhang mit dem Auftreten der roten Flecken herstellen konnte. Doch ihr Erleben von Scham und Erregung wiederholte sich durch ihr fortwährendes Vermeidungsverhalten und ihre Angst, sich wieder so sehr zu blamieren. Die Schleife des Denkens und Fühlens erzeugte in ihr ein elektromagnetisches Feld und aktivierte ihre Erfahrungen stets von Neuem.

Erst als wir mit den Bausteinen der *KR-Methode* ihre Blockaden lösten und sie über dem *»Self-Walk«* mit ihrem ursprünglichen Wesen in Kontakt trat, veränderte sich ihr ganzes körperliches und energetisches Auftreten. Eine zusätzliche Schwermetallausleitung half, auch die »Schwere« aus ihrem Körper zu entlassen. Sie wurde selbstsicherer, begann an ihr persönliches Potenzial zu glauben. Ihr Auftreten und ihre Ausstrahlung änderten sich. Heute ist sie erfolgreiche Abteilungsleiterin und genießt es, in ihren Aufgaben gemeinsam mit ihren Kolleginnen zu erstrahlen.

Die Zellmembran ist die Hirnrinde der Zelle und sendet Licht, Klang und Wellen aus. Sie lässt uns magnetisch werden. Laut Bruce Lipton bildet die Zelle Energierezeptoren, die wie Stimmgabeln vibrieren. Wenn in der energetischen Umgebung der Zellen eine Schwingung entsteht, die durch Hormone bei Stress oder Freude ausgelöst wurde, verändern sich diese Rezeptoren der Zelle. Sie schwingen genauso wie wir uns fühlen. Diese unsichtbare Kraft kann durch Gedanken ebenso gesteuert werden wie durch extern zugeführte physische Moleküle, beispielsweise Penicillin oder andere Medikamente. Allein unsere Einstellung dazu verändert deren Frequenz und deren Ladung und zieht alles in das Erleben, das du fühlst und empfindest.

Das ist der Hintergrund für die Wirkungsweise energetischer Medizin.

Auf meiner Webseite habe ich viele Mutmach-Geschichten von Menschen gesammelt, die dieses Prinzip erfolgreich anwendeten. Dort findest du Erzählungen von Diana, die an Brustkrebs erkrankte, trotz dunkler Prognosen verschwand der Krebs. Genauso wie bei Michael, der seinen Lymphdrüsenkrebs und seine Angst besiegte und heute kerngesund lebt. Von Edith, einer Patientin, die durch einen Unfall an den Rollstuhl gefesselt war und nur eineinhalb Jahre nach dieser Tragik die ersten Schritte in ihr neues Leben setzte. Sie veränderte durch ihre positive Einstellung und mithilfe ihrer emotionalen bildhaften Kraft ihr Erleben. Solche spannenden Erzählungen und Berichte gibt es viele, sie sollen dich ermutigen, dein Denken und Fühlen kraftvoll einzusetzen. Wer mehr über dieses Thema erfahren möchte findet viele Beiträge unter: *www.mutmachinstitut.at/mutmachgeschichten.*

Das unglaubliche Meisterwerk des Gehirns erlebte ich selbst während meiner Genesung nach meinem Motoradunfall. Mich quälten starke Phantomschmerzen an meiner linken Hand, wo mir Finger amputiert worden sind. Die Methode der Spiegeltherapie, die ich ausführlich in meinem Buch *»Signale des Körpers«* beschreibe, brachte meine Schmerzen innerhalb von vier Wochen zum Verschwinden. Meine verletzte linke Hand hinter einem Spiegel liegend, gab mir der davor aufgestellte Spiegel das Bild einer gesunden Hand wieder, welches jedoch nur das Spiegelbild meiner rechten gesunden Hand darstellte. Diese Illusion erzeugte eine Realität in meinem Gehirn, die mich tatsächlich glauben ließ, dass meine linke Hand unverletzt und gesund sei. Diese Methode und die oben erzählten Mutmach-Geschichten demonstrieren eindrucksvoll, wie innere Bilder und der Herzenswunsch in unserem Inneren wirken. Welche Kraft von unserem Denken und Fühlen ausgeht. Denn das Gehirn, dessen Speicher nur die reellen Bilder umsetzt, wertet nicht, sondern nimmt das an, was wir ihm liefern. Es erzeugt unsere Realität.

Willst du ein Leben leben, das dir jemand anderer vorgibt, nur um zu gefallen oder geliebt zu werden? Oder willst du so leben, wie du selbst bist? Stelle dir jeden Tag die Frage, wie du täglich mehr deine eigene authentische Kraft leben und ausdrücken kannst. Entscheide dich für dich! Wenn du dich dafür entschieden hast, authentisch zu leben, dann wirst du damit Menschen in dein Leben holen, die dich so lieben, wie du bist. Du wirst ein Magnet für wunderbare Begegnungen, für dein gesundes Leben, für deinen Selbstausdruck und deine lebendige Energie sein. Gleichzeitig setzt du die Umweltsignale aus deiner Zellmembran in Verhalten um.

12. Wie Diagnosen unser Leben limitieren

Wegen der Diagnose einer besonderen Gefäßverengung prognostizierten die Ärzte einem jungen Mädchen im Alter von zwölf Jahren eine sehr niedrige Lebenserwartung. Die Ärzte informierten die Eltern darüber, dass ihre Tochter diese Krankheit leider nicht länger als maximal dreißig Jahren überleben würde. Aufgrund dieser beklemmenden Vorhersage erlaubte sich das Mädchen nicht, ihren Traumberuf Tänzerin zu erlernen. Außerdem hatte sie enorme Schwierigkeiten mit der Berufswahl. Als 34-Jährige kam sie zu mir in meine Praxis und erzählte mir mit Begeisterung von ihrem bereits vollbrachten »Wunder«, dass sie es bis zu diesem Alter »geschafft« habe. Für sie glich es einem Wunder. Trotzdem führte sie einen andauernden Kampf gegen einen beinahe übermächtigen Gegner, der ihr ein Leben voller Angst und Sorge bereitete. Sie kämpfte unaufhaltsam um einen Platz im Leben. Nocebo heißt dieser Effekt und er ist der gefürchtete Bruder des bekannten Placeboeffekts.

Der Nocebo-Effekt (von lateinisch nocere, schaden) ist – analog zum Placebo-Effekt (von lateinisch placere »gefallen«) eine scheinbar negative Wirkung eines Arzneimittels oder einer Vorhersage. Er bezeichnet eine Reaktion auf ein medizinisches Präparat ohne spezielle Wirkung, beziehungsweise auf die gerüchteweise die Gesundheit oder das Wohlbefinden nachhaltig beeinträchtigende Wirkung einer Maßnahme oder Vorhersage. Im Gegensatz zur positiven Wirkung beim Placeboeffekt ergibt sich beim Nocebo-Effekt eine negative Reaktion.

Nocebo, das Wort auf der Waagschale des Geistes

Fast jeder kennt das Phänomen, dass er Nebenwirkungen spürt, wenn ihm Begleiterscheinungen vorhergesagt werden. Wenn zum Beispiel der Arzt sagt: »Das tut jetzt weh!«, dann spürst du die vom Arzt bereits vorgegebene negative Wirkung sofort, auch wenn der tatsächlich wahrgenommene Schmerz kaum oder nicht fühlbar ist. Genau auf die gleiche Weise funktionieren Zuordnungen von Symptomen, die wir vorerst nicht verstehen oder Suggestionen wie: »Sie sind ein Risikopatient!«, »Sie sollten nichts Schweres mehr heben, damit sie nicht gelähmt werden«, Sie brauchen jetzt keine Angst zu haben«, »Wir narkotisieren Sie jetzt, gleich ist alles vorbei!«

Ähnlich verhält es sich mit Warnhinweisen über beschriebene Nebenwirkungen von Medikamenten in Packungsbeilagen. Sie lösen bereits negative Wirkungen aus, ohne dass wir es steuern können. Der Begriff »Nocebo« kommt aus dem Lateinischen und heißt wörtlich: »Ich werde schaden.« Gemeint sind Gedanken und Erwartungen. Sie schaden uns mehr, als es durch das Ereignis tatsächlich der Fall wäre. Gerade die besonders ängstlichen Patienten legen jedes Wort des Arztes auf die Goldwaage. Joe Dispenza veranschaulicht in seinem Buch, »Du bist das Placebo«, zahlreiche Studien von Patienten, die diesen Effekt auf uns Menschen belegen.

Wir werden anfälliger auf Grippe, weil wir alltäglich mit Informationen über die Grippewelle »geimpft« werden. Leider wird in der medizinischen Ausbildung noch immer zu wenig Wert auf das Gespräch und die Kommunikation zwischen Patienten und Arzt gelegt. »Schlechte Neuigkeiten fördern schlechte Physiologie«, sagt der Mediziner Clifton Meador von der Vanderbilt-Universität. Ärzte, die Krebserkrankungen behandeln, wissen, dass etlichen Patienten bereits vor der Chemotherapie schlecht wird und sie schon Tage vorher oder auf dem Weg ins Krankenhaus erbrechen müssen. Wir leiden womöglich, wenn wir älter werden, eher unter Arthritis, steifen Gelenken, einem schlechten Gedächtnis, nachlassender Vitalität und Sexualität, weil uns die Anzeigen, die Werbung für Medizinprodukte oder Fernsehshows damit bombardieren. Dabei wirken Erwartungshaltung und die selbsterfüllende Prophezeiung direkt in uns. Tatsache ist aber auch, dass jeder seine Perspektive wechseln kann und in der Lage ist, seine Gedankenbilder zu ändern, wenn er das will. Denn Gedanken sind Schwingung und man weiß heute, dass Gedanken stärker sind als die Realität.

Das Placebo, der große Bruder des Nocebos

Ein Beispiel positiver Gedankenkraft ist eine an Brustkrebs erkrankte Patientin, deren Geschichte ich hier erzählen möchte. Obwohl sie über dreißig Chemotherapien verabreicht bekam, stellte sie sich während jeder Chemo vor, ein Buffet an herrlichen Köstlichkeiten angeboten zu bekommen. Sie malte sich konkret die Bilder aus, wie die Spezialitäten einen positiven Einfluss auf ihre »verwirrten« Zellen nehmen könnten. Sie »erträumte« sich Bilder davon, wie energiegeladen und vital sie sich fühlen würde. Nach jeder Dosis Chemotherapie stand sie auf und meisterte ihren Job mit Bravour. Ihr war weder übel noch hatte sie besondere Nebenwirkungen. Ihr verändertes Denken und ihre Überzeugung halfen ihr, sich körperlich gesund und fit zu fühlen.

Dieses Phänomen hinterlegt die Placebo-Forschung seit Jahren durch unendlich viele Studien und Experimente, die die Wirkungsweise von nicht verabreichten Medikamenten oder harmlosen Salzwasserlösungen belegen. Ein Placebo ist ein Arzneimittel, das keinen Arzneistoff enthält und somit auch keine pharmakologische Wirkung hat, die dadurch verursacht werden könnte.

Die Liste der zuvor angesprochenen Experimente ist lang und beinhaltet vieles. Knieoperationen, die Verbesserungen erkennen ließen, obwohl die Operationen gar nicht richtig durchgeführt wurden. Chronische Depressionen verschwanden, obwohl kein »echtes« Medikament verabreicht wurde. Herzoperationen, die gar keine waren, bewirkten, dass es den Patienten danach deutlich besser ging als der Versuchsgruppe von tatsächlich Operierten. Glaubten die scheinoperierten Patientinnen womöglich so fest an eine Besserung? Und wenn das möglich wäre, was sagt das über die Auswirkungen vom positiven Gedanken auf den Körper und unsere Gesundheit aus? Die empirische Forschung belegt unzweifelhaft, dass sich die innere Einstellung tatsächlich auf den Gesundheitszustand und in weiterer Folge sogar auf unsere Lebenserwartung auswirkt. Eine optimistische Lebenseinstellung ist also das Wesentliche, so die Essenz aus diesen Forschungen. Fazit: Optimisten leben länger!

Wir Menschen besitzen nur ein fünfprozentiges Wachbewusstsein, aber ein 95-prozentiges Unbewusstsein. Das hob schon Sigmund Freud im Jahre 1923 in seinen Schriften über das »Ich und das Es« hervor. Das Potenzial unseres Unbewussten wird mittlerweile als Tatsache anerkannt und trotzdem wird dieser Effekt von uns einfach ignoriert. Immer wieder entscheiden wir ausschließlich mit dem Verstand und dem erlernten Wissen. Die Kräfte des Unbewussten werden meist nicht eingesetzt, auch wenn dadurch durchaus unkonventionelle Lösungen möglich würden.

Hypnose (von altgriechisch hýpnos »der Schlaf«) zum

Beispiel ist ein Zustand künstlich erzeugten partiellen Schlafs in Verbindung mit einem veränderten Bewusstseinszustand. Im Zustand der Hypnose finden Menschen auf Befragung verborgene Antworten, die tief in ihnen gespeichert sind. Der Einfluss des Unbewussten hat eine so kolossale Wirkung, dass Menschen keine Schmerzen empfinden, wenn sie zum Beispiel in Eiswasser schwimmen oder Aufträge ausführen, die für sie im wachen, bewussten Zustand schmerzhaft und unangenehm wären. Sowohl der Hypnoseeffekt als auch der Placeboeffekt sind intensiv erforscht, jedoch wird deren positive, sehr beeindruckende Wirkung viel zu wenig genutzt. Heilung ist nur zum Teil vom Wissen der Ärzte abhängig. Sie ist aber immer abhängig davon, wie sehr sich Patient und Therapeut für die höheren Kräfte öffnen können.

Freuds Theorien, die nun auch schon wieder seit hundert Jahren bekannt sind, sind nach wie vor fixer Bestandteil der Studienpläne des Psychologie- und Medizinstudiums. Obwohl es längst andere, neue Wege und Ansätze gäbe, finden diese einfach zu wenig Beachtung bei der Ausbildung zu Psychologen und Medizinern. Auf diesen, man kann ruhig behaupten, überholten, Lehrgrundlagen basieren letztlich die Diagnosen unserer Psychologen und Ärzte und so mancher psychiatrische Fall könnte anders behandelt werden, würden die Lösungen nicht auf veralteten Lehrgrundlagen fußen. Ja, es könnten manche Causen sogar als brillante und großartige neue Begabungen verstanden werden, wenn sich die Wissenschaft nur auch für das unbewusste Feld öffnen könnte! Autisten – früher war das ein Ausschlusskriterium für eine Karriere. Inzwischen sieht das völlig anders aus: Menschen mit Autismus-Spektrum-Störungen haben auf dem Arbeitsmarkt durchaus realistische Chancen, eine richtig gute Stelle zu finden. Vor allem im IT-Bereich sind die Aussichten gut. Denn Autisten können die kniffligsten Computerprobleme lösen oder zeichnen aus ihrer Erinnerung die Skylines von Metropolen wie New York detailgenau nach. Rein aus ihrem

Gedächtnis, nach einem einzigen Überflug. Wie könnte das funktionieren, wenn nicht der riesige Speicher des Unbewussten zur Verfügung stünde?

Öffne die Türen zu deinem unendlichen Unbewussten!

Einzig Albert Einstein hat es geschafft, dass die Wissenschaft nach wie vor, beeindruckt von seiner Genialität, den Hut zieht. Er hat, wie man allgemein weiß, die Relativitätstheorie zunächst einmal geträumt und erst danach wissenschaftlich beforscht. Wir würden gut daran tun, wenn wir unseren Träumen mehr Aufmerksamkeit schenkten und lernten, ihre symbolhafte Sprache zu entschlüsseln. Ich empfehle dazu das Buch von Walter Hoffmann »Unsere geheime Welt im Schlaf«, es ist ein erstaunliches Buch über Träumen und Tagträumen. Kraftvolle Lehren aus Träumen zu ziehen, lehrte mich schon in den Neunzigerjahren meine Freundin Irene. Sie beeindruckte mich immer wieder damit, mit welcher Präzision sie ihre Träume aufarbeitete und die Bilder in ihren Alltag einbaute. Viele Eindrücke, die sie anfangs nicht genau entschlüsseln konnte, fanden nach Tagen oder Wochen in ihr eine Antwort oder ein klares »Aha-Erlebnis«. Ihr wurde dann plötzlich klar, was ihr das Unterbewusste sagen wollte. Diese und andere Sinneswahrnehmungen, die wir alle auf unterschiedliche Art und Weise in uns tragen, sind geniale Tore zu unserer Innenwelt und zum Unbewussten. Unsere Sinne geben uns wichtige Hinweise. Intuition, Hellsichtigkeit, das Hören innerer Stimmen, das Sehen inneren Bilder, Träume, Tagträume, das klassische Bauchgefühl oder Impulse und Sinneswahrnehmungen, die hochsensiblen Personen vertraut sind, sind ständige Begleiter und Beistände. Die meisten dieser Menschen lassen diese jedoch aus erlernter Vorsicht nicht zu.

Morgens, nach dem Aufwachen und abends, vor dem Einschlafen, öffnet sich die Tür zum Unbewussten. Wachst du morgens auf und denkst, handelst und fühlst immer wieder dasselbe? Wenn in deinem Leben nichts Neues passiert und du tagein, tagaus dieselben Gefühle spürst, dann funktionieren dein Gehirn und dein Körper im Vergangenheitsmodus. Dann bist du ganz fest mit den Erfahrungen, Emotionen und Handlungen der Vergangenheit verbunden. Du steckst fest, so dass du immer wieder dieselben Verhaltensweisen an den Tag legst, die ständig denselben Erfahrungen entsprechen.

Was würde es bedeuten, wenn wir wirklich vollständig auf unser komplettes unbewusstes Wissen zugreifen können? Auf Wissen, das tief in uns gespeichert ist? Was wäre, wenn wir es abrufen und danach handeln könnten?

Um Gesundheit zu finden, muss man sie ohne die Filter seiner Glaubensmuster ansehen, meint Uwe Albrecht, der Entwickler der energetischen Medizin. Kannst du dir vorstellen, dass dir dein Körper Signale sendet, um aufzuwachen? Kannst du dir vorstellen, dass Schmerz der »Körperanker« ist, dem du selbst die Aufgabe gegeben hast, dich an Fähigkeiten zu erinnern? Wir sind alle mehr oder weniger aufgefordert, unser volles Potenzial zu heben und es für uns oder zum Wohle anderer einzusetzen. Albrecht spricht von »gesund sein« als im Einklang mit dem »Schöpferischen« zu stehen. Wenn unsere Energiefelder nicht im Einklang sind, entsteht Reibung, die wir dann als Schmerz wahrnehmen. Er spricht von polyphonen Disharmonien. Heute gibt es mehr und mehr Ärztinnen, Wissenschafter, Erfinder, Lehrerinnen oder Heiler, die aus diesem unbewussten Feld herausarbeiten. Sie stellen einen Segen für die Menschheit dar. Ihre Erkenntnisse sind revolutionär. Der freie Geist, der aus ihnen spricht, überzeugt. Wir spüren in unserem Inneren, dass die

Art zu denken und zu handeln, einem Verbundensein an den unbewussten Geist entspringt. Aus diesem Feld entstehen neue Ideen, andersartige medizinische Zusammenhänge und noch nie dagewesene Wege zu Lösungen, die für viele von großem Nutzen sind.

Eine kreative Allrounderin, Bernadette Ana Bruckner, holistische und intuitive Gesundheitsmentorin, entwickelt Methoden, die uns dabei unterstützen, *Glaubenswerte, die wir in uns tragen, tiefgreifend zu verändern*. Das Wort »Believe«, also Überzeugung, beinhaltet die Wortsilbe »Lie«, die Lüge bedeutet. Unsere Überzeugungen, die wir mit uns tragen, können übernommene, nicht mehr passende oder behindernde Prägungen widerspiegeln. Sie beforschte die Frage: Was wäre, wenn wir alte Erinnerungen durch Visualisierungen und Virtualisierungen, bei der alle Sinne einbezogen werden, einsetzen? Und wie Erinnern und Löschen Verbesserungen an Symptomen herbeiführen könnten? Sie entwickelte Methoden, um deren Herkunft zu transformieren und nicht nur zu überschreiben, sondern zu löschen und »neu zu denken«, da das Gehirn Reales und Erdachtes nicht unterscheiden kann. Viele Erinnerungen werden mit den dazugehörigen Emotionen, Bildern, Gerüchen oder Geschmäckern abgespeichert. Das kann dazu führen, dass wir damals, als wir die Erfahrung gemacht haben, nicht die passende Bewältigungsstrategie zur Verfügung hatten und daher die Erfahrung mit negativen Gefühlen abgespeichert haben (Ursprungserinnerung). Bei der Ursprungserinnerung hätten wir erstmals unser volles Potenzial benötigt, doch wir wussten »noch« nicht, dass wir dieses in uns tragen. Wenn wir Erinnerungen von Emotionen entkoppeln, wir uns dann die dahinterliegende Lernlektion ansehen und uns an das Potential der Ursprungserinnerung erinnern, wird sich auch die Erinnerung selbst verändern und/oder komplett auflösen, da wir diese nicht mehr benötigen. Ihre Arbeit basiert auf der »Seelen-Identitätsebene«, die Robert Brian Dilts, Autor,

Trainer und Berater, im Bereich des Neuro-Linguistischen Programmierens, als »Transmission/Transpersonal«-Bereich bezeichnet. Durch die Veränderung der Emotion verändert sich die Erinnerung daran. Ihre einfache aber wirkungsvolle Formel lautet:

Erinnerungen + Emotionen = Lernlektion für die Wieder-Erinnerung deiner Potentiale

Prägungen früher Kindheit, tatsächlich erlebte Situationen, haben sich in deine *energetische Erfahrungsmatrix eingebrannt* und in dir allgemein gültige Glaubensmuster erschaffen. Diese bilden deine Wahrheit. Mit dieser Brille an Überzeugungen bildest du deine Wirklichkeit aus. Dein Erleben hängt davon ab, welche Erfahrungen du gemacht hast. Du hast Eltern, die mit deinen Fähigkeiten nur schwer umgehen konnten? Hast du Erfahrungen gemacht, die dich erschütterten und dich doch nicht brechen konnten? Durftest du dich so zeigen, wie du wirklich bist? Irgendwann hast du aufgegeben, gegen all das zu kämpfen. Schließlich hast du dich befreit und dich auf den Weg gemacht, nach deinem verdrängten Potenzial zu suchen.

Möglicherweise ist dir aufgefallen, dass du »Sachen« mit dir herumschleppst, die gar nicht zu dir gehören. Vielleicht hast du etwas von deiner Mutter oder deinem Vater übernommen, das dich stört? Vielleicht hast du Überzeugungen unhinterfragt aufgenommen und lebst sie weiter? Musstest du seelischen, psychischen oder sogar körperlichen Missbrauch erleben? Möglicherweise hast du wenig Wertschätzung erhalten und denkst: »Wozu andere oder mich selbst loben?« Trägst du »alten« ungelösten Zorn in dir? Bist aus unerfindlichen Gründen traurig, depressiv oder verstimmt? Bemerkst du, dass du zu dir härter und unnachgiebiger bist als zu allen anderen? Befreie dich von dem Ballast und dem schweren »Firlefanz«, den du mit dir herumschleppst. Das bedeutet, die Teile zu verabschieden und loszulassen, die nicht dein Selbst sind. Löse dich von inneren »Antreibern«, die bereits in der Kindheit geprägt wurden. Solche Antreiberprogramme verrichten ihre Arbeit.

Fünf der bekanntesten Programme wie »Sei stark!«, »Sei perfekt!«, »Beeil dich!«, »Mache es anderen recht!« »Streng dich an!« lassen sich ganz einfach neutralisieren, wenn du erkennst, dass sie in dir aktiv sind.

Die folgende hocheffektive Übung von Bernadette Ana Bruckner unterstützt dich, deine übernommenen Programme und Prägungen zu löschen. Zusätzlich lernst du über die Befreiung deines innersten Kerns deine eigenen unverfälschten Meinungen und dein volles Potenzial besser kennen.

Übung – Erinnere dich an deine Potenziale

Die Kernfragen sind ähnlich wie bei der *Körper-Resonanz-Methode (KRM)* aus Kapitel 8. Bei dieser Methode unterstützt dich deine Vorstellung bei der Veränderung alter Prägungen. Sie gelingt besonders einfach, wenn dein visueller Wahrnehmungskanal stärker ist als der kinästhetische (körperliche).

- Wo im Körper spürst du die Emotion/Beschwerde/Krankheit? Stell dir vor, du kannst diese Emotion/Beschwerde/Krankheit aus deinem Körper in deine Hände legen. Lass dir Zeit, bis du in deinen Händen ein deutliches Empfinden bemerkst. Jetzt stelle dir die schon bekannten Fragen:
- Gehört es zu mir oder habe ich es übernommen?
- Wenn übernommen: Sprich bitte laut aus: »Zurück zum Original-Ursprung bitte jetzt!« – Lass dir Zeit, bis du wahrnehmen kannst, wie sich die Energie aus deinen Händen erleichtert. Wenn noch weitere Ener-

gie vorhanden ist, die nicht zu dir gehört, frage dich weiter:

– Was ist meine Lernlektion/Botschaft/Erkenntnis? Möglicherweise erhältst du eine innere Antwort. Selbst wenn du nichts wahrnimmst, sprich bitte: *»Ich erinnere mich wieder an mein Potenzial bzw. meine Lernlektion-Botschaft in meinem Original-Ursprung. Jetzt!«* Meist taucht ein Wiedererinnern auf. Es kann ein Gefühl, ein Bild oder auch ein Klang sein, das oder der dich wieder mit deinem Potenzial verbindet.

Sei offen und lasse dankbar alles los, was nicht mehr benötigt wird. Stelle dir die Frage: *»Wer wäre ich ohne meine Gedanken, Glaubenswerte, Beurteilungen und Erinnerungen?«* Was wäre, wenn wir wie im Film »Matrix« unser Wissen »downloaden« könnten? Was wäre, wenn wir uns an jegliche Potenziale, die wir in uns haben, einfach nur »Wieder-Erinnern« oder uns aus dem universellen Urwissen holen könnten?

Die anschließende Übung hilft dir beim Download und dem Wiedererinnern deines Potenzials.

Übung Download und Wiedererinnern des eigenen Potenzials

Wie werden Potenziale »downgeloaded« bzw. wiedererinnert? Zum Zeitpunkt eines Traumas oder einer anderen schmerzvollen Erfahrung ist es oft nicht möglich, Gefühle zu empfinden oder auszudrücken. Es entsteht ein unterdrückter seelischer Konflikt. Denn zu diesem Zeitpunkt empfindest du große Gefahr und dein Potenzial auszuleben, könnte diese Gefahr vergrößern.

Z.B. bei einem Streit haben wir oft nicht die Worte, die uns dazu ermächtigen, den Streit beizulegen. Wir werden daher emotional – schreiend, wütend, laut, auch schla-

gend. Je nachdem, wie wir es »gelernt, gesehen haben« bei anderen. Wenn wir zu dieser Situation gedanklich retour gehen und die vier Fragen machen, könnten wir erkennen, was uns damals an Potential/Ressource gefehlt hat, um diese Situation besser lösen zu können. Solche Potentiale könnten sein: innere Ruhe, Gelassenheit, Liebe, ... wenn wir diese Erinnerung mit diesen Potenzialen befüllen, wird sich die Situation auflösen können, die wir auch körperlich wahrnehmen ...
Wenn du dich an dein Potenzial erinnerst, kann sich die negative Emotion auflösen. Wenn wir das benötigte Potential durch die Lernlektion gefunden haben, wird diese in dem entsprechenden Zeitraum, in dem der Ursprung der Lernlektion lag, erkannt.
Sprich dann folgenden Matrix-Satz für dein Potenzial laut aus: *»Ich erinnere mich wieder an meine [Ressource/ Potenzial] im Original-Ursprung bitte jetzt! Danke.«*

Im weiteren Verlauf, wenn wir unsere Lernlektion erkannt haben, wird das, was wir in jenem Alter, wo die negative Erfahrung gemacht wurde, als Ressource *wieder-erinnert*. Die Emotion wird anders abgespeichert. Nämlich mit der damals benötigten Ressource und mit weniger übernommenen Glaubenswerten. Es verändern sich auch alle anderen dazugehörigen Erinnerungen und Erfahrungen. Es gelingt leichter, aus der Ressource zu handeln, statt einen Streit vom Zaun zu brechen.

Wer sein eigenes Potenzial und sein ursprüngliches Wesen wieder in seinen Körper zurückholt, beginnt an Körper, Seele und Geist zu gesunden. Der Zugang erfolgt über die Sinne. Du verbindest dich mit der Kraft deines Potenzials. Dadurch steht dir viel mehr Energie zur Verfügung. Diese energetisch-psychische Arbeit kann enorme Veränderung der Symptome hervorrufen. Der Kinesiologe Dietrich Klinghardt stellte sogar fest, dass während Medikamente nur 20 bis 30 Prozent der Schmerzen lösen, der Zugang über die Psyche zu den energetischen Ebenen Schmerzzustände beenden kann. Denn mit geeigneten Maßnahmen kann der gefundene Konflikt von der realen Situation »entkoppelt« werden. Die reale Situation verliert dadurch ihren einschränkenden und/oder krankmachenden Einfluss auf den Menschen.

13. Neue Informationen-Kraftquellen für deine zukünftigen Zellen

»Mentale Probeläufe«, also das »Üben im Kopf«, zusätzlich kraftvolle und einfache Mittel, dein Er-Leben zu verändern. Die inneren Bilder und deine Vorstellung von einem Erlebnis, verbunden mit einem intensiven persönlichen Wunsch oder einem Entschluss, trainiert den Geist und verändert messbar die Gehirnwellen. Dadurch werden Geist und Körper auf deine Absicht hintrainiert. Die enorme Wirkung wurde in unzähligen Experimenten mit den unterschiedlichsten Personen und Aufgaben getestet. Gehirnscans vor und nach verschiedenen mentalen Imaginationen und Tagträumen lassen erkennen, dass eine Erfahrung, ohne sie tatsächlich gemacht zu haben, Gehirn und Körper so reagieren lassen, als wäre die bildhafte Vorstellung bereits eingetreten. Innere Bilder, die mit einem intensiven Wunsch verbunden werden, können enorme Veränderungen in uns bewirken.

Ein gutes Beispiel dafür ist eine Harvard-Studie[10] an freiwilligen Personen, die nie zuvor Klavier gespielt hatten. Die eine Gruppe übte täglich zwei Stunden lang eine Fünf-Finger-Übung. Eine zweite Gruppe stellte sich diese Fünf-Finger-Übung täglich nur im Kopf vor. Die Gehirnscans ergaben, dass danach beide die gleichen neuronalen Schaltkreise und neurologische Programmierungen ausgebildet hatten. Ein ähnliches Experiment wurde zwölf Wochen lang mit Personen durchgeführt, die sich fünfmal pro Woche bestimmte Muskeltrainingseinheiten nur mental vorstellten, die anderen aber dieselben Trainingsroutinen intensiv übten. Nach Abschluss der Studie stellten beide Probanden einen ordentlichen Muskelzuwachs fest. Gleichzeitig hatte sich die Kraft ihres Bizepses um 13,5 Prozent erhöht.

In der Texas University sollten sich Probanden zwölf Wochen lang täglich 15 Minuten lebhaft vorstellen, wie sie ihren Ellenbogen beugen und dabei ihre Muskeln so kraftvoll und hart wie möglich anspannen. Sie verbanden ihre feste Absicht und die Energie mit ihrer mentalen Vorstellung. Die nach innen gerichtete Übung steigerte letztlich ihre Muskelkraft um 10,8 Prozent.

Wenn sich das Gehirn mit einer klaren Idee und einer intensiven Emotion verbindet, wird es zum kräftigsten Heilmittel, welches ich je kennenlernen durfte. Ich nenne es die Ausbildung des *Herzgehirns*, das sich auf unsere Wünsche und unsere inneren Bilder hin ausrichtet. Wenn Gedanken als die Sprache des Gehirns und Gefühle als die Sprache des Körpers zu *einem Seinszustand im inneren Erleben werden, erschaffen wir das Morgen.*

Das Gehirn erkennt alle Eindrücke, die wir senden, und verwahrt sie bei sich auf. Richtig oder falsch, wahr oder unwahr werden ohne Bewertung gespeichert. Die Miniaturübung in Form der Spiegeltherapie[11], mit deren Hilfe ich innerhalb von vier Wochen meine Phantomschmerzen verlor, beweist, wie wertfrei das Gehirn alles aufnimmt, was es geliefert erhält. Bei jedem Schmerzzustand möchte ich dir Mut machen, entschlossen mit der Macht der Bilder zu arbeiten. Innere Bilder, Imaginationen und positive Vorstellungen sind machtvolle Unterstützer. Nur unser Herz bewertet in Form von Emotionen. Denn Gefühle sind Energie in Bewegung! Wir erzeugen, wenn wir fühlen, Gedanken und umgekehrt. Dabei »feuern« im Gehirn bestimmte Bereiche elektrische Ladungen ab, die im Gehirnscan als aktive neuronale Netze zu sehen sind. Gefühlsregungen lösen in uns chemische Reaktionen aus, die wiederum starke Emotionen erzeugen. Angst setzt sofort die Ausschüttung von Stresshormonen wie zum Beispiel Adrenalin in Bewegung. Das wiederum wirkt wie eine magnetische Ladung auf alle ängstigenden Situationen. Wir ziehen also wie ein Magnet an, was wir eigentlich fürchten. Durch diese Anziehung entstehen wieder und wieder die dazugehörigen Befindlichkeiten und Emotionen. Ein Kreislauf, den wir unbedingt unterbrechen sollten.

Vorstellungen und Bilder funktionieren immer

Michael erzählte mir, dass er 2002 an einem Lymphdrüsenkarzinom erkrankte und sich nach unzähligen Chemotherapien zwei Jahre später auch noch einer Knochenmarkstransplantation unterziehen musste. Was half ihm am meisten, fragte ich ihn. Während er wochenlang zu seiner Chemotherapie ins Krankenhaus fuhr, wurde er von seinen Ängsten, Zusatzdiagnosen und Irrgärten der Möglichkeiten nahezu aufgesogen. Er meinte rückblickend, er wäre beinahe ertrunken in seinen eigenen negativen, angstvollen Gedanken.

Heute zehn Jahre später, erzählte er mir mit strahlenden Augen, was ihn am meisten unterstützte: »*Gute innere Bilder! Ja gute innere Bilder, die ich mir wie ein Mosaik zusammenscharrte und in meinem Inneren festhielt wie ein Ertrinkender. Ich lebte in dieser Zeit sehr bewusst und konsequent und ließ nur mehr positive Bilder in mein Leben. Jede Fernsehsendung wählte ich so aus, dass sie mich kräftigte und motivierte. Ich lernte, bewusst zu leben, den Tag zu genießen und den winzigsten schönen Moment in mich aufzusaugen. Wenn ich Angst hatte, fuhr ich Rad! In dieser Zeit bin ich tatsächlich Tausende von Kilometern geradelt. So konnte ich meine Angst vergessen. Dabei erlebte ich etwas Wesentliches: Nicht die Chemos heilten mich, sondern mein starkes Immunsystem!*

Michael begegnete dem Wissen, das zur Stärkung seines Immunsystems beitrug, im Internet, in Büchern, in Gesprächen mit Alternativmedizinern, Heilern und Heilpraktikern. Er erfuhr, wie intensiv Alkohol, Tabak, Angst und Depressionen das Immunsystem schwächen. Im Gegenzug lernte er über die Macht der positiven Überzeugungen und Bilder und wurde so zum überzeugten Imaginaten kraftvoller innerer Vorstellungen. Heute meint er, er habe viel gelernt in seiner Krankheit und postuliert: »*Gib niemals die Verantwortung ab!*«, denn, so Michael: »*Ich bin kein Fall, sondern ein Mensch!*«

Heilung steht nicht allein in unserer Macht. Wer aber akzeptieren kann, dass wir selbst eine große Menge zu unserer Gesundung beitragen können, erhöht die Wirkung jeder medizinischen und alternativen therapeutischen Maßnahme. Wir werden unbefangener und mutiger. Wir probieren leichter eine Vielzahl an unterschiedlichen Methoden aus. Damit entlasten wir das Erleben während der Erkrankung und klarerweise gelingt uns auch leichter der Ausstieg aus dem Ungleichgewicht »Krankheit«, mehr als wir vermuten würden.

Um uns die unendliche Schöpfungsmacht zunutze zu machen, gilt es, unsere Wünsche in die Stille unseres Bewusstseins zu entlassen. Jede Form des Meditierens, des Zur-Ruhe-Kommen und Achtsam-Werdens lässt dich still werden. Aus dieser Stille kannst du deine kraftvollen Bilder ausbilden und wie Samenkörner auf dem Feld des reinen Potenzials, des ursprünglichen Wesens pflanzen. Dort warten bereits alle Kräfte darauf, diese Körner zum Sprießen zu bringen.

Denke daran: Die Vorstellung und Wahrnehmung der inneren Bilder lässt sich nicht aufbrauchen. Je mehr du dich ihrer bedienst, desto mehr wächst die Realität. Wie ich immer wieder sage, produzieren höhere Emotionen die inneren Bilder, die Wunschvorstellungen und eine klare Absicht eine starke elektromagnetische Ladung. Wenn diese Emotionen aus dem Herzen kommen, ist diese Ladung um ein Vielfaches höher.

Das Transformieren der Zellmuster und Erinnerungen offenbart sich meist als wundersame Erlösung im Erleben der Klientinnen. Es fühlt sich in den meisten Fällen an, als wäre alles gelöscht, weg, einfach leer. Die Personen erkennen viel schneller, wenn sich das »Alte« wieder zeigen will und ankündigt. Es gelingt ihnen leichter, nicht wieder in das Drama des Lebens einzusteigen. Denn das »Alte« ist nicht mehr notwendig.

Wir sind in der Lage, das »Spiel des Lebens« und seine Wiederholungen zu durchschauen. Wir beginnen, die Lebenssituationen ähnlich wie einen Stapel Spielkarten zu erfassen, auf dem man bekannte Abbildungen erkennen kann. Eine Karte nach der anderen wird aufgeschlagen. Dabei erkennen wir, ... aha Eifersucht, diese Karte und das Gefühl kenne ich schon, ... aha Geringschätzung, diese Situation ist mir vertraut, ... aha .. Unentschlossenheit, diese Konstellation habe ich schon einmal durchlebt, ... aha ...Starrköpfigkeit, sie ist mir durchaus bekannt. Das Wissen, stets die eigene Wahl und die eigene Entscheidung zu besitzen, ist hier von größtem Nutzen. Denn wir treffen diese Wahl nicht nur über den Verstand, sondern mit allen Sinnen. Die Entscheidungen stimmen mit dem innersten Empfinden vollkommen überein. Dadurch fühlen sich auch die Erlebnisse wesentlich leichter an.

Eine Klientin erzählte mir: »*Früher wusste ich bereits vorher, was passieren wird. Aber nur vom Kopf her! Ich schaffte es leider nicht, auszusteigen. Nachdem ich lernte, alte Reaktionsmuster zu löschen, durchbrach ich tatsächlich die Entwicklung, alles wurde völlig anders. Es gelang mir dauerhaft, meine alten Verhaltensprogramme zu de-*

aktivieren. Es ging ganz leicht! Mein Wissen, das mir zur Überzeugung verhalf, dass wirklich alles gelöscht wurde, ermöglichte mir, mich anders zu entscheiden. Auf einmal hatte ich die Wahl! Das machte mich glücklich. Ich spürte, jede neue Idee zu einer Lösung funktioniert vollkommen anders als früher.«

Viele von uns lieben das Drama, das uns in die Dynamik und Energie des Opfers, des Retters oder des Täters versetzt. Aus Gewohnheit steigen wir immer wieder in das »vertraute« Gefühl ein, anstatt es einfach zu stoppen! *»Ich muss nicht wieder ein Drama produzieren! Ich versuche es anders. Doch was könnte ich anderes probieren?«*

Innere Bilder ermutigen dich, weniger am Problem kleben zu bleiben und geben dir die notwendige Sicherheit und Hoffnung. Was wäre, wenn du einfach die Entscheidung treffen würdest, dass es auch leicht gehen darf? Viele Klienten, die schon die eine oder anderen Therapie oder Methode in Anspruch genommen haben, tragen eine Art Mantra vor sich her. *»Ich muss an meinem Selbstwert arbeiten! Das ist mein Lebensthema! Ich weiß, eine meiner Schwächen ist es, mich nicht entscheiden zu können oder ›Nein‹ zu sagen.«* Die hypnotische Wirkung solcher Sätze wirkt besonders dann, wenn wir vor einer Situation stehen und uns entscheiden müssen. Dann sind wir gefordert, an uns und unsere Fähigkeiten zu glauben, anstatt uns klein und unscheinbar zu machen.

Wunschkraft wird Wirklichkeit

Ich habe schon die verrücktesten Dinge erlebt, wenn es um das Wünschen geht. Alle Dinge, die uns Probleme bereiten, stammen aus demselben Unbewussten. Die Frage ist, wie ist dieser Inhalt dort hineingekommen? Und wie kommt nun eine andere stabile Bedeutung in unser Unbewusstes und wie wird diese mit neuer Energie aufgeladen?

Im Hintergrund wirkt ein Aspekt der geistigen Gesetze, der lautet: Energie reagiert, wenn Geist und Körper übereinstimmen. Wenn Gedanken mit Gefühlen zusammentreffen, hat das Auswirkungen auf die Materie. Wir kreieren dadurch unsere Realität. Du findest deinen heißersehnten Job, Auftraggeber, Verleger oder deinen Weg für ein gesundes Leben. *Fazit: Warte nicht auf Wunder, du selbst bist das Wunder!*

Die bedeutendste Kraft, die ein Mensch hat, ist die Fähigkeit zu kreieren – kreieren durch den Gebrauch von Energie. Mit Energie, Wellen, Licht und Schwingung kann man alles erreichen, mehr als durch körperliche Kraft. Jedes Ergebnis beginnt mit einem Verlangen oder einem Wunsch. Du willst etwas. Das ist der erste Schritt. Der zweite Schritt ist, dass du das Wunschbild von dem, was du haben willst, mit Energie aufladst. Wenn die Energieschwingung einen bestimmten Level übersteigt, dann würde sich der Inhalt deines Wunsches manifestieren. So einfach wäre das!

Ich finde, der Satz »Greife nach den Sternen und wenn du dabei das ganze Universum erwischt, umso besser!«, passt hier ausgezeichnet.

Wie können wir ein Bild, das in unserem Herzen existiert, mit Energie aufladen?

Als junges Mädchen bewarb ich mich als Mitarbeiterin in einem großen Kosmetikkonzern. Ich schrieb eine »Blindbewerbung«, heute nennen die Profis das eine »Initiativbewerbung«. Damals wusste ich bereits beim Schreiben: *»In diesem Unternehmen werde ich arbeiten! Ich will dort aufgenommen werden.«* In meinem Inneren manifestierte sich das Bild, tatsächlich dort beschäftigt zu sein. Ich sah mich voller Freude und Spaß arbeiten, hatte Gedanken von dem, was ich im Unternehmen tun wollte, und war völlig überzeugt davon, dort den Ort für meine zukünftige Karriere gefunden zu haben. Es kam, wie es kommen »musste«! Einige Monate später, nach mehreren Vorstellungsgesprächen, bekam ich tatsächlich den Job. Ich wurde die »Außendienstmitarbeiterin«, wie ich sie mir vorstellte. Ich erhielt die Chance, eine Marke neu aufbauen und mich daran beweisen zu dürfen. Ich schwelgte in meinem Glück und verbrachte sieben wunderbare Jahre voller Energie und positiver Erfahrungen.

Schon allein der Gedanke an deinen Wunsch erfüllt dich mit enormer Freude. So wird das Wunschbild mit Energie aufgeladen. Dein Glücksgefühl kommt von der absoluten Gewissheit, es zu bekommen. Wenn die Energie der Aufmerksamkeit eine bestimmte Größe erreicht hat oder sie sogar überschreitet, dann manifestiert sich dein Wunsch nicht nur in deinen Gedanken, sondern in der stofflichen Welt für dich. Es kann sein, dass du Schritte oder Aktionen in der Realität setzen musst, damit sich die begehrte Angelegenheit manifestiert. Vielleicht kennst du das Gefühl schon aus eigener Erfahrung. Du hattest nie Zweifel daran, dass das Objekt deiner Begierde, egal was es ist, deins sein wird? Du hast dich so gefühlt, als wäre es schon da. Kurz danach hat sich alles vollkommen natürlich gefügt, fast wie durch ein Wunder. Es war da, *manifestiert in der stofflichen, realen Welt.*

Zwanzig Jahre später folgte erneut mein Wunschbild der Realität. Gezeichnet von meinem schweren Motorradunfall, richteten mich die inneren Bilder, die Kraft meiner Vorstellung und mein absoluter Wille, gesund werden zu wollen, auf. Natürlich musste ich auch viel in hartes Training investieren, letztlich aber *war ich selbst das Wunder!*

Heute führe ich ein »normales« Leben, mit geringer Beeinträchtigung. Ein Wunder? Vielmehr Wunschkraft und der sinnvolle Gebrauch von Energie!

14. »Ich kann nicht spüren, was gut für mich ist«

Wie Gedankenblitze und Seelengespräche uns helfen, unsere Richtung zu finden

Was würde passieren, wenn wir Gedanken, die als Gedankenblitze plötzlich in uns auftauchen, ernst nehmen und danach handelten? Was würde geschehen, wenn wir anfingen, auf die Stimme unseres Herzens zu hören, wenn wir den Mut hätten, unserer Freude zu folgen, sofort und spontan? Welche Auswirkungen hätte das auf uns? Wie würde es sich auswirken, wenn wir Grenzen unserer Überzeugungen einreißen würden, wenn wir neue, fremde Ideen zulassen könnten? Was wäre anders, wenn wir für einige Zeit das erlernte Wissen ignorierten und völlig neue, unkonventionelle Fragen stellten?

Solche und ähnliche Fragen stellte ich einer Klientin, die auf der Suche nach einer neuen beruflichen Herausforderung war. Unglücklich mit ihrem alten Beruf tastete sie sich schweren Herzens voran, fand aber keine ideale Lösung für sich. Sie hatte Psychologie studiert und war es gewohnt, Gründe und Zusammenhänge, die mit ihrem Verhalten zusammenhingen, zu erkunden. Sie wusste daher auch Bescheid, welcher Glaubenssatz, welche familiäre Prägung bei der Lösung ihres Problems hinderlich war. Um ihre Bedrängnis zu lindern, nutzte sie Suggestionen, die sie sich mantraartig immer wieder vorsagte und so versuchte, eine erlernte Hypnosetechnik anzuwenden, um ihr Unbewusstes erreichen zu können. Doch alle Versuche, ihr Problem zu lösen, scheiterten. Bei unserer ersten Begegnung erzählte sie mir: *»Es fühlt sich an, als ob ich keine Mitte hätte, so als ob meine Mitte versetzt wäre! Ich kann nicht spüren, was gut für mich ist und was nicht. Ich finde mich in Lebenssituationen wieder, die mich einfach nicht erfüllen, die mich sogar unglücklich machen. Dabei habe ich schon so vieles probiert!«*

Seelengespräche verbinden dich mit der Ur-Information in dir

Ich begann meiner Klientin von meinen Ideen über Zellspeicher zu erzählen. Gemeinsam mit ihrem Verstandeswissen tastete ich mich voran, um sie nicht zu überfordern. Ich sprach mit ihr über die Möglichkeit, Zellerinnerungen löschen zu können. Sie bekam eine Minieinführung in die Theorie von holistischen Speichern, der Matrix, dem Quantenfeld und vom Vorleben bis hin zum Ursprung der Seele. Etwas in ihr stimmte dem zu, nur ihr Verstand überhäufte sie mit Fragen. Ihr Verstand war es gewohnt, die Oberhand zu behalten. Meine Gedanken und Zusammenhänge passten im Moment nicht zu seinen Denkprogrammen. Langsam und behutsam, aber doch neugierig, öffnete sich meine Klientin für ihre tieferen Ebenen. Der Kontakt zu ihrem inneren Herzensraum ließ sie mehr und mehr entspannen. Sichtbar und fühlbar wurden ihre Gesichtszüge weicher. Ihre Körperspannung im Schultergürtel nahm ab. Dadurch wuchs ihre

Bereitschaft, ihre innere Stimme wahrnehmen zu wollen. Ihre Herzensstimme wurde lauter und sie selbst mutiger.

Ihr Vertrauen in sich selbst und meine Methode nahm immer mehr zu und so fanden wir gemeinsam ihren individuellen Herzenswunsch, endlich ihre Berufung und Talente in einer Organisation zeigen zu können und den Weg, ihre innere Mitte wiederzufinden. Es war ihr erster Schritt, sich mit der Ur-Information ihres ursprünglichen Wesens zu verbinden.

Ohne tatsächlich etwas über den Ursprung zu wissen, erinnern wir uns an das wahrhafte Zuhause. Es ist ein Wiedererinnern und Anknüpfen an unseren göttlichen Funken, der von innen nach außen wirkt. Diese Energiefelder sind für all jene sichtbar, die sich für solche Mitteilungen öffnen. Wie du das selbst schaffen kann? Damit setzt sich mein Buch ausführlich auseinander. Der erste Schritt ist jedoch, offen zu sein für die Möglichkeiten, die in dir selbst liegen.

Viele Klienten und Therapeutinnen suchen nach einer neuen Entwicklung, weil sie die ständigen Wiederholungen der Lebensthemen ermüden. Sie erkennen auch vermehrt höhere Ebenen an. Unsere Konditionierungen betreffen lange Zeitspannen, über viele Leben. Das zu klären, ist in manchen Fällen nicht einfach. Mit dieser Veröffentlichung beabsichtige ich nicht, irgendjemanden davon zu überzeugen, meine Ansichten unhinterfragt annehmen zu müssen. Nein, wirklich nicht. Glaubenssysteme und Ideen sind vergänglich, sie kommen und gehen. Sie basieren auf vielen Variablen. Ich hoffe lediglich, mein Buch lässt die Menschen erkennen, dass »wir« die ganze Zeit über im Besitz eines wertvollen Schlüssels sind.

Das Seelengespräch bezieht nicht nur alle Ebenen mit ein, sondern lässt alle Informationen zu und transformiert deren Hintergründe. Als Begleiterin in einem »Seelenprozess«, wie ich ihn nenne, spielt die persönliche Haltung des Begleiters, Beraters oder Therapeut eine zentrale Rolle. Wir übertragen das Vertrauen auf jenen Menschen, der sich uns mitteilt. Je überzeugter wir von einer heilen Ganzheit sind, desto klarer übertragen wir diese Energie auf andere. Unbewusst unterstützen wir einen inneren Öffnungsprozess. Respekt und die absolut wertfreie Haltung gegenüber jeglichem Schicksal sind unabdingbare Voraussetzungen für die Begegnungen mit der Seele. Beide, Klienten und Beraterin, sind offene Gefäße für einen größeren Geist im Dienste der Entwicklung. Die Lernerfahrungen der Seele sind jedoch nicht immer so einfach und rasch zu erkennen und bedürfen einer gewissen Übung.

Der Neurologe Norman Dodge setzte neue Maßstäbe mit seiner Erforschung der Neuroplastizität, der Veränderbarkeit des Gehirns. Die Epigenetik veranschaulicht wie beeinflussbar Zellen sind und Joe Dispenza öffnet uns in seinen Büchern die Augen dafür. Beide fanden heraus, dass Stimulation und Meditation großartige Mittel für den Dialog mit unserem Energiefeld sind. Obwohl die Wissenschaft hier enorme Fortschritte macht, kennen wir vieles noch nicht in seiner vollen Tiefe. Wenn wir nicht nur die Symptome behandeln, sondern die Seele in die Behandlung einbeziehen und die Ursachen beachten, werden alle Ebenen »geheilt«.

Der Bauplan unseres Seins

Wie ein riesiger Computer sind in der Matrix alle Informationen unseres Bauplans gespeichert. Im Moment unserer Zeugung verknüpfen sich in Lichtgeschwindigkeit die Teilchen der Datenansammlung. Denn das Universum ist generell auf Verbindung und Verknüpfung ausgelegt. Lernaufgaben, passende Schwingungen, Frequenzen mit bestimmten Informationen und Krankheiten sind im universellen Informationsfeld, dem Geist und der Matrix schon vorhanden. Es sind Schwingungen und Frequenzen, die nur darauf warten, sich mit unserer Geistes- und Gedankenkraft zu verbinden. Bis zum zehnten Lebensjahr passiert das unbewusst, danach wählen wir. Der Biophysiker Ulrich Warnke beschreibt diesen Prozess in seinem Buch »Quantenphilosophie«. Die Seele begibt sich in die Polarität der Materie, wird auf unsere Erde geboren. Die Gedächtnisinhalte werden aus dem »Meer der Möglichkeiten« abgerufen. Ausgesprochene und unausgesprochene Familiengeschichten, Ängste, Zwänge, Dramen und Verhaltensprogramme nehmen wir wie hypnotisch auf. Wir wachsen und lernen durch Verhalten. Besonders gut im Gedächtnis werden sehr positive, aber auch sehr negative Dinge gespeichert. Welche Charaktereigenschaften angelegt werden, Krankheit, Gesundheit, Glück, alles ist grundsätzlich schon im Energiekörper vorhanden. Später entscheiden wir. In meiner Sicht der Welt stimme ich mit den Theorien überein, die davon überzeugt sind, dass wir die Realität nicht gestalten, sondern sie auswählen!

Unsere Gedanken und Gefühle sind genau wie unsere Identität und unser Kollektiv, in dem wir leben, eine Auswahl aus der Matrix. Das heißt, wir wählen sogar unsere Gedanken, unsere Gefühle und unsere Identität aus. Wohin ich meine Aufmerksamkeit lenke, ist meine Entscheidung. Genauso wie das Kollektiv, in dem wir leben.

Man kann sich die Matrix wie ein ultradickes Buch vorstellen, in dem alles schon geschrieben steht, was jemals passiert ist, was gerade passiert und was alles noch in Zukunft passieren wird. Es ist also alles schon da! Doch wir können nicht auf einen Blick erfassen, was alles in diesem Buch steht. Wir müssen es Zeile für Zeile lesen. Das gibt uns die Illusion von Zeit. In der Matrix gibt es jedoch keine Zeit. Es steht alles schon in vielen möglichen Varianten festgeschrieben und wir entscheiden nur noch, welches Kapitel wir lesen.

Das entscheiden wir, indem wir unsere Aufmerksamkeit auf bestimmte Themen lenken. Zusätzlich mit unseren

Wahrnehmungsfiltern sehen wir dann, was wir dort genau zu lesen bekommen. Ändern wir unseren Fokus, lesen wir etwas anderes. Ändern wir unsere Wahrnehmungsfilter, lesen wir ebenfalls etwas anderes im Buch unseres Lebens.

Was wir aus dem »Meer aller Möglichkeiten«, der Matrix, lernen

Wir können davon ausgehen, dass wir auf dieser Erde deshalb in einem physischen Körper leben, damit wir »Erfahrungen machen«. Dazu brauchen wir Bewusstsein. Ulrich Warnke erklärt in seinem Buch »Quantenphilosophie und Spiritualität« Zusammenhänge, die Wissenschafter aller Fakultäten entdeckten. Diese Forscher waren »Grenzgänger«, doch sie wurden zu Berühmtheiten. Nach ihnen sind Richtlinien benannt und Universitäten auf der ganzen Welt lehren ihre Prinzipien heute noch. Albert Einstein, Max Plank, Erwin Schrödinger, Werner Heisenberg, Nikola Tesla waren scharfsinnig denkende Köpfe. Sie schafften es, eine komplexe Welt zu erklären und Beweise für unsichtbare Abläufe fzuinden. Diese Beweise und ihre klare Logik erleichtern uns, tiefer an unsere instinktiven Zugänge zu glauben.

In unserem täglichen Leben nutzen wir nur einen Bruchteil der uns zur Verfügung stehenden Energie und Information, meint Ulrich Warnke und vergleicht uns Menschen mit einem Softwareprogramm. Wir ziehen Daten aus einem energetischen Wissensfeld, das die Wissenschaft Matrix, Welleninformationsfeld, Quantenfeld oder holistisches Hintergrundfeld nennt. In diesem universellen Raum gibt es unendlich viel Kapazität. Warnke wählt das Bild des Internets und erklärt eindrucksvoll, dass das Universum wie ein gigantischer Computer funktioniert. Ein passender Code ermöglicht alle Zugänge zu einer Art Datenautobahn.

Alle Aktivitäten unseres Denkens, Fühlens und Handelns übertragen nicht nur Energie, sondern erschaffen Informationen im Feld. Selbst individuelle Beiträge erzeugen ein ungeheuer großes Informationsfeld in der Matrix. So erklärt sich überaus deutlich, warum familiäre Systeme auf uns einen so prägenden Einfluss haben. Es wird klarer, weshalb wir intensiv mit unseren Ahnengeschichten verwoben sind. Andere Wissenschaftler liefern den Nachweis, dass es jedem Einzelnen möglich ist, dieses Informationsfeld der Matrix, wie bei einem Computer, neu zu programmieren. Genauso können wir über einen intensiven Kontakt mit unseren ursprünglichen Wesen unsere Zellen neu programmieren. Aus ihrer Sicht sind Informationen letztlich nichts anders als Beantwortungen von Fragen. Der einfachste Zugang, um Antworten aus der Matrix abzurufen, sind Ja/Nein-Fragen, die wir jederzeit stellen können. Jeder von uns kann über diese Ja/Nein-Fragen Daten aus dem Wissensfeld empfangen.

Für mich erklärt sich dadurch, warum alle Techniken, der *»Körper-Resonanz-Methode«,* wie im Kapitel 8 beschrieben, und das »Löschen alter Informationen« aus dem Kapitel 10 in den Zellen so kraftvoll funktionieren. Im Gegensatz zu den erwähnten Wissenschaftern entdeckte ich diese Methoden hauptsächlich intuitiv. Die beschriebenen Übungen, besonders der *»Self-Walk«* und die *Remove-Cell-Memory-Technik* sind außergewöhnlich hilfreiche Anleitungen, mit dem unbewussten Teil in uns zu kommunizieren.

Der amerikanische Physiker namens John Archibald Wheeler ist als ein Pionier der Quantenphysik bekannt. Vor allem seine visionären Ideen in der Gravitationstheorie und Astrophysik, dass weit entfernte Punkte in nahen Punkten abgebildet werden können, beeindruckt mich. Laut Wheeler beschreiben wir mit jedem Gedanken und jeder Handlung nicht nur unsere eigene kleine Festplatte, sondern speichern etwas im Quantenuniversum ab, was unser irdisches Leben überdauert. Daher bleibt alles vorhanden und geht dann in Resonanz.

Hier stimmen Wissenschaft und alte Weisheiten der Karma-Lehre überein. Die moderne Wissenschaft greift langsam die Lehren Buddhas auf und integriert sie in ihre Forschungen. Trotzdem braucht es weiterhin allerlei Überzeugungsarbeit, bis es in alle Lebensbereiche von Menschen Einzug hält. Der Physiknobelpreisträger Erwin Schrödinger sagte in einer Vorlesung im Jahr 1956: »Unsere jetzige Denkweise hätte eine kleine Bluttransfusion aus östlichem Gedankengut notwendig!« Aus Sicht der östlichen Kultur ist Realität das, was der leere Raum enthält.

Das Gesetz der Leere oder: Was ist ein Kugelschreiber?

Woran denkst du, wenn du dir einen Kugelschreiber vorstellst? Im tibetischen Buddhismus ist was wir »Leere« nennen, das, was die Welt um uns herum überhaupt entstehen lässt. Ich empfinde das Bild eines tibetischen Lamas, Geshe Michael Roach, besonders ansprechend. Er erklärt die Bedeutung der Leerheit mit einer Geschichte: »Wenn ich euch diesen Gegenstand«, er hält einen Kugelschreiber in die Höhe, »zeige, was seht ihr da?« Die meisten antworten: »Einen Kugelschreiber.« »Was passiert, wenn ich diesen Gegenstand einem Hund hinhalte? Er wird denken, dass es ein Spielzeug ist. Er wird daran knabbern und spielen wollen. Für ihn ist es etwas anders als für dich. Wer hat recht?« Das Objekt ist leer wie eine weiße Leinwand, bevor der Film anfängt. Der Stift ist von sich aus ein leerer Gegenstand und wird durch die Bewertung oder die Überzeugung von uns zu einem Stift. Was wir sehen, hängt davon ab, wer wir sind. So ist es mit allen Dingen und Wesen. Jeder gibt einem Gegenstand, einer Situation, einer Sache eine bestimmte Bedeutung. Die »Leere« wird mit unseren Bewertungen gefüllt und daraus entstehen die Samen unseres Erlebens. Die eigene Sicht der Dinge macht es zu dem, was wir meinen. Alles hängt davon ab, wie wir das Erlebte wahrnehmen. Nichts von dem, was uns widerfährt, ist gut oder schlecht. Es ist! Auch wenn wir anfangs immer bewerten. Wenn es so wäre, würde jeder auf dieselbe Art und Weise reagieren. Zu interpretieren, zu bewerten, zu katalogisieren und die Welt zu zerteilen und eine Zeitstruktur zu erzeugen, ist eine Sache des Verstandes und unserer Prägungen.

Wir erschaffen daher unser Erleben und haben die Wahl, uns davon zu lösen. Daher beschreiben die Gedanken aus dem Talmud sehr treffend unsere Möglichkeiten:

Achte auf deine Gedanken, denn sie werden deine Worte. Achte auf deine Worte, denn sie werden deine Handlungen. Achte auf deine Handlungen, denn sie werden Gewohnheit. Achte auf deine Gewohnheiten, denn sie werden dein Charakter. Achte auf deinen Charakter, denn er wird dein Schicksal.

Immer mehr Wissenschafter besitzen den Mut, bisher »unerklärbare« Phänomene zu erforschen. Mystik und die Spiritualität fließen stärker ineinander und können so auf das tägliche Leben übertragen werden. Die Erkenntnisse der Quantenphysik, der Gehirnforschung, die Beforschung freier Energien lassen uns über den »Tellerrand« des Alltags schauen.

Ich habe die Inhalte in diesem Abschnitt so zusammengefasst, dass eine subjektive Logik erkennbar wird. Meine Schlussfolgerungen sind durchwegs spirituell. Die Beiträge von Wissenschaftern, deren Erkenntnisse, untermauern meine Theorien.

Viele der Forschungsergebnisse sind heute fachübergreifend. Die Philospohie, die Psychologie, die moderne Biomedizin verbinden allesamt eine Grundfrage: Was macht das Wesen von uns Menschen aus? Was Jahrhunderte zuvor von Mystikern, Alchemisten und Priestern auf unterschiedlichste Weise gesucht wurde, nämlich das Wissen über das Unsichtbare und die Zusammenhänge des menschlichen Seins, drängt nun zunehmend in unser Bewusstsein. Heute sprechen immer mehr moderne Wissenschafter, aufgeschlossene Ärztinnen und Theologen über einen holistischen, ganzheitlichen Menschen. Die Fakten aus der Informationsmedizin, der Epigenetik, der Neuroplastizität liefern uns gute Argumente, um bisherige Mysterien besser verstehen zu können. Sie belegen zum Beispiel die heilsame Wirkung unterschiedlicher Meditationspraktiken und spiritueller Erfahrungen. Anhand solcher messbaren Resultate gelingt es den Wissenschaftern eindeutig darzulegen, wie kraftvoll Gedanken und die Vorstellungen unserer inneren Bilder wirken. Letztlich führen sie zu Veränderungen in allen biologischen Abläufen des Körpers. Meditation beeinflusst die Hormonausschüttung, das Sein der Gene, der Proteine und Enzyme und nimmt Einfluss auf alle körperlichen Prozesse.

Was die Wissenschaft über unbewusste Speicher zu sagen hat

Wir nehmen über unsere Sinne auf und übersetzen das Aufgenommene in unserem Gehirn in Bilder. Jedes Bild wird dort automatisch mit einem vorhandenen Bildspeicher verknüpft. In millionenfacher Vergrößerung betrachtet, sehen unsere Gehirn- und Nervenzellen wie ein riesiges Fischernetz aus. Es ist weltmeisterlich in der Lage, Information um Information zu verknüpfen. Nervenimpulse vernetzen die aufgenommene Mitteilung. Das Netz clustert und verbindet Bekanntes mit Unbekanntem. Es entstehen »Abteilungen«, die wie in einem Supermarkt Überschriften tragen und doch eine Fülle an Möglichkeiten anbieten. Diese Arbeit des Gehirns erkennt man unter dem Scanner als »Flackern«. Neue, uns völlig unbekannte Erlebnisse, Worte und innere Bilder lösen in uns einen intensiven Such- und Denkprozess aus. Das Gehirn möchte die Information des Unbekannten mit »etwas« Bekanntem, Vertrautem oder bereits Gespeichertem verknüpfen. Ist diese Suche erfolglos, nehmen wir entweder Vergleichbares oder legen es vorerst unter »unbekannt« ab. So entstehen unsere Bewertungen. Sie stammen aus dem reichen Erfahrungsschatz unserer Gehirnspeicher. Wir kennen Situationen, vergleichen sie und sehen so immer durch die bereits gemachte »Erfahrungsbrille« in die Welt. Neuem neugierig und offen entgegenzutreten, Fragen zu stellen, könnte uns behilflich sein, eine wertvolle »neue Erfahrungswelt« zu entdecken und darin Kostbares für unser Er-Leben zu erfahren.

Hier ein kleines Gedankenexperiment, das ich seit vielen Jahren in meinen Seminaren verwende: Denke einfach nur an einen »Kohuvitabusch«.

Sofort wird dein Gehirn reagieren und sagen: »An einen ›Was?‹ soll ich denken? Bitte denke an einen »Kohuvitabusch?« »Das ist eine Frucht.« »Aha ..., nie gehört. Eine Frucht?« Sofort beginnt dein Gehirn einen intensiven Findeprozess. Blitzschnell werden Speicher gescannt, Regionen im Gehirn aktiviert, Verschaltungsmuster gesucht. Die Abteilung Frucht wird intensiv abgesucht. Leider, ... nichts gefunden. Denn, wir sind nicht in der Lage, uns etwas vorzustellen.

»Vielleicht hilft dir noch ein Tipp. Diese Frucht kommt aus Hawaii.« Dein Gehirn scannt nun alles, was du je über hawaiianische Früchte gehört oder gelesen hast.

Immer noch nichts? Wir könnten diese Miniaturübung eine Weile fortsetzen. Wenn du kein Referenzbild in deinem Kopf erzeugen kannst, wirst du mir weder vertrauen noch so ein Produkt je teuer kaufen oder dich daran erinnern.

Einfacher dagegen ist es, dir ein vertrautes Bild zu liefern, zum Beispiel: »Bitte denke jetzt an einen Apfel.« Sogleich werden dir unterschiedlichste Apfelsorten einfallen. Du erinnerst dich, ob du dieses Obst gerne hast oder nicht, vielleicht ruft es in dir wach, wie dein Körper auf rohes Obst reagiert, was du an Äpfeln am liebsten magst und vieles andere mehr. Möglicherweise erinnerst du dich an den ofenwarmen und herrlich duftenden Apfelstrudel deiner Oma und, ... sofort läuft dir das Wasser im Mund zusammen. Dein Bild löst auch eine Emotion aus. Genauso ist es mit Erlebnissen und Erfahrungen. Wir speichern alles ab. Ja, sogar mehr, als wir uns bewusst erinnern. Unsere 95 Prozent Unbewusstes sind ein riesiger Speicher, der sämtliche ausgesprochenen und unausgesprochenen, gefühlten und »vermuteten« Erlebnisse aktiv speichert.

Diese Speicherfunktion funktioniert bis zum zwölften Lebensjahr vollautomatisch. Je stärker ein Ereignis mit einer Emotion verbunden ist, desto intensiver wird dieses Bild neuronal geprägt und gespeichert. Ähnlich wie bei einem Schnappschuss wird die Erinnerung an einen Vorfall neurologisch in unser Gehirn eingebrannt. Zusätzlich reagiert der Körper mit der Ausschüttung passender Hormone, die wiederum dementsprechend alle Körperfunktionen aktivieren, bis in die Essenz deiner Zellen. Erinnere dich, bei Stress sind es Adrenalin oder Kortisol, im Glücksmoment sind es Serotonin oder Dopamin, um nur einige wenige zu nennen.

Erinnern wir uns regelmäßig an alte Stresssituationen und beschäftigen uns mit den Problemen der Vergangenheit, wiederholen wir die dazugehörigen Körperreaktionen. Wenn wir ständig an Schwierigkeiten, an Sorgen denken und unerfreuliche Situationen heraufbeschwören oder stets pessimistisch eingestellt sind, wirkt sich das auf uns aus. Dadurch wird das gedankliche Geschehen immer intensiver gebahnt und geprägt. Aus einem dünnen Pfad im Gehirn bildet sich eine dicke Autobahn. Dutzende Male wird der Körper mit den gleichen Hormonen überschwemmt. Täglich ist er wieder mit derselben Situation verbunden. So verankern sich im Gehirn und im Körper unabsichtlich Ereignisse und Episoden als lebendiges Geschehen. Wir kleben uns an der Vergangenheit fest. Das Gehirn erkennt den zeitlichen Unterschied zwischen Vergangenheit und Zukunft nicht mehr und reagiert so, als würde das Ereignis immer wieder jetzt stattfinden. Die dazupasssenden Emotionen im Herzen sind Dünger und Samen dafür, was wir ständig neuerlich erleben und denken.

15. Wie deine Zellerinnerungen dein Leben prägen

Glaubst du daran, dass dein gesamter Lebensweg veränderbar ist? Ist es Schicksal, dass deine Gesundheit sich so entwickelt hat oder dass dein Lebenslauf sich so geformt hat?

Oder hängt das alles vielmehr von deinen eigenen Entscheidungen und deinem Handeln ab? Vielleicht erfüllt es dich mit Staunen, was Wissenschafter darüber herausgefunden haben. Sie haben zusammengefasst, wie du selbst deine Gesundheit kontrollieren kannst und dir dabei auch noch das glücklichste Leben erschaffst, das du dir vorstellen kannst.

Alle früheren Kulturen kannten das Energiesystem im Körper und beschreiben es auf unterschiedliche Art und Weise. Ärzte früherer Kulturen wussten lange vor der Geburt eines Kindes, welches Geschlecht es haben wird. Ägyptische Ärzte wussten viel über Geist und Energie. Andere Kulturen verstanden die Wege der wichtigsten Energieabläufe. Sie wussten Bescheid über die Gesetze der Geburt, des Sterbens und der Entwicklung der Seele. Sie bezogen die göttlichen Gesetze in ihr Denken mit ein und behandelten immer ganzheitlich: Körper, Geist und Seele! Die Asiaten nennen diese Energie »Chi«, die Russen sprechen von »göttlicher Energie« oder »Matrix«. Im Schamanismus spricht man von »geistiger Energie«.

Dietrich Klinghardt, ein Ganzheitsmediziner, gilt als Erfinder zahlreicher Behandlungsmethoden. Er beschreibt in seinem »Modell der fünf Ebenen des Seins« wie sich die Ebenen ergänzen und aufeinander wirken. Er bezieht alte Weisheiten in seine erfolgreichen Therapien ein und meint: Wenn wir alle Informationen mit dem Körper verbinden, brauchen wir weder Krankheit noch Schmerzen erleiden. Er spricht von den »höheren« Körpern, die die »unteren« Körper mit Intelligenz und Steuerung versorgen. Während wiederum die unteren Körper den höheren Körpern Energie, Brennstoff und Feedback liefern.

Dieses Potenzial erkennen und leben wir leider noch viel zu wenig.

Die fünf Ebenen des Seins

Nach den fünf Ebenen des Seins nach Dietrich Klinghart ist die *erste Ebene* der Körper als innerste Ebene des Feldes mit all seinen physischen Eigenschaften. Die *zweite Ebene* ist die emotionale Ebene, die Ebene der Nervenbahnen und Energiebahnen im Körper. Hier wird der Bezug zu den erlebten Emotionen gespeichert. Die meisten somatischen und autonomen Nerven verlaufen in Längsrichtung des Körpers und die Nervenimpulse, die »Aktionspotenziale«, breiten sich als elektrische Felder entlang dieser Leitbahnen aus. Diese Wahrnehmungen werden häufig als eine »Als-ob-Empfindung« beschrieben: *»Mir ist so, als ob mir etwas den Hals zuschnürt.«* Die *Körper-Resonanz–Methode* wirkt auf dieser Ebene enorm unterstützend und befreiend.

Die *dritte Ebene* ist das *Mentalfeld, die psychische Ebene*. Das Mentalfeld als Energiefeld ist ein Bindeglied zwischen Information, Gedanken, Glaubenssätzen und dem physischen Körper. Es speichert geistige Konstrukte, Gedankenkraft. Es ermöglicht uns, Erinnerungen abzurufen, neue Sinneseindrücke zu verarbeiten, sie zu speichern und Wahrnehmungen zu interpretieren. Die Mentalkörperebene ist die Ebene des Egos. Der Mentalkörper entsteht durch die physikalischen Eigenschaften des Biophotonenfeldes, wodurch es auch messbar ist. Es ist ähnlich aufgebaut wie ein Computer. Der Mentalkörper oder das Mentalfeld ist unser Informationsträger. Dietrich Klinghardt und sein Team gehen davon aus, dass alle Informationen, alle Erlebnisse, alle Gedanken, alles, was wir je erfahren haben, beginnend von unserer Zeugung und endend im Hier und Jetzt, gespeichert und in dieses Mentalfeld verschoben worden ist. Der wirkliche Speicher und Träger von Information und Erinnerung, also unser Gedächtnis, ist das Mentalfeld, das gleichbedeutend ist mit dem Feld von Lichtwellen und dem Biophotonenfeld.

Die vierte Ebene ist die intuitive Ebene. Wir können diese Ebene eben nur intuitiv erahnen, aber nicht mit dem Verstand analysieren. Es gibt eine Realität jenseits unseres Verstehens, jenseits von Sprache, jenseits unseres Wissens, die uns prägt, und die in der Arbeit mit Bildern sichtbar wird. In der Physik spricht man von Quantum Vakuum. Auf dieser Ebene »arbeitet« der Schamane, auf dieser Ebene wirken Rituale und vieles, was wir von »primitiven« Völkern als »Medizin« kennen. Wenn Menschen mit ihrer Identität auf dieser, der vierten Ebene leben, dann macht alles mehr Freude. Das Anschauen von Blumen, der Duft einer Wiese, der Klang von Vogelstimmen bereitet einfach Freude. Solche Menschen erlauben sich ihre Intuitionsimpulse als Wissen in ihr Leben zu tragen und gewinnen an Sicherheit und Stabilität, weil sie aus einem vollen Potenzialfeld schöpfen.

Die fünfte Ebene ist die spirituelle, geistige Ebene. Diese Ebene beschreibt den geistigen Aspekt eines Individuums. Das ist jener Teil von uns, mit dem Gott oder das Göttliche oder wie immer du es auch bezeichnen willst, in uns und durch uns Lernerfahrungen macht und der mit uns und durch uns wächst und zu Gott zurückfließt. Tiefe Erkenntnisse kommen aus diesem Feld, wenn wir achtsam und offen dafür sind. Unsere äußeren Schichten gehen über in das Göttliche, in die Gesamtheit aller Dinge. Die innerste Struktur des Feldes ist der menschliche Körper mit all seinen physischen Eigenschaften. Über die ihn umgebenden, unsichtbaren Körper sind wir mit allem verbunden.

Um Erfahrungen auf der fünften Ebene, der spirituellen, geistigen, zu spüren, müssen wir uns genug Zeit und Raum nehmen für das Alleinsein, die Meditation, das tiefe Gebet. Wir können jede Behandlung mit einer dankbaren Haltung, der Hoffnung, etwas »Gutes« tun zu können, unterstützen und damit die Schwingung erhöhen. Wenn aber die Arbeit auf der fünften, der geistigen Ebene nicht einbezogen wird, kann das einen Rückfall in den früheren Zustand bedeuten.

Dietrich Klinghardt meint, dass alle Patienten eine Versorgung auf allen Ebenen des Seins brauchen. Dies scheint mir sehr stimmig und für Therapeuten und Berater ein wichtiger Aspekt ihrer Begleitungen zu sein. Sie können von ihren chronischen Krankheiten geheilt werden, müssen aber dafür ihr Bewusstsein für die Art des Daseins auf dieser Welt grundlegend ändern. Sie brauchen gute Beratung. Jeder tiefe Konflikt, der gelöst wird, entlastet den Gesamtorganismus langfristig. Vitamingaben oder Kräutergaben sind oft nur kurzfristige Lösungen. Das bedeutet, dass wir hundertprozentig auf unser volles Bewusstseinsfeld zurückgreifen können, wenn wir uns mit dem Ursprung unseres Wesens verbinden.

Beim Sterben bleibt der physische Körper zurück, er wird abgelegt. Es scheint so, als ob es einen Prozess nach dem Tod gäbe, in dem später auch der emotionale Körper (zweite Ebene) und noch später sogar der mentale Körper abgelegt wird. Der vierte und der fünfte Körper aber überleben.

Bewertungen führen zu Fanatismus und beschränken uns selbst

Wenn wir erkranken oder in einer Krise stecken, versuchen wir alles, um das Leid möglichst schnell loszuwerden. Dabei bewerten wir es als schlecht, als unbequem, negativ, ja katastrophal. Meist passt unsere Vorstellung von Glück und Zufriedenheit gerade nicht in das, was wir erleben. Wir kämpfen für unser Glück, gegen eine Krankheit oder andere Probleme und verlieren dabei Energie. Wir machen das Abgelehnte sogar noch größer, weil wir es mit der kämpferischen Kraft nähren. Doch damit beschränken wir uns nur selbst. Die Folge unserer Bewertungen von Richtig und Falsch ist Fanatismus und Verbissenheit. Wir suchen nach dem Gegenteil von Krankheit, Leid, Schmerz und Problemen.

Die »Pille«, die uns schnell wieder in einen vertrauten, positiven emotionalen Zustand zurückbefördert, gibt es nicht. Die meisten Menschen nehmen ihre in der Vergangenheit gemachten Erfahrungen als Referenz und beurteilen dann eine aktuelle Situation auf Basis dieser »Erfahrungsspeicher«. Leider ist das nicht immer hilfreich. Es verhindert einen neuen, unbeeinflussten Blick auf einen anderen Ansatz. Solange wir nicht aufhören, Dinge, Gefühle und Erlebnisse zu beurteilen, können wir uns nicht für Neues und die Welt öffnen. Das benötigt nämlich die unbedingte Öffnung des Denkens.

Meine Botschaft besagt, dass *alles*, Helligkeit und Dunkelheit, nur in uns selbst existiert. In dieser holografischen Täuschung wohnt die Vorstellung, dass Dualität und Polarität natürliche Aspekte des Lebens sind und wir uns der einen oder der anderen Seite hingeben müssen. Sehr angenehme Erfahrungen bewertet unser Ego als *»positiv«* und klammert sich an sie bzw. sucht nach mehr davon. Unangenehme Erfahrungen werden als *»negativ«* bewertet und abgelehnt. Wir werden zu Glückssuchern. Schau dir eine

Münze an: beide Seiten sind unterschiedlich, dennoch bilden beide Seiten das Ganze, ohne die eine Münze nicht existieren würde. Wenn wir angenehme und unangenehme Erfahrungen nicht in »*gut*« oder »*schlecht*« und »*richtig*« oder »*falsch*« unterteilen, sondern gleichwertig schätzen lernen, können wir unsere selbstauferlegten Blockaden und Programmierungen ablegen und uns friedlich in die Position eines friedvollen Beobachters begeben, einen Sinn erkennen und Urvertrauen in das Leben fassen. Wir ignorieren unsere dunklen Seiten also nicht, sondern setzen uns bewusst damit auseinander. Dabei kennen wir ja den Ausweg zur Erlösung unserer Lebensthemen. Je mehr du das integrierst, desto schneller entsteht das Gefühl der Einheit, das Gefühl der Dualität löst sich auf, weil es zum Ganzen gehört. Du machst deinen Frieden damit. Es ist möglich, aus der Dualität und damit aus dem »Hin und Her« der Erfahrungen auszusteigen. Wenn wir anfangen, unser Herz für die gesamte Schöpfung zu öffnen, dann ändert sich unser Leben. Denn, *wir sind die Schöpfung!* Jemanden oder andere zu verurteilen, bedeutet, sich selbst zu verurteilen. Vielleicht glaubt etwas in uns, nur durch Schmerz wachsen zu können. Weil wir aber nicht gerne freiwillig Schmerz erleben, winden und drehen wir uns wie ein Wurm, der zwischen zwei Fingern in die Luft gehalten wird.

Wer Geduld lernen will, wird nicht nur Leute um sich sammeln, die ihn auf die Geduldsprobe stellen, sondern sich des Öfteren in Situationen wiederfinden, in denen »Ruhe bewahren« angesagt ist, statt den Kopf zu verlieren und »auszuflippen«. Wer seine Wahrnehmungsfähigkeit entwickelt, wird immer wieder unsensiblen oder genervten Menschen begegnen. Denn wir ziehen solche Herausforderungen wie ein Magnet an, nur um zu lernen. Ein Teil in unserem Gehirn weiß, je größer die Anstrengung desto größer die Freude, es geschafft zu haben. Wenn es zu leicht geht, ist es nichts wert. Es gibt jedoch einen Trick, wie man das Lernen im konditionierten Gehirn überlistet. Neugierde, Freude, Leichtigkeit, Glücksgefühle und unser Mut ermöglichen uns, etwas völlig Neues und Innovatives zu entdecken und aufzunehmen. Das Gehirn ist in positiver Weise gefordert und produziert die nötige Chemie, die als Dünger für die neuen neuronalen Verschaltungen wirken.

Eine an Krebs erkrankte Frau erzählte mir, dass sie unter entsetzlichen Eifersuchtsgefühlen litt, wenn ihr Mann nicht zu Hause ist. Sein Nicht-nach-Hause-Kommen empfand sie als egoistischen Akt, der nur dazu diente, seinen eigenen Bedürfnissen nachzuhängen und sie und ihre Familie zu vernachlässigen. Neid, Zorn und Eifersucht und ein tiefes Misstrauen schnürten ihr regelrecht die Kehle zu. Es war ihr unmöglich, ihre Kränkung auszusprechen. Der ständige Schmerz hatte ihr Herz eingefroren. Die einzigen Äußerungen, die ihr gelangen, drückte sie als massive Vorwürfe aus, mit denen sie hilflos versuchte, ihre Wünsche und Gefühle zu beschreiben. Meist ohne Erfolg. Die Ehesituation verschlechterte sich mehr und mehr, denn sie fühlte sich mehr denn je alleingelassen. Neben der Bewältigung ihrer Krankheit schämte sie sich wegen ihres Verhaltens. Diese zusätzliche Schwächung der Vitalität im Energie- und Mentalkörper behinderte ihre Regenerationsfähigkeit. Letztlich kam sie verzweifelt zu mir, denn unter dem Druck ihres Handelns schien es so, als ob sie auch noch ihre Ehe zerstören würde. Bevor sie meine Praxis aufsuchte, hatte sie schon viel Zeit in zahlreichen Therapiestunden, Gesprächen und Methoden investiert, um die Ursache zu erforschen und zu lösen. Doch es hatte ihr bislang nichts geholfen.

Als sie als meine Klientin ihren inneren Konflikt löste und Kontakt mit ihrem ursprünglichen Wesen aufnahm, änderte sich verblüffenderweise ihre Lebenssituation voll und ganz. Die Techniken der *KR-Methode* entspannte zum einen ihre heftigen Emotionen, der *»Self-Walk«* brachte sie mit ihrem ursprünglichen Wesen in Kontakt und das Löschen alter Erinnerungen mit der *Remove-Cell-Memory-Technik* ermöglichte ihr einen entspannten Umgang mit der Situation und ihrer Krankheit. Alle Ebenen ihres Seins begannen, in einer neuen Form zu schwingen. Wie ein Mobile veränderte eine Ebene die andere, ihre Therapieerfolge wurden überraschend besser. Sie fand Lösungen und Auswege aus ihrer belastenden Ehesituation. Es entstand Bewegung in einem starren System. Sie gewann ihre Lebenskraft zurück.

Die »Überdosis Gefühl« will keine Veränderung

Manchen gelingt es, aus dem »*Wie* sie fühlen« oder dem »*Was sie* denken« auszusteigen. Solche Menschen sind weniger von ihren unbewussten Verhaltensprogrammen gesteuert. Sätze wie *»Das kann ich nicht!«, »Das werde ich nie verzeihen!«, »Das raubt mir den letzten Nerv. Ich fühle mich nicht wertgeschätzt, geliebt oder wahrgenommen«* sind von unseren Bewertungen, Emotionen und Konflikten, die wir im Laufe eines ganzen Lebens gebildet haben, beeinflusst. Solche Gedanken steuern unser Verhalten und unsere Entscheidungen.

Auf biochemischer Ebene ist Verhalten mittlerweile gut erklärbar und abbildbar. Im Moment eines Ereignisses hat das limbische System schon reagiert. Das Vergangenheitsorgan Gehirn interpretiert aufgrund der Muster, die wir gespeichert haben. Vielleicht bist du sauer, dann sendet der Körper sofort die passende Botschaft ans Gehirn, weil die beiden ja ständig miteinander kommunizieren. Oder du fährst mit der Straßenbahn und hinter dir hörst du das Wort: »Fahrscheinkontrolle!« Blitzschnell reagiert dein unbewusster Speicher. Egal ob du einen Fahrschein hast oder nicht, erst einmal werden alte Erfahrungen abgerufen. Das limbische System hat diesen Begriff als potenzielle Gefahr eingestuft und aus seinem Speicher eine adäquate Emotion herausgesucht. Das Gehirn liefert prompt und zuverlässig die passenden Hormone und chemischen Botenstoffe. Wir fühlen Angst. Erst später realisieren wir, dass wir ohnehin einen Fahrschein gekauft haben. Doch unser Körper ist längst mit den Stresshormonen überflutet, die eine geraume Zeit brauchen, um wieder abtransportiert zu werden. Wir kämpfen gegen einen fünfundneunzigprozentigen unbewussten Ablauf eingebrannten Verhaltens und das macht Veränderungen für uns erst einmal so schwierig.

Forschungen machen deutlich, dass wir die Programme für unseren Erlebenszustand selbst schreiben. Die »Überdosis Gefühl« will keine Veränderung, was die Veränderungen schwer macht.

Vielleicht helfen hier ein paar Zahlen um eine mögliche Verwirrung zu verhindern.

Das Gehirn ist ständig neu formbar

Unser Verstand ist in der Lage, pro Sekunde zirka vierzig Schritte an Informationen zu verarbeiten und auch zu bewältigen. Das ist weit mehr, als unser Bewusstsein schafft mitzuverfolgen. Wir nehmen zirka sieben Informationseinheiten gleichzeitig wahr. Wenn man seine mentalen Muster über den Verstand absichtlich verändern will, hat man dafür maximal 40 Verarbeitungsschritte pro Sekunde zur Verfügung. Unser *Unbewusstes kann* jedoch *400 Milliarden Informationen pro Sekunde verarbeiten*! Das geht eben zehn Milliarden Mal schneller, als der Verstand das draufhat. Aus diesem Grund ist es möglich, seine emotionale Energie innerhalb weniger Sekunden zu transformieren und all die tausend mentalen Muster daran anzupassen.

Die Wissenschaft, insbesondere die Neurowissenschafter rund um Norman Doidge, entdeckte außerdem, dass emotionale Erinnerungen nur von energetischen Kopplungen stammen. *Löscht und transformiert man diese Kopplungen, verändern sich unsere Lebenssituationen.* Die einzige Bremse dabei ist das rationale Denken, es will manche Dinge unbedingt verstehen. So meint der Verstand immer, alles unter Kontrolle zu haben. Je mehr Aufmerksamkeit wir einer Sache schenken, desto bedeutender wird diese für unser Gefühl. Ganz egal, was es ist und egal, warum wir uns mit etwas beschäftigen. Wenn dich Nachbars Hund auf die Palme bringt oder du berechtigte Geldsorgen hast: Je mehr du daran denkst, desto gewichtiger wird das Problem. Dadurch werden häufig die falschen Dinge wichtig. Vorkommnisse, die in Wirklichkeit gar nicht so essentiell sind. Flüchtige Gedankenblitze, andauernde Sorgengedanken, innere Dialoge der Nörgelei – sie formen unser Denken!

Der Kollege oder der Chef, den du nicht magst und der dir schon in der Früh auf dem Parkplatz begegnet – schnell schüttet der Körper die passenden chemischen Botenstoffe aus. Die negative Erfahrung von früher wird wieder ausgelöst und du denkst: »Hoffentlich sieht er mich nicht.« Wenn du dann ohne Begründung zu einem Termin mit ihm eingeladen wirst, läuft dein vollautomatisches Bewertungsprogramm. Deine Gedanken rennen. Du befindest dich in deinem eigenen Dilemma, das dir nicht erlaubt, dich klar und neutral zu fühlen.

In manchen stressigen Lebenssituationen ist die Hormon- und Adrenalinausschüttung enorm hoch. Erleben wir diesen Zustand über einen langen Zeitraum, ist die Gefahr einer »Suchtreaktion« besonders hoch. Adrenalin und andere Stresshormone erregen Gehirn und Körper und lassen den Energiepegel ansteigen. Es ist anregend, aufregend und mobilisiert alle Reserven im Körper. Das kann durchaus prickelnd und herausfordernd sein. Unser System wird quasi durch die Hormone, auch wenn es Stresshormone sind, belebt und in Schwung gehalten. Mit der Zeit werden wir sogar süchtig nach diesen chemischen Substanzen. Selbst das vermehrte Reden über andere, Tratschereien und das klassische »Geschwätz« über Menschen und Umstände dienen einzig nur dazu, diese emotionale Sucht aufrechtzuerhalten. Der erzeugte Energieschub ist so »erregend«, dass wir, ohne es wirklich zu merken, selbst ähnliche Lebensumstände hervorbringen, um diesen »Kick« zu erhalten. *Energie folgt der Aufmerksamkeit* lautet die Regel, die dieses Phänomen erklären kann. Wir produzieren dadurch mehr von einem Leben, das wir hassen oder zumindest ablehnen. In unserem Gefühlsleben wird immer alles *automatisch wichtig*, womit wir uns eine Weile beschäftigen. Und ehe wir es realisieren, befinden wir uns mitten in unserem Lieblingsgesellschaftsspiel, dem Drama und der damit verbundenen Opferrolle.

Studien der Union of Scientists for Peace belegen eindeutig, wie mächtig Stresshormone sind und wie wir nach Gedanken, derentwegen wir uns schlecht fühlen, regelrecht süchtig werden. Ist das nicht unglaublich? Es erklärt auch, warum manche Menschen Krisen richtiggehend brauchen und sogar heftige erkranken, damit sie aus ihrer Misere gerissen werden können. Da solche Suchtprozesse sehr unbewusst ablaufen, erkennen wir erst in den größten Tiefpunkten die möglichen Geschenke, die darin für uns liegen. Dann öffnen wir uns für ungewöhnliche Ideen, sogar für eine Wende. Wir lernen, Schritt für Schritt, auszusteigen. Wir aktivieren wieder Gefühle wirklicher Freude. Denn die Entscheidung, sich zu verändern, ist an solchen Tiefpunkten ungleich höher als im »Normalfall«. Wir begreifen tief innen, dass es an uns liegt und wir die Wahl haben. Der Druck und die Notwendigkeit zu handeln, lässt uns reagieren.

Mit der Entscheidung, etwas ändern zu wollen, stellt sich meist die nötige Kraft und die passende Hormonausschüttung ein, um eine *ernsthafte* Veränderung vornehmen zu können. Starke Gewohnheiten aufzugeben heißt, frühe Kindheitsprägungen und damit sein Ego zu verändern. Es braucht daher viel positive Energie, um Verschaltungen, alte Erinnerungen und Gefühlsmuster zu löschen, die innere Balance wiederherzustellen und sie mit Neuem zu überschreiben. Wie das en détail in den Zellen vor sich geht, war übrigens Gegenstand des Nobelpreises für Medizin im Jahr 2013, der an Randy Schekman, James Rothman und Thomas Südhof für ihre Erkenntnisse über das Kommunikationssystem der Zellen verliehen wurde.

Fazit: »Wenn ich mir mein jetziges Leben, meine Sorgen, Krankheiten, Probleme selbst erschaffen habe, dann habe ich auch die Fähigkeit, das alles zu verändern.«

16. Lebe jeden Tag mit Leichtigkeit!

»Ich wünsche mir die Freiheit, dass alles leicht von der Hand geht! Es liegt mir am Herzen, endlich meine Leidensthemen loswerden zu wollen, denen ich schon Jahre hinterherjage, ohne mich erfolgreich davon befreien zu können. Jedes meiner Themen habe ich bereits mit unterschiedlichen Begleitern und Coaches tief und gründlich bearbeitet«, meinte eine Klientin beim ersten Gespräch. Sie erzählte mir: *»Es ist spannend. Seit unserer gemeinsamen Arbeit gelingt es mir, leicht und völlig frei mein Leben zu gestalten. Ich bin mit meiner Familie zufrieden und kann beruflich ganz stressfrei agieren. Was mich vorher die Kraft gekostet hat, ist jetzt einfach und im Fluss. Doch leider bin ich seit Weihnachten in ein Thema hineingerutscht, das ich allein nicht mehr auf die ›Reihe‹ kriege. Alle längst erlöst geglaubten Probleme sind auf einmal wiederaufgetaucht. Ich habe tagelang Kopfschmerzen, einige Kilos mehr auf den Hüften und eine wirklich ›arge‹ Wut im Bauch. Ich wache nach intensiven Träumen mit Herzrasen auf und kann die Bilder meines Traumes kaum aus dem Kopf bekommen.«*

Der intensive Kontakt mit ihrer Ursprungsfamilie, im Speziellen an Festtagen, löste in ihr sehr alte emotionale Themen aus. Diesmal übernahm die Stille die Regie in der Beratung. Nichtwissen, Verwirrung und Hilflosigkeit entpuppten sich, wie so oft, als die größten Ressourcen. So lange bis, ihr intensives Traumerlebnis zum Mittelpunkt wurde.

Sie erinnerte sich an mehrere Träume: »*Ich bin im Traum immer wieder in Panik geraten und hatte eine Heidenangst, meine Familie zu verlieren.*« Unter ihrer Angst schrie das verängstigte Herz. Der verborgene Inhalt ihrer nächtlichen Familienträume war die Angst vor dem Tod. Ihr selbst war der Zusammenhang nicht bewusst. Doch rasch erkannte sie, dass die Angst vor dem Tod sie auch von ihrer spirituellen Seite im Leben abhielt, die ihr auch Leichtigkeit schenken konnte. Dort befand sich das tatsächliche »Spielfeld« ihrer Probleme Gewichtszunahme, Kopfschmerz, Müdigkeit und permanenter Lebenskampf waren nur die Oberfläche und jener Teil, der sie im realen Leben festhielt.

Während meine Klientin mit geschlossenen Augen in eine entspannende, meditative Haltung abtauchte, las ich ihr eine Geschichte vor. Ich bat sie dabei, ihre Gefühle im Körper bewusst wahrzunehmen. Der Text stammt aus dem Buch von Diana Grünberg. Diana war an Brustkrebs erkrankt und erzählt in ihrem Buch, wie sie während ihrer Chemotherapie eine innere Reise in ihre Herzenskammer unternahm. In dieser Herzenskammer lud Diana ihren Krebs, ihre Angst, ihre Chemotherapie und den Tod ein, einfach, um sich auszusöhnen und um ihre Lektionen aus der Krankheit zu lernen, ihrem potenziellen, bevorstehenden Tod seinen Schrecken zu nehmen.

Während ich vorlas, fühlte ich die starke Akzeptanz der Erzählung bei meiner Klientin. Ihr Solarplexus pulsierte und gleichzeitig entspannte sich diese Stelle im Körper. Sie lehnte locker in ihrem Sessel und erzählte, was in ihr vorsichging. Ihre kraftvollen Bilder waren präsent, die Worte, mit denen sie ihr inneres Erleben beschrieb, schienen nicht aus ihrem gewohnten Sprachgebrauch zu stammen. Sie erzählte:

»*Zuerst tauchte in mir ein ganz komisches aber sehr deutliches Bild auf. Ich war eine Art Engel und meine Flügel waren mit einem dicken Seil an einen Felsen gefesselt. Um mich herum bewegte sich ein goldenes Licht. Etwas in mir wusste, es ist die Schöpfungsenergie. Ich war festgebunden, doch je mehr ich das annahm, desto strahlender wurde das Licht, das aus mir leuchtete. Es verwandelte sich in eine große Lichtkugel, die mehr und mehr aus mir und durch mich strahlte. Das Licht war wie eine Knetmasse, weich, biegsam, weiß, glänzend. Ich formte es durch gegenseitiges Spüren. Doch es sollte noch keine Form annehmen. Die Gewissheit tauchte auf, dass dies meine Urgestalt war. Mein Engel hatte als Einziger die Kraft, diese Kugel zu formen. Ich blieb ruhig und wusste in dem Moment, dass ich lernen musste, mich auszusöhnen. Ich musste annehmen, was ist, ohne Druck und ohne Zwang. Diese Gewissheit ließ einen Teil in mir tanzen, freischweben, schwingen und doch total klar und gefestigt sein. Es war eine Form von Freiheit, Leichtigkeit und gleichzeitig fest und klar. Ich erkannte plötzlich genau, was ich lange vergessen hatte. In meinem Innersten wollte ich meinen Körper bewegen. Ich tat das in meiner Vorstellung und tatsächlich knackste meine Wirbelsäule. Ich spürte, wie sich etwas ganz neu einrichtete. Ein Teil bewegte sich wieder an seinen vorgesehenen Platz zurück. Jetzt schwebte das Wort ›entspannt‹ über mir. Ich fühlte, wie ich zu diesem Wort wurde. Ich begann selbst zu meiner eigenen Urgestalt zu werden. In mir tauchte die Gewissheit auf zu gestalten. Ich war Schöpfer, aber kein ›Zwinger‹, nur mein Wille geschah, mit allen gemeinsam. Ich war alle. Längst hatten sich meine Flügel vom Seil gelöst und ich spürte mich so, als ob ich imstande war zu tanzen und gleichzeitig frei zu schwingen.«*

An dieser Stelle ist es wichtig zu erwähnen, dass die Klientin in diesem Leben, in einem sehr behüteten Umfeld aufgewachsen war und bisher keinerlei Todeserfahrung erlebt hatte. Wir waren uns beide im Klaren, dass dies keine bewusste Erinnerung, sondern eine tiefe Erfahrung aus einem sehr alten Speicherort ihrer Seele sein musste. Die körperliche Reaktion meiner Klientin war an ein erlebtes Trauma geknüpft. Wann immer sie dieses erfahren hatte, es war in ihrer Matrix, in ihrem spirituellen Energiekörper und in ihrer Zelle, in ihrem Schmerzkörper verwahrt. Kopfschmerz, Druck und ihre Schwere verschwanden nach der inneren Reise völlig. Die gespeicherten Erinnerungen an eine tief verborgene Todeserfahrung lösten sich auf.

Neunundneunzig Prozent der Zellerinnerungen sind im Unbewussten eingelagert. Wenn wir solche Erinnerungen finden wollen, dient neben dem Gehirn auch das Herz als Speicher. Über das Herz sind Worte überflüssig.

Der Herzensraum ist ein Schlüssel für die unterschwelligen Prozesse, die Stress verursachen. Sie zu verringern und zu löschen ist zentrales Thema.

Mit der *Remove-Cell-Memory-Technik* und im *»Self-Walk«* erkennen Klientinnen und Klienten, dass ihre Wahrnehmungen keine »Spinnereien« sind, sondern im Körper gespeicherte »Geschichten«. Sobald diese Ereignisse befreit werden, verändern sich ihre Symptome und ... dann ... verschwinden sie. Bekanntlich stammt das Wort »Problem« ja aus dem Griechischen und bedeutet »Pro« – »vorn«, »voran«, »voraus«, »vorwärts« und »-blem« »einwerfen«. In diesem Fall war das »vorwärts geworfen werden«.

Den Tod umarmen, einbeziehen und anerkennen

Den Tod umarmen, einbeziehen, anerkennen? Das ist leichter, als es sich anhört, und klappt nur, wenn man die Angst vor dem Sterben, zumindest kurzfristig, beiseiteschiebt. Dies kann in einer tiefen Meditation oder einer tiefschürfenden inneren Reise, wie beim *»Self-Walk«* oder der *Remove-Cell-Memory-Technik*, gelingen. Im Kontakt mit seinem ursprünglichen Wesen verbinden sich das Herz und die

Energieebenen mit einer hohen Schwingungsfrequenz. Wir nähern uns dabei aus einem neuen Bewusstseinsfeld und können eine unendliche Freiheit kennenlernen. Viele erleben diese Ebene als zeit- und raumlos.

Ähnlich beschreiben diese Erfahrung Menschen, die eine Nahtoderfahrung gemacht haben, sie berichten: »Sterben ist nicht schlimm!« Die meisten erzählen von einer Leichtigkeit und einem Phänomen der Gleichzeitigkeit. Sie erleben ihren Körper reglos und in der Zeit gefangen, ihren Geist jedoch als reine Energie. In dieser Nahtoderfahrung erlebten sie das Phänomen, gleichzeitig zu sehen, zu denken, zu hören und zu fühlen ohne die Empfindung von Zeit und Raum. Alles, Vergangenheit und Zukunft wird gleichzeitig wahrgenommen.

Heike Sucky[12] erzählt im Gespräch über ihre Nahtoderfahrung knapp vor ihrem Unfall: »*Im Lichtermeer der Energie waren sämtliche Formen als Energienetz verbunden. Ich erkannte, alles Leben ist mit allem verbunden. Zeitgleich! Ich erfuhr daher in Form von Bildern eine ›Lebensschau‹, die ähnlich wie das Besichtigen eines Fotoalbums ablief. Eine gleichzeitige Vor- und Rückschau, bei der ich sämtliche Empfindungen von mir und den anderen in kurzer Zeit erlebte. Mir war glasklar, dass wir unser Handeln selbst korrigieren können, wenn wir das Empfinden anderer wahrnehmen und in unser Tun miteinbeziehen. Kleinste Handlungen haben große Wirkung. Ich begriff in einem Millionstel einer Sekunde, welche Auswirkungen mein Wohlergehen auf andere in meinem Umfeld hat. Das bedeutet, reflektiert zu sein und offen über alles zu reden, verändert mein Umfeld. Ich wurde gefragt, ob ich bleiben möchte, dort, wo ich gerade war, dabei hatte ich völlig freie Wahl. Kurz zögerte ich, doch genauso wie ich mein vergangenes Leben sah, erkannte ich die Zukunft. Jene meiner Tochter, die sich neben mir auf dem Beifahrersitz befand. Ich kam zurück und wir überlebten den Unfall. Nach diesem intensiven Ge-*

schehen fühle ich, wie wichtig es ist, meine Erfahrungen mit anderen zu teilen. Sie für das irdische Dasein zu ermutigen! Das Leben gewinnt an Qualität, wenn die Angst vor dem Sterben oder der Glaube von Schuld und Sünde schwindet. Durch meinen persönlichen Nahtod-Kontakt liegt es mir am Herzen, Hoffnung hervorzurufen, Angst vor dem Totbleiben zuzulassen. Der Tod ist nur ein anderes Stadium des Lebens, es geht immer weiter. Wir tragen alles in uns, jedes Leben, jedes Thema, jede Situation.«

Eine andere beeindruckende Schilderung, ist jene der Schweizerin Samira Henning[13], die als junge Frau einen Fahrradunfall hatte, der ihr Leben veränderte. Sie berichtet: »*Ich flog durch die Luft und prallte auf dem Asphalt auf. In diesem Moment zog mich etwas von meinem Körper weg, ich schwebte oberhalb meines Unfallortes und beobachte entspannt das Vorgehen unter mir. Ich sah mich verletzt auf den Boden liegen, doch dann zog es mich weg, zu einem hellen, wunderschönen Licht. Ich wollte dorthin, wo ich dieses Licht sah, denn es war so schön. Bedauerlicherweise gestattete mir ein Lichtwesen nicht, in diese Illuminationen einzutauchen. Ich musste zurück, anscheinend hatte ich hier auf der Erde noch etwas zu tun und konnte nicht bleiben. Mir wurde dies über Gedankenkraft übermittelt, gleichzeitig erkannte ich in jedem Menschen einen Funken von demselben Licht, das mich so hinzog. Es strahlte in jedem Einzelnen, und je größer es wurde, umso intensiver verband es sich dann mit dem Licht der anderen. Das Licht des Einzelnen strahlte gemeinsam. Ich überlebte den schweren Fahrradunfall und meine Regeneration war meine Initialzündung, um Yoga zu lehren und dadurch das Strahlen im Menschen zu entfachen. Meine Lehre aus dieser Erfahrung: Wir kommen aus dem Licht und gehen wieder dahin. Licht ist immer stärker als die Dunkelheit.«*

Mein persönlicher Unfall rückte mich zwar nicht an die Schwelle des Todes, doch leitete er eine unübersehbare Wende ein. Wo mich früher Angst blockierte, mich hinderte, die Leichtigkeit und die Freude zu leben, öffnete sich ein tiefer Erfahrungsraum voller Mitgefühl. Mein Herz wurde zum Übersetzer meiner Intuition, meines inneren Kraftwerks. Bewertungen und Prägungen begannen sich nach und nach aufzulösen. Aus meinem Herzensraum entstand ein verlässlicher Zugang zu meinem ursprünglichen Wesen. In diesem Wesen verankert zu bleiben, erkannte ich als einen Lebensschlüssel für Unendlichkeit. Zeit, Vergangenheit und Zukunft verschwanden in diesem Erfahrungsraum. Als Teil des Ganzen und verbunden über mein Herz kann ich immer wieder zu diesem Zustand zurückkehren. In der Stille des Herzens bin ich mit wacher Klarheit empfangsbereit und kann die Angst vor dem Unbekannten loslassen. Dieser Zustand lehrt mich das Vertrauen in den Prozess, das etwas in uns sterben muss, damit wir Erneuerung erfahren. Der Kreislauf von »stirb und werde«, in dessen Lauf Energie nie verlorengehen kann!

Wenn wir mutiger werden und alle blockierten Erfahrungen und Ängste verändern, schaffen wir es, unseren Lebensweg unbeschwert zu gehen. Wir entdecken jeden Tag ein buntes Leben, beginnen einen wohltuenden Humor zu entwickeln. Wir setzen Samen in uns, die den Tod überdauern. Tag für Tag wird das Leben paradiesischer!

Diana Grünberg hat ihren Brustkrebs völlig überwunden. Sie erzählt, wie sie ihre Angst vor dem Tod mildern konnte. Ihr Lösungsvorschlag: *»Beende alle Selbst-Lügen. Entdecke dein Seelen-Selbst, sprich mit deinem Innersten, indem du sagst: ›Ich erkenne an, dass meine Identität unsterblich ist.‹«* Damit öffnet sich der Kreislauf der karmischen Erfahrungsschleifen. Im Irdischen drückt sich dieses Potenzial im ständigen Kreislauf von Sterben und Wiedergeburt aus. Jeder ist für sich selbst verantwortlich. Übernimm die Verantwortung für dich! Jeder Einzelne kann die Kraft einsetzen und versuchen, sein Leben so zu beeinflussen. Je mehr du loslassen kannst, was nicht zu dir gehört, desto mehr kommst du deinem ursprünglichen Wesen näher. Frage dich immer wieder: Wie kann ich mich für Wunder einstimmen und spüren, dass sie wundervoll sind?

Wenn du Angst empfindest, stelle dich deinen Empfindungen. Angst, Zorn, Wut oder Traurigkeit bilden meist nur die Spitze des »Eisbergs«. Sie auszudrücken, ist für einige nicht einfach und stellt eine unüberwindbare Hürde dar. Dahinter stecken erlernte Überzeugungen, Prägungen und Glaubenssysteme, die einen natürlichen Umgang damit verhindern.

Viele Paare oder Familien machen einen weiten Bogen um Inhalte wie Tod und Sterben und um Themen, die zu Zorn oder Wut unter ihnen führen könnten. Dementsprechend bestehen Gefühle wie Neid, Eifersucht, Gefühlseindrücke, die wir nicht gerne annehmen, ohne uns gleich als »schlechter Mensch zu fühlen«. In den meisten Religionen und Moralvorstellungen gibt es keine wertfreie Akzeptanz dieser Gefühle. Die Stimme des Urteils bewertet sie in »schlecht«, »böse« oder als »nicht in Ordnung«. Wir klammern das Sterben aus unseren Leben aus. Kleine Kinder spüren diese Gefühle, drücken sie aus und gehen durch sie hindurch. Sie weinen, es geht vorbei, sie werden zornig, und bald ist der Zorn vorüber. Als Erwachsener braucht es Mut und viel Vertrauen, Zorn und Angst zu zeigen, ohne andere zu verletzen. Es fehlt uns jenes Zutrauen, das wir als Kind gesucht hätten und stattdessen Bewertungen erhielten. Kinder haben einen natürlichen Zugang zum Thema Tod und Sterben und verstehen Zusammenhänge ganz natürlich. Sie von Informationen dazu fernzuhalten, ist eine Bitterkeit und bremst ihr Wachstum.

Du kannst groß und klein gleichzeitig sein

Liebevolle Erwachsene sind jene, die dem Kind die uneingeschränkte Erlaubnis geben, all das zu fühlen und auf seine individuelle Weise auszudrücken, was im betreffenden Moment empfunden wird. Dies ist auch die Basis bei der Arbeit mit dem inneren Kind. Wenn der kindliche Anteil in uns erwacht, öffnet sich das Herz. Die *Remove-Cell-Memory-Technik* unterstützt diesen berührenden Herzöffnungsprozess.Unbearbeitete Angst kehrt sich in Zorn und Aggression um. Mit solchen bestehenden Angstgefühlen in Berührung zu kommen, kann man verständlicherweise lernen. Je mehr du alle Angst loslassen kannst, alles, was nicht zu dir gehört, desto mehr kommst du deinem ursprünglichen Wesen näher. Natürlich ist es einfacher, seinem Ehepartner zu sagen »Ich habe einen Zorn auf dich« als »Ich fürchte mich, dass ich nicht genüge.« Es ist leichter, ärgerlich zu werden, wenn etwas falsch läuft, als zuzugeben: »Ich habe Angst, dass du weggehst.« Dabei kann jeder reife Erwachsene das für sich selbst erlernen, indem er sich mit seinem inneren, verletzten Kind beschäftigt und es befreit.

Zu diesem Zweck gibt es viele Werkzeuge. Ich arbeite mit Imaginationen, inneren Bildern und der »Alter Ego«-Methode, einem vom Psychotherapeuten Siegfried Essen entwickelten Instrument. Dabei wird der jüngere, kindliche Anteil vom »fortgeschrittenen« Erwachsenen liebevoll wahrgenommen und integriert. Während der innere, jüngere Anteil wieder wertgeschätzt und angenommen wird, verändert sich das momentane Erleben. Diese erlösende Methode wird von gut ausgebildeten, systemisch arbeitenden Beratern angewandt. Ich empfehle dir, dein inneres Kind achtsam zu trösten, wenn es nach dir ruft. Wenn Verzweiflung nach Hoffnung schreit, wenn sich Zorn und Wut, Einigkeit wünschen. Wenn Kränkungen oder Hass dich von der Liebe trennen, dann horche mit deinem Herzen, ob dein inneres Kind, wie alt es auch immer sein mag, nach deiner Wertschätzung und Liebe schreit.

Selbstliebe und ein unbedingtes JA zum Leben

Das *Ja* zum Leben, deine eigene Schönheit und jene dieser Erde zu erkennen, eine gelebte Spiritualität sind weitere Schlüssel für einen gelungenen Weg zu deinem Potenzial. Dieses unbedingte *Ja* heißt, deine Intuition und die Kräfte des ursprünglichen Wesens vollkommen einfließen zu lassen. Im Falle meiner Klientin, die Krebs hatte, war der erste Schritt für sie, ehrlich zu ihren Gefühlen zu stehen und sie ohne Scham zu zeigen und abzubauen. Zu oft versuchte sie, mit dem Verstand zu begreifen, was die Vernunft nicht durchschauen konnte, anstatt ins Fühlen einzutauchen. Sie musste lernen, dass Selbstliebe nicht Selbstbezogenheit bedeutete.

Meine Klientin besuchte regelmäßig eine Selbsthilfegruppe. Die professionelle Begleitung und die systemischen Aufstellungen lehrten sie, wie Empfindungen rasch und vielfältig auftauchen und wieder verschwinden. Sie erlebte hautnah, wie ihr Herz nach langer Zeit der Lähmung zu »tanzen« begann. Sie fühlte wieder Leben, Lachen, Leichtigkeit und Freude. Das erlöste ihre Scham, sie konnte die ersten Widerstände ihrem Fühlen gegenüber abbauen und Verständnis für sich selbst finden.

Im Normalfall verhindern alte Glaubenssätze und erlebte Traumata die Selbstliebe. Traumatisches Erleben wird laut des Zellbiologen Bruce Lipton unser Potenzial und unser Erleben ein Leben lang beeinflussen. Traumata wirken sich deutlich auf die Gen-Funktionen der Zellmembran und in der Zelle selbst aus. Sie fixieren uns in der Vergangenheit. Die dabei immer wieder erlebten Stressemotionen lösen Hormone und Genexpressionen aus, die zu ernsten gesundheitlichen Störungen führen. Um das Drama von Leid aufzulösen, in dem meine Krebspatientin feststeckte, kam sie nicht umhin, ihre absolute Selbstliebe zu entwickeln. Die psychologische Wurzel von Schamgefühlen liegt in einer tiefen Ablehnung von sich selbst. Schuld- und Schamgefühle, zusammen mit unserer Unfähigkeit zu vergeben, ketten uns an den dunkelsten Teil unseres Selbst. Wer sich selbst liebt, schämt sich nicht. Die Lösung bedeutet zu handeln und seine Gefühle mitzuteilen.

Während Schuldgefühle sich auf das beziehen, was du getan hast, geht es bei der Scham um das, was du von dir selbst hältst. Schamgefühle greifen deine Seele an, Schuld dein Gewissen. Du kannst Schuldgefühle gegen ein Gefühl des Friedens tauschen. Da diese Gefühle aus der Vergangenheit kommen, heißt es, sich auf die Suche zu deinem Selbst zu machen. Dein wahres inneres Wesen steht über aller Schuld und über allen Schamgefühlen dieser Welt. Erkennen, Ansprechen, Vergeben und Loslassen sind die Schlüssel, um sich selbst zu befreien. Selbstliebe hat zur Folge, seine eigenen Bedürfnisse erkennen und Grenzen ziehen zu können, ohne die Mittel der »Kriegsführung« zu benützen. Ohne Vorwürfe, Anklage, Befehle, Wut oder übertriebene Begründung, sagen zu können, was man braucht.

Die Strenge gegen sich selbst gegen Liebe zu tauschen, bedeutet, sich auf die Suche nach sinnvollen Möglichkeiten zu begeben, statt Probleme jahrelang mit sich herumzuschleppen oder zu verdrängen. Eine gesunde Liebe zu sich hält es aus, nicht von *allen* geliebt werden und kann entspannt damit leben, nicht ständig Anerkennung bekommen. Menschen, die anderen Schaden zufügen, haben im Leben eines sich selbst liebenden Lebewesens keinen Platz. Nur die echte Liebe zu sich selbst schafft es, Abstand herzustellen und ohne Angst auch ungeliebt durch das Leben zu gehen. Ein sich liebender Mensch nimmt seine innere Stimme wahr und vertraut ihr. Nur durch die Führung der inneren Stimme gelingt es dir, ein glückliches Leben zu gestalten und nach deinen Wünschen und Bedürfnissen zu handeln.

Du musst Scham und Schuldgefühle nicht länger festhalten. Klingt das für dich etwa zu theoretisch? Sprich diesen Satz mehrere Male laut aus. *»Ich verdiene es, dass es mir in jeder Hinsicht gut geht!«* Wie fühlt sich der Satz an, wenn du ihn dir mehrmals vorsagst? Empfindest du ihn lächerlich, berührend oder bringt er dich zum Weinen? Fühlst du die gedachten und gesprochenen Worte an einer Stelle in oder an deinem Körper? Löst der Satz in dir Druck aus?

Berührend erlebte ich, wie meine Klientin diesen Satz keinesfalls aussprechen konnte, weil er ihr die Kehle zuschnürte. Sie empfand Druck und ein Würgen, das ihr das Sprechen unmöglich machte. Ich stellte ihr die Wunderfrage frei nach Steve de Shazer: »Angenommen, es würde ein Wunder passieren, und deine Krankheit wäre geheilt ... plötzlich ... verschwunden ... weg ... was wäre dann anders? Wovon wärst du befreit? Was müsste passieren, um deine Lebenssituation als erlöst zu erleben? Welche kleinen oder großen Schritte würden dir diese Freiheit ermöglichen?« Wer war sie ohne ihre Maske von heiler Welt? Konnte sie aufrichtig sein, ohne ihre alten Glaubensmuster zu bedienen? Ohne sich lächerlich zu machen, etwas zu beschwichtigen oder rationalisieren zu müssen? Durch diese Fragen und die Beschäftigung damit verstärkte sich ihre bildhafte Vorstellung. Die neue Art zu denken, ermöglichten ihr neue Bilder, zum Beispiel von einer sich selbst liebenden Frau, zu finden. Sie legte ein »Selbstliebebuch« an und gestaltete ihr Leben bewusst nach dem, was für sie heilsam war.

Sabine Standenat, beschreibt in ihrem Buch »Wie Heilung geschieht« eine Vielzahl an Erfahrungen, die von Heilern und Schamanen auf der ganzen Welt zusammengefasst wurden. Sie entsprechen meinen eigenen Erfahrungen als Lebensberaterin und Mutmacherin.

Es geht darum:

- selbstschädigende Gedanken zu entfernen und stattdessen durch heilsame Gedanken und vor allem kraftvolle Bilder zu ersetzen; Ich nenne sie »Gesundheitsbilder«.
- die eigenen Bedürfnisse zu erkennen, sie wahrzunehmen und Grenzen zu ziehen, ohne dabei die Mittel der Kriegsführung zu benutzen; In Form von Vorwürfen, Anklagen, übertriebenen Rationalisieren oder einer Opferhaltung. Ich nenne sie ehrliche Selbstwahrnehmung.
- eine ausdauernde Suche nach Lösungen für neue, andere Möglichkeiten zur Selbstliebe zu finden; Jahrelang herumgeschleppte Probleme sind keine Selbstliebe. Ich ermutige dich, einen einfacheren Weg zu suchen.
- mühelos damit leben zu können, nicht von *allen* geliebt zu werden; Das basiert auf einer gesunden Liebe zu sich selbst und verstärkt sich im Kontakt mit deinem ursprünglichen Wesen.

Nimm deine Bedürfnisse ernst! Genieße die Zeit mit dir selbst, ohne Ablenkung. Meditiere und verbringe Zeit mit dir, ohne dich verlassen zu fühlen. Menschen mit ausbalancierter Selbstliebe brauchen manchmal nur *sich selbst.* Nur durch gestärkte Selbstliebe gelingt es dir, Abstand von Menschen, die dich emotional verletzen, herzustellen.

17. Acht Mut-Strategien für deine positive Lebensentfaltung

Mut ist eine erlernbare Strategie. Daher habe ich für dich einige mutige Tipps zusammengestellt. Mutig deshalb, weil uns die Angst manchmal davon abhält, das zu tun, was uns wirklich guttun würde und uns leichter leben lassen könnte. Der Verstand möchte verstehen und Klarheit haben, er will einordnen können. Das gibt Sicherheit. Dabei liegt aber die Kostbarkeit darin, den Verstand zu verlieren und etwas Neues zuzulassen. Wem es gelingt, das Gefühl für die eigene Intuition zu sensibilisieren, der findet leichter seinen Weg durchs Leben. Die folgenden acht Punkte unterstützen dich, sie fassen die Übungen aus dem Buch zusammen, um dein Denken und Fühlen zu ändern und deine Zellen in eine kraftvolle Schwingung zu versetzen.

1. Was wachsen soll, braucht Nahrung.
2. Durchbrich deine mentale Barriere!
3. Befreie dein Herz von Trauer, Sorgen und Neid, fülle es mit Mut!
4. Erhöhe deinen Energie-Magnetismus!
5. Lerne, deine innere Mitte zu fühlen!
6. Lasse den stillen Raum in dir zu!
7. Entwickle Empathie zu anderen!
8. Verbinde dich mit der Urinformation deines ursprünglichen Wesens!

1. Was wachsen soll, braucht Nahrung

Die Nahrung der Gedanken ist die Konzentration. Konzentriere dich auf Lösungen und Erfolge und sie werden Realität. Bedenke jedoch auch: Dasselbe gilt für Probleme. Eine wunderbare Methode, deine Wünsche umzusetzen, stammt aus Tibet, aus dem »Diamantschneider-Sutra«, eine Niederschrift einer Lehrrede Buddhas. Darin möchte Buddha zum Ausdruck bringen, dass ein Mensch eine vollendete Welt hervorbringen kann.

- Wenn du einen Wunsch in dir trägst, formuliere ihn als Ziel, in einem Satz.
- Finde jemanden, der das Gleiche sucht wie du und unterstütze ihn dabei, sein Ziel zu erreichen, ohne dafür Geld oder einen anderen Ausgleich zu verlangen.
- Setze dich jeden Abend für wenige Minuten hin und denke daran, wem du wie geholfen hast.
- Freue dich darüber, sei dankbar und gieße so deine inneren »Samen« für deinen Erfolg, dein Ziel.

So, wie Samen in der Pflanzenwelt wachsen, sprießen sie auch im Geistesstrom. Die bewusste Konzentration durch bloße Gedanken ist eine Verdichtung deiner Lebensenergie, deines Erfolges. Die Stärke eines im Geiste angelegten Samenkorns hat sich schon am folgenden Tag verdoppelt, am dritten Tag vervielfacht und am fünften Tag des Monats hat sie das Sechsfache ihrer Stärke erreicht. Dabei gilt der Grundsatz: »Beachtung verstärkt, Nichtbeachtung befreit.« Ignoriere deshalb alle machtvollen, negativen Gedanken, die automatisch in dir ablaufen wollen. Wenn wir das Gehirn an Erfolge erinnern, lässt es Misserfolge und Schwierigkeiten links liegen. Durch positive Handlungen, durch Worte und durch bloße Gedanken kannst du deinem Wunsch Nahrung geben. Wobei die dritte Art, die Macht der Gedanken, die wirkungsvollsten ist.

2. Durchbrich deine mentale Barriere!

Übe täglich deinen »mentalen« Probelauf in Form von Meditation oder Tagtraum. Mit dem Herzen oder mit geschlossenen Augen zu »sehen«, öffnet andere Sensoren. Verbinde dich mit deinem »ursprünglichen Wesen«, auch wenn du es noch nicht kennst, ertaste es. Tue, als ob du es bereits kennen würdest. Fühle, erlebe, und nimm diese Momente und Bilder deiner Gesundheit, deines Glücks, deiner Befreiung intensiv wahr.

Das Gehirn bewertet nicht und reagiert prompt auf deine Gedankenbilder. Es schüttet zuverlässig die Chemie zu deinem vorgestellten »Glücksmoment« aus. Daher kannst du dein Bewusstsein im »Voraus« trainieren. Fünfundneunzig Prozent der Ereignisse basieren auf deinem unbewussten Speicher. Mach es dir zur Gewohnheit, immer wieder an deine glücklichen Momente zu denken! So werden sie Realität. Übe *zehn Minuten täglich* und das einundzwanzig Tage lang. Es ist wie *Superlearning für dein Unbewusstes*. Denn um ein innerlich vorgestelltes Bild neu zu verschalten, benötigen deine Nervenbahnen im Kopf zirka einundzwanzig Tage. So wirst du zum Magneten für dein Erleben!

3. Befreie dein Herz von Trauer, Sorgen und Neid, fülle es mit Mut!

Steige aus dem Minus-Energiefluss und dem Selbstmitleid aus! Jeder Gedanke an eine negative Situation nährt diese und vergrößert das Energiefeld um dein Problem. Suche daher positive Geschichten, Bilder und Vorbilder. Höre auf, dich mit anderen zu vergleichen oder missgünstig auf ihre Erfolge zu blicken, sondern entwickle die Wertschätzung für das, was du hast, und sei es noch so wenig. Sei offen für

Erfolge und die Freude um dich herum, du legst damit eine Prägung, die eine neue Wirklichkeit um dich entstehen lässt. Nutze deine Chance im *Jetzt* zu leben, denn die *Vergangenheit ist vorbei.* Weder in der Zukunft und den möglichen Sorgen darüber, noch in der Vergangenheit, sondern im Jetzt ist dein Erleben. Segne die Menschen ohne Neid und Gier und bewahre dir eine großzügige Grundeinstellung.

Die Vorstellung von Mangel zieht dich aus dem Hier und Jetzt heraus. Nimm deine Intuition ernst, sie leitet dich aus deinem Herzensraum und sendet dir Impulse, mit denen du immer gut beraten bist. Vertraue dich deinem Inneren an und meditiere regelmäßig mit einer inneren Frage, du bekommst Antworten, was das Hilfreichste für dich ist. Denn im Quantenfeld gibt es immer Lösungen, wenn du dich dafür öffnest. Und dann fasse Mut und handle danach. Steige aus deinem Selbstmitleid aus und erkenne, wo du dich hinter Opferstorys versteckst und wo sie zu finden sind. Frage dich, was du aus dieser Situation lernen kannst. Nicht der Arzt, die Chefin, der »Andere« ist schuld an deinem Erleben, es sind die inneren Muster und Prägungen aus deiner Vergangenheit, die in dir wirken. Du hast die Wahl. Entscheide dich für die Leichtigkeit! Frage dich: Was brauche ich, damit es besser und besser wird? Wenn alles leicht ginge, was würde ich tun? Was wäre dann anders? Schreibe deine Gedanken auf. Suche gute Bilder, wie deine Zukunft aussehen und sich anfühlen würde. Verhalte dich eine Zeit lang so, als ob all deine Probleme schon gelöst wären und schreibe auf: Was ist dann anders?

4. Erhöhe deinen Energie-Magnetismus!

Wo keine Energie vorhanden ist, entsteht keine Anziehung! Um dein Energiepotenzial zu erhöhen und zu erreichen, dass sich deine Angelegenheiten in eine bestimmte Richtung entwickeln, höre auf zu bewerten, zu beurteilen und zu verurteilen. All das entzieht dir deine positive Kraft. Verringere dein »Mind fast food«. Dazu gehören viel fernzusehen, ständig von Werbung beeinflusst zu werden, dauerhaft negative Nachrichten aufzunehmen, all das »triggert« deine unbewussten Ängste. Und ohne es zu bemerken, beschäftigst du dich plötzlich hauptsächlich mit negativen Situationen, die dich hinunterziehen, mit Mangelgedanken und Kleinmut, anstatt dich auf jene Eigenschaften zu konzentrieren, die dich aufbauen und stärken.

Dein Immunsystem reagiert sehr gut auf innere Bilder, nutze sie für dein leichtes Leben. Beschäftige dich mit Imaginationen, um innere Reisen zu erleben. Imaginationen bilden deine Zukunftsbilder intensiv aus. Körper und Gehirn reagieren mit. Wenn du diese Art der Meditation praktizierst, erzeugst du eine tiefe geistige Sammlung und Stabilität. Eine Zauberkraft, die wie ein Magnet dein Leben auf positive Weise verändert. Enttarne deine Zwänge und Begrenzungen und befreie und lösche ihre übernommenen, alten Prägungen in deinem Geist. Verstärke deinen Magnetismus, indem du dich auf den Weg zu deinen Ressourcen aufmachst. In einer veränderten Wahrnehmung wird eine andere Wirklichkeit Realität. Denke daran, die Techniken der *KR-Methode* dienen dir dazu.

Deine Schwingung erhöht sich auch durch gesunde und vitale Ernährung, achte darauf! Erst, wenn du deine eigene Kraft entwickelst und alte Energien löschst, gelingt es dir, persönliche Stärke zu entwickeln und dich auch einmal gegen den Mainstream zu stellen oder gegenüber einem mächtigen Kollektiv deine Meinung zu vertreten, wenn es nötig ist.

Ändere all deine Überzeugungen, die die Realität unter polarisierten Bedingungen sehen. Ich empfehle dazu eine kurze tägliche Übung. Jedes Mal, wenn du wieder eine Situation, Menschen oder eine Sache bewertest, produziere dir eine neutrale Erfahrung. Verringere deine Bewertungen, indem du mehrmals den folgenden Satz laut aussprichst:

»Ich nehme an, was und wie es ist. Denn es ist, wie es ist richtig!«

- Finde in den Situationen, Ereignissen, anhaltendenden Umständen aus deiner Vergangenheit, die guten Eigenschaften, Tatsachen oder Qualitäten.
- Suche das Gute in jeder aktuellen Situation, auch in jenen, über die du dich anfangs ärgerst.
- Betrachte das Leben und deine Erfahrungen als Möglichkeit.

Annulliere alle inneren Bewertungen, die zum Erleben von Elend, Begrenzung, schlechten Beziehungen, Gesundheitsproblemen, finanziellen Problemen, Störungen im Familienleben führen und zu all dem, was an deiner Energie zehrt. Mit der Zeit werden die Blumen deiner Gedanken das Unkraut in deinen »Gedankengarten« verdrängen.

5. Lerne, deine innere Mitte zu fühlen und aus ihr zu handeln!

Vielfach ist das der erste wesentliche Schritt für den Beginn deiner Veränderung: deine innere Mitte zu fühlen. Idealerweise sind wir in unserer Mitte verwurzelt, denken und agieren aus unserer Mitte heraus. Was so viel heißt wie: Nichts bringt uns aus der Ruhe. Der Bauch, als unser Lebenszentrum oder in der fernöstlichen Tradition auch Hara genannt (Hara bedeutet auf Japanisch »Bauch«), gilt als Kontaktpunkt von Körper und Seele.

Das autonome Nervensystem sitzt im Mittelhirn und benötigt Entspannung, damit wir besser in unsere Mitte finden. Denn der Verstand lenkt uns von unserem »Bauchgefühl« ab. Dabei sind alle Mittel willkommen, die dich dabei unterstützen, wieder in die Kraft deiner inneren Mitte zu gelangen. Lerne deinen inneren Wahrnehmungen zu vertrauen. Trainiere die Übungen zur inneren Mitte aus Kapitel 6. Diese Übungen vermitteln dir Sicherheit, Stabilität und Halt selbst in heftigen Zeiten der Veränderung. Suche die Langsamkeit in der Beschleunigung, wenn dich die Ereignisse rund um dich überrollen, ziehe dich bewusst für ein paar Minuten zurück. Atme durch die Nase ein und aus und wähle für dich eine Übung zur Erdung aus. Um dich zu erden, kannst du auch bewusst barfuß auf einem Rasen gehen und die Erde unter deinen Fußsohlen wahrnehmen, einen Baum umarmen oder dich auf den Boden legen oder setzen und den Kontakt zur Erde bewusst herstellen. Schärfe deine Wahrnehmungen für die Geräusche und das Pulsieren des Erdrhythmus. Durch einen stabilen Kontakt mit der Erde wachsen dein Vertrauen und dein Zugang zu deinen inneren Impulsen. Es festigt sich deine innere Stärke, in der du verankert sein kannst.

6. Lasse den stillen Raum in dir zu!

Suche einmal am Tag für zehn Minuten einen stillen Ort, eine ruhige Ecke, wo du sicher sein kannst, für fünf oder zehn Minuten ungestört zu bleiben. Lerne, die tiefe Stille zu fühlen! Du findest sie, wenn du zwischen deinen aufblitzenden Gedanken präsent bleibst. Stilles und entspanntes Atmen durch die Nase bringt dich in die Tiefe, stärkt die Kraft deiner Mitte und erdet dich. In der Stille einer Meditation, fühle dein *Ich bin* als die fundamentalste Aussage in dir. »Ich bin« hat keine Form, nur die Worte, die in dir wirken, erkenne ihre Kraft, die selbst in einem physischen Körper zu spüren ist. Wir sind so im Griff unserer Gedanken, weil wir, wie ich schon vielfach beschrieben habe, unsere Gedanken sind. Wir sind so wichtig und regen uns sehr auf, da wir an der Oberfläche der Realität gefangen sind, abgeschnitten von der Tiefe, die wir eigentlich sind, kann der Lärm der eigenen Gedanken oft ohrenbetäubend sein. Dein »Ich muss noch«, »Ich will noch« und »Ich sollte noch«. Erlaube dir täglich zehn Minuten Stille, um dich mit deinem *Ich bin* zu verbinden. Gedanken-los, Selbst-los im Herzen und im Kopf still. Nur sein – *Ich bin.*

Führe eine Dankbarkeitsmeditation durch! Gehe im Geist alle guten Dinge durch, die dir im Leben widerfahren sind. Denke an Menschen, die dir geholfen haben, Dinge möglich zu machen. Bedanke dich im Geist bei ihnen. Wie groß ist deine Dankbarkeit deinen Mitmenschen gegenüber? Deine Dankbarkeit für deine Mitmenschen steht im direkten Verhältnis zu deinem Glück und Wohlbefinden. Ehre und Achte auf diese besondere Weise, Andere und dich in einer Stille die ganz dir gehört.

7. Entwickle Empathie zu anderen!

Spüre andere Lebensformen und andere Menschen, wie sie sind, ohne sie zu bewerten. Das geht nur, wenn du andere bewusst wahrnimmst und dich auf sie einlässt. Wenn wir jedoch an der Oberfläche der *Ego-Identität* eingeschlossen sind, fällt es uns schwer, die Lebendigkeit in anderen Lebensformen spüren. Wir sind gefangen in einer bewertenden Realität. *»Ich bin so und so …« »Ich glaube an das und das …«* Jedes Urteil über einen anderen stülpt dem anderen etwas über und wir können das tatsächliche Wesen des anderen nicht wirklich wahrnehmen. Stattdessen blicken wir durch die bewertende Brille des Egos auf den anderen. Befreie dich aus diesem Gefängnis der Bewertungen und übe täglich deine Empathie anderen gegenüber! Neugierde, echtes Interesse und Wertschätzung unterstützen dich dabei!

8. Verbinde dich mit der Ur-Information deines ursprünglichen Wesens!

In diesem Selbsterkenntnisprozess beginnst du, dich von all dem zu befreien, das dich hindert, aus deiner inneren Quelle, deinem Sein zu handeln. Erlaube dir, deinem ursprünglichen Wesen deine Führung anzuvertrauen und diese Kraft als vollkommen in dir selbst zu aktivieren. Die direkte Anbindung an das befreite Feld der Einheit und die Erinnerung an deinen Ursprung bedeuten wahre Freiheit, auch von spirituellen Dogmen, Ritualen und Konzepten. So erhältst du Zugang zum Urwissen. Die Beschäftigung mit der eigenen Ausdehnung erfordert jedoch auch Zeit, um sich und seine Kraft voll auszubilden.

Angst hat viele Gesichter. Sie zu überwinden bedeutet, eine Reise zu sich selbst zu wagen. Die Realität gibt uns immer deutlichere Hinweise uns dahin zu entwickeln. Große Brüche oder Veränderungen zeigen uns, sich auf den Weg zu sich selbst zu machen. Sie laden uns ein zu prüfen, welche Energien auf uns wirken. Wer aus der Quelle seines Seins, seinem ursprünglichen Wesen lebt, braucht keine Gurus. Er kann sich von der Vorstellung das endlose Glück durch »Erleuchtung« zu finden, die ewig hält, befreien. Das ist eine Illusion.

Ankommen im eigenen inneren Zuhause bedeutet, aufmerksam zu bleiben und in Verbindung mit seinem innersten Herzensraum. Tief aus dem Herzen kommt die untrügliche Information was hilfreich, nützlich und förderlich ist für die

Lebenslage, in der wir uns gerade befinden. Wir können Geduld lernen und die Dinge des Lebens sich auf natürliche Weise entwickeln lassen. Dabei geht es auch darum, intuitives, geistiges und spirituelles Wissen zuzulassen, auch jenen Impulsen zu vertrauen, die unser Kopf noch nicht versteht, die sich aber völlig stimmig anfühlen.

Übung: Enttarne deine Energieräuber, finde deine Energiespender!

Für eine gelungene Übung empfehle ich dir wieder einen kurzen Einstieg der Entspannung und der Erdungsübung, die du schon im Kapitel 6 üben konntest. Dein bewusstes Atmen entspannt und zentriert dich und das bewusste feste Hinstellen der Fußsohlen am Boden erdet dich.

Lasse bei der folgenden Frage innere Bilder auftauchen oder eventuell Gefühle, die zu den Situationen passen. Frage dich: »Was sind in meinem Leben energiespendende Situationen, Menschen, Tätigkeiten?« Lass dir einige Minuten Zeit, um nachzudenken. Stelle dir danach die zweite Frage: »Welche Situationen, Menschen oder Tätigkeiten kosten mich viel Energie?« Erlaube dir zuerst drei bis fünf Minuten behutsam die Augen zu schließen, die Fragen wirken zu lassen und schreibe danach alles sofort auf ein Blatt Papier. Finde dann jene Situationen oder Menschen, die dir im Moment am wichtigsten erscheinen oder bei denen du bemerkst, dass sie dich viel Kraft kosten und dir dauerhaft Energie rauben. Du kannst die Reihung selbst entscheiden.

Du benötigst Karten mit drei unterschiedlichen Farben oder nimm weißes Papier und benutze verschiedene Farbstifte, mit denen du einen Rufnamen der Situation auf das Papier schreibst.

Wähle für die Energiespender-Situation eine Farbkarte oder Farbe aus, eine andere für die Energieräuber-Situation und eine Farbe für dich, als Fokus. So nennt man die momentane Perspektive, aus der du auf das Bild schaust. Lege zuerst die Karte für den Energieräuber auf eine für dich passende Stelle auf den Boden. Danach jene für Energiespender und lege als Letztes die Karte des Fokus dazu. Folge dabei deinen inneren spontanen Impulsen, ohne nachzudenken, was und wie es richtig oder falsch sein könnte. So hast du ein erstes Bild von den Situationen, die du innerlich und äußerlich erlebst.

Beobachte zuallererst, wie die Karten positioniert sind. Liegen sie nahe zusammen? Oder sogar übereinander? Wie groß ist der Abstand? Worauf schaust du als Fokus? Stelle dich danach abwechselnd jeweils für einige Minuten auf die Karten und frage dich selbst: Welche Bilder, welche Empfindungen oder Impulse tauchen auf? Welches Gefühl ist da, wenn du jeweils einmal zum Energiespender und nach einiger Zeit zum Energieräuber blickst?

Frage dich: Was ist hilfreich, wenn die Empfindungen heftig oder die Situation zu eng ist? Was könnte Erleichterung bringen? Ist es ein veränderter Abstand, eine andere Blickrichtung oder eine größere seitlichere Distanz? Frage dich auf jeder Position, was brauchst du oder die Situation, damit es besser ist?

Verändere Positionen, Abstände oder Distanzen, bis du den Eindruck hast, es ist auf jeder Position angenehm. Es kann auch sein, dass du eine Karte weit weg von dir legen möchtest, auch das ist möglich. Denke zwischen jedem Platzwechsel daran, dich gut aus der »Rolle« zu lösen und »entrolle« dich, indem du mental und tatsächlich deinen Körper abstreifst und dir innerlich vorsagst, dass du nun von einer Rolle in eine andere schlüpfst.

Ideal und besonders nützlich ist es, wenn du dir die gemachten Erfahrungen aufschreibst und die Übung gegebenenfalls wiederholst. Nur durch das Verändern des

Abstandes oder der Blickrichtung kann sich in deinem »Alltagszustand« schon einiges verändern. Vielfach tauchen auch überraschende Lösungen auf, wenn du dich auf diese neue Weise mit deinen Schwierigkeiten beschäftigst.

Wiederhole die Übung so oft du magst. Die Karten kannst du für das nächste Mal aufbewahren oder nach einem erfolgreichen Abschluss zerreißen und wegwerfen.

Gehe diese Übung gleichermaßen vorsichtig wie zuversichtlich an und lass dich überraschen, welche kreativen Lösungen aus dir selbst auftauchen, wenn du die Wahrnehmungsebenen wechselst.

18. Epilog – Brief an mein kleines inneres Mädchen

Innig geliebtes Mädchen, mutig warst du, dich und deinen inneren Kern zu zeigen. Entschlossen hast du deine Ängste beiseitegestellt und dich in deiner Lebendigkeit gespürt. Lachend, hüpfend und voller Freude bist du bereit, deine Gaben zu verschenken. Ich danke dir für so viel Ideenreichtum. Du hast dich aufgemacht, dein Herz weich werden zu lassen. Die Emotionen, die dich bewegen, fließen wie durch Zauberhand über deine Feder auf Papier. Ich bin stolz auf dich, auf deine Gabe, dich fühlend einzulassen, auf deine innere Welt. Du öffnest das Fenster deiner Gefühle. Du schenkst deinem Bilderbuch der Seele eine Stimme. Du knüpfst das Band der Wortmagie zwischen mir und deinen Impulsen. Wie schön erlebe ich es, wenn du dem Herzensraum seine Freiheit gönnst und neugierig den Menschen im Geist der Verbundenheit begegnest. Ich danke dir für deine Quelle der Inspiration und umarme dich.
Deine Ältere Version von dir.

Anhang

Literaturverzeichnis und Quellen

Albrecht, Uwe: Ein Kurs in Heilen Verlag. Allegria
Albrecht, Uwe: Heilaphotheke. Werde dein innerer Heiler. Kartenbox
Aron, Elaine N.: Sind Sie hochsensitiv? Wie Sie Ihrer Empfindsamkeit verstehen und nutzen. MVG Verlag München
Bauer Joachim: Warum ich fühle, was du fühlst: Intuitive Kommunikation und das Geheimnis der Spiegelneurone – Aktualisierte Neuausgabe -Heyne Verlag
Craig, Gary: Emotional Freedom Techniques (TM) – Die Technik der Emotionalen Freiheit, www.eft-Info.com
Dispenza, Joe: https://drjoedispenza.de/blog/das-passiert-wenn-wir-biologisch-aufgeruestet-werden
Dispenza, Joe: Du bist das Placebo. Koha
Dispenza, Joe: Schöpfer der Wirklichkeit. Koha[14]
Dispenza, Joe: Ein neues Ich. Koha
Dispenza, Joe: Werde übernatürlich. Koha
Dispenza, Joe: Werde übernatürlich: Studie Seite 369 »Die Produktion von Metaboliten aus Melatonin.
Doidge, Norman: Wie das Gehirn heilt. Neueste Erkenntnisse aus der Neurowissenschaft. Campus
Eberhart, Barbara Pachl: Federleicht. Die kreative Schreibwerkstatt, Integral Verlag
Essen, Siegfried: Selbstliebe als Lebenskunst: Ein systemisch-spiritueller Übungsweg. Carl Auer
Geshe, Michael Roach: Der Diamantschneider. Blumenau
Geshe, Michael Roach: Das Karma der Liebe. Blumenau
Grünberg, Diana: Einmal Chemo mit Esprit bitte! Sheema
Hoffmann Walter: Unsere geheime Welt im Schlaf. Autor Walter Hoffmann. Goldegg Verlag

Merl, Herry Das Gesundheitsbild: Lösungen durch Intuition heugl solution press
Hein, Hans: Das Feld gewinnt. Meme http://www.forumsynergie.de/TERMINE-Veranstaltungen/Seminare-Workshops/MEM-Hacking-Das-FELD-gewinnt/
Hellinger, Berd: Leiden ist leichter als lösen: Interview und Vortrag Audio-CD – Audiobook, CD von Bernd Ulrich (Herausgeber, Bearbeitung), Bert Hellinger (Autor)
Hüther, Gerald: Publikationen http://www.geraldhuether.de/content/mediathek/wissenschaftliche-beitraege/
Kahneman, Daniel/Smith, Vernon: 2002 Wirtschaftsnobelpreis »Prospect Theory«
Klinghardt, Dietrich: Lehrbuch der Psycho-Kinesiologie. INK. Dietrich Klinghardt, Kapitel 5: Artikel: www.ink.ag/dr.-klinghardt/das-modell-der-5-ebenen-des-seins/dritte-ebene-der-mentale-koerper/
Kloihofer, Claudia: Signale des Körpers. Goldegg
Kloihofer, Claudia: Mutmachgeschichten. www.mutmachinstitut.at/mutmachgeschichten/
Knoll, Sabine/Mätzener, Manuela/Ziegelwanger, Marion: Arbeiten und Leben von Hochsensiblen Menschen. BoD – erhältlich auf www.mutmachinstitut.at
Lieben, Christl: Die Liebe kommt aus dem Nichts. Skorpio
Lieben, Christl: Verzeihung sind sie mein Körper. Kösel
Lipton, Bruce H.: Spontane Evolution – Unsere positive Zukunft und wie wir sie erreichen. Koha Verlag 2009
Lipton, Bruce H.: Der Honeymoon-Effekt: Liebe geht durch die Zellen. Koha 2013
Lipton, Bruce H.: Intelligente Zellen. Koha
Marx, Susanne/Overhage, Heike: Klopfen befreit: EFT klar und verständlich (Klopfakupressur). VAK
Parlow, Georg: Zart besaitet – Selbstverständnis, Selbstachtung, Selbsthilfe für hochsensible Menschen. Festland
Shapiro, Francine/Peterson, Karin: Frei werden von der Vergangenheit: Träume Selbsthilfe nach der EMDR Methode. Kösel

Sher, Barbara: Du musst dich nicht entscheiden, wenn du tausend Träume hast. DTV Premium Verlag
Sheldake Rupert: Sieben Experimente, die die Welt verändern könnten Taschenbuch – 2000 Scherz Verlag
Sheldrake Rupert: Das schöpferische Universum: Die Theorie des Morphogenetischen Feldes Ullstein
Standenat, Sabine: Wie Heilung geschieht. Unerklärliche Fälle – berühmte Heiler – Überraschende Erkenntnisse. Knaur 2010
Sucky, Heike: im Gespräch: Nahtoderfahrung knapp vor dem Unfall. https://www.youtube.com/watch?v=_3cRswZU8LA
Tschenze, Vadim: Vadims Methode, Heilung mit programmierten Energien. Goldmann
Union of Scientists for Peace Studien über www.gusp.org/defusing-world-crisies/scientifific-research; https://www.gusp.org/de/entschaerfung-globaler-krisen/wissenschaftliche-forschung/
Warnke, Ulrich: Quantenphilosophie und Spiritualität. Scorpio
William, Antony: Mediale Medizin Verlag Arkana
Young, Thomas: Lebe dein Momentum: Wie wir Schöpfer unserer Wirklichkeit werden. Trinity. https://www.youtube.com/watch?v=MdpzVPPs9T4

Danksagung

Dank den realen Musen und Geburtshelfern dieses Buches können Sie dieses Exemplar in Händen halten. Allen voran sage ich danke meiner Verlegerin Verena Minoggio-Weixlbaumer und ihrem Mann Elmar Weixlbaumer vom Goldegg Verlag, die das Buch, noch bevor ich es geschrieben habe, interessant und verlegenswert empfunden haben. Meinem Mann Wolfgang, meinen »Herzens- und Basis«-Lektor, der alles gelesen und darauf geachtet hat, dass meine Gedanken auch verständlich zum Ausdruck kommen.

Karin Wittmann, die korrigiert und verbessert hat und dabei liebevoll darauf geachtet hat, dass ich mich nicht gedanklich »verrenne«.

Meinen Freundinnen Elfi, Siegrid, Bernadette, Regina, Lisa, die mich in der Zeit meiner Ideen-»Schwangerschaft« aushalten mussten und mit mir viele Abende diskutiert haben. Meine lieben Klientinnen, allen voran Magdalena, Isabella, Elfie, Geri, Andrea, Doris uvm., die mir erlaubt haben, ihre Geschichten zu beschreiben und mir so viel Vertrauen schenkten, als ich meine Methoden noch nicht einmal beschreiben und begründen konnte. Sie waren mutig, sich auf meine Experimente einzulassen und gaben mir ein wunderbares hilfreiches Feedback. Riki Ritter-Böhmer die meinem Vorwort noch den eleganten letzten Schliff und Klarheit verlieh.

Herzlichen Dank auch an Sie, die Sie das Buch gekauft oder sich schenken haben lassen. Sie dürfen es gerne verleihen oder noch mal kaufen und weiterschenken. Weil Mut eine wichtige Zutat unserer Zeit geworden ist, versuche ich seit vielen Jahren, Menschen zu ermutigen mehr ihrer inneren Stimme zu vertrauen. Egal ob sie krank, traurig oder depressiv sind, der Zugang zur inneren Stimme leitet uns immer zu einem Bessern. Weil Mut nicht als Tablette verordnet werden kann, habe ich das Mutmachinstitut gegründet und sammle Mutmach-Geschichten, um sie in die Welt zu tragen. Wenn Sie auch eine ermutigende Geschichte erzählen möchten, wenn Sie eine Krankheit gemeistert haben, etwas Ungewöhnliches gewagt oder außergewöhnliche Fähigkeiten entwickelt haben und das als Videobotschaft, Blog oder persönlich mit anderen teilen möchten, dann schreiben Sie mir. *www.mutmachinstitut.at.* Ich bereite die Gründung eines Vereins vor, in dem wir Menschen ermutigen, ihrer inneren Stimme zu folgen, egal welche Hürde sie gerade zu meistern haben. Wer die Idee des »Mut Machens« unterstützen möchte oder bisher noch nicht wusste, wohin mit seinem Geld, ist herzlich willkommen.

In diesem Sinne danke ich von Herzen für Ihr Vertrauen.

Claudia Kloihofer-Haupt

Anmerkungen

1 Siehe auch https://drjoedispenza.de
2 Dr. Gerlad Hüther, www.youtube.com/watch?v=4VcPaexBc2U
3 Hier kannst du den Artikel nachlesen: www.spektrum.de/news/warum-wir-an-die-seele-glauben/1379699
4 Joachim Bauer: Warum ich fühle, was du fühlst: Intuitive Kommunikation und das Geheimnis der Spiegelneurone. Aktualisierte Neuausgabe, Heyne Verlag
5 Hashimoto: Eine chronisch anhaltende Entzündung der Schilddrüse, die durch das körpereigene Immunsystem hervorgerufen wird. Hashimoto geht oft mit anderen Autoimmunkrankheiten einher, etwa Typ-1-Diabetes. Die Symptome sind vielfältig. Schilddrüsenhormone beeinflussen viele Körperfunktionen. Es kann zu Anzeichen einer Über- und Unterfunktion des Organs kommen. Nachweisbar anhand von Bluttests und Ultraschalluntersuchung. Die Therapie besteht im Regelfall darin, die fehlenden Hormone in Form von L-Thyroxin zu ersetzen, um so die Schilddrüsenfunktion zu normalisieren und die Symptome zu lindern
6 Hans Peter Dürr: Es gibt keine Materie! Rotona Verlag 2012
7 Bruce H. Lipton: Spontane Evolution. Unsere positive Zukunft und wie wir sie erreichen »Intelligente Zellen«. Koha Verlag 2009; Wie Erfahrungen unsere Gene steuern. Koha Verlag 2015
8 Christl Lieben, Die Liebe kommt aus dem nichts. Scorpio Verlag 2014
9 Siehe 5. Hasimoto Erklärung
10 A. Pascual-Leone, D. Nguyet, L. G. Cohen, J. P. Brasil-Neto, A. Cammarota, M. Hallett, Modulation of muscle responses evoked by transcranial magnetic stimulation during the acquisition of new fine motor skills. Journal of Neurophysiology, Volume 74 Issue 3 September 1995, Pages 1037–1045
11 Claudia Kloihofer: Spiegeltherapie. In: Signale des Körpers. Goldegg Verlag 2014, Kapitel 2
12 Heike Sucky im Gespräch Video www.youtube.com/watch?v=_3cRswZU8LA
13 Samira Henning Video www.youtube.com/watch?v=V2swijluSok
14 Joe Dispenza: Schöpfer der Wirklichkeit